JN290565

アーバンストックの持続再生

Urban Design
Heritage and Civic Design Holistic
Sustainability   Aseismic
Maintenance Authenticity
Durability Reuse   Recycle
Longevity Safety
Economy
Heritage Conservation
Stock Management

東京大学講義ノート
Civil Engineering / Architecture / Urban Engineering

藤野陽三・野口貴文 編著
東京大学21世紀COEプログラム
「都市空間の持続再生学の創出」 著

技報堂出版

まえがき

　人々は仕事や情報，サービス，賑わいなどを求めて都市に集まってきます．今や，8割の人が都市に住む時代となり，人の住むところはほとんどが都市といわれるようになりました．

　世界的にみれば，本格的な大都市が形成されたのは19世紀の産業革命以降ですが，その後の爆発的な人口増加のなかで20世紀後半に多くの大都市が誕生しました．わが国でも高度経済成長期に本格的に都市への人口集中が始まり，多くの都市が拡大と成長を遂げました．時代が経過するなかで，大量生産時代から脱工業化・情報化時代へと変わり，また人口減・高齢化の状況のなかで，成長を続ける都市と衰退する都市の二極化現象が20世紀末から起きています．

　様々な活動が高密度に行われる都市空間には，商業施設，オフィスビル，住宅などがつくられてきました．都市内や都市間で人やものが高速に移動できるための道路や鉄道のネットワークも建設されました．水・エネルギーや情報のためのネットワークも必需ですし，公園やスポーツ施設も欠かせません．このように都市および都市間には膨大なインフラストラクチャーが建設され，活動の基盤をつくってきました．このような都市および都市間に配置されるインフラストラクチャーとそれが形成する街並みや景観を総称して，ここではアーバンストックと呼んでいます．

　人工物であるアーバンストックは，時が経つにつれ物理的に劣化し，機能が時代に合わなくなるものも多く出てきます．1995年の兵庫県南部地震で経験したように，古いストックは時として凶器にもなります．一方，文化的・歴史的価値が次第に生まれるものも数多くあります．20世紀はインフラストラクチャーの建設が中心でしたが，地球温暖化問題や資源枯渇問題を考えれば，21世紀は，今あるアーバンストックをいかにうまく保全または保存し活用するか，そして，新しい時代に向けた新しいインフラストラクチャーの整備を行うかが課題となり

まえがき

ます．

　今のアーバンストックを活かしながら，より住みやすい安全で安心できる魅力的な都市空間を技術の力でいかに構築するかは，拡大を続ける都市においても衰退しつつある都市においても課題でありますが，衰退しつつある都市ではより緊要な問題です．この問題の解決を図ることが，都市の持続再生に向けたアーバンストックのマネジメントであり，日本だけでなく，アジアのそして世界共通の課題でもあります．

　東京大学では，都市工学専攻，建築学専攻および社会基盤学専攻が中心となって，都市の持続再生という21世紀の大きな課題を学術的な立場から取り組むことを決意し，2003年度から21世紀COEプログラム「都市空間の持続再生学の創出」（英語名：Center for Sustainable Urban Regeneration（cSUR））（拠点リーダー：大垣眞一郎，都市工学専攻教授）をスタートしました．研究グループは，環境のマネジメントを扱うグループ，アーバンストックのマネジメントを扱うグループ，社会・情報を扱うグループおよび都市の具体的な計画やデザインを扱うグループの4グループであり，それぞれ精力的な活動を行ってきました．

　このCOE（拠点形成事業）は，科学研究費等による研究プロジェクトと異なり，研究を通じて次世代に活躍する若いリーダーを育てるという意味で教育的役割も担っています．研究グループの一つであるアーバンストックマネジメントグループは，都市生活を支える広い意味でのインフラストラクチャーを研究対象としています．具体的には，都市計画，歴史的建造物および街並みの保存，ハードウェアであるインフラストラクチャーそのもの，すなわち住宅，ビル，公共建造物，道路，鉄道などの耐震性・耐久性の向上，ならびにハードウェアを構成する資源の循環が研究対象になります．これらの多岐にわたるアーバンストックの問題の所在およびその解決の糸口を大学院の学生に教授する目的で，2005年度および2006年度の2年にわたり「都市のストックマネジメント」を開講しました．計30回の講義のなかから，重複等を考えて15の講義を抽出し，まとめたものが本書です．都市の持続再生学におけるアーバンストックマネジメントのすべてを網羅しているわけではありませんが，この分野における最先端の学術研究の内容や今後の方向性を学ぶには格好の教材になっていると思っています．ただし，

オムニバス形式の講義でありましたため，用語の使い方など，必ずしも統一されていない点がありますが，ご理解いただきたく存じます．

　20世紀に拡大を遂げた都市も人間と同じで，成長を続けている部分と疲労してきている部分とが併存しており，どの都市も大きな課題を抱えています．21世紀には，都市間の格差がますます大きくなる危険性が潜んでいます．この講義ノートが，都市の持続再生に対する読者の皆様の関心を高め，より安全で安心できる魅力的な都市空間の構築に資することができれば幸いです．また，読者の皆様からの忌憚のないご意見，ご提案をお寄せいただければ，われわれにとりましても今後の研究の方向性を定めるうえで貴重なものとなります．

　cSURによる出版企画の一冊として本書をまとめるにあたり，執筆者の先生方には，ご多忙にもかかわらず甚大なるご協力をいただきました．また，COE研究員である北垣亮馬さんと技報堂出版の宮本佳世子さんには，編集作業におきまして多大なご尽力をいただきました．ここに記して，深く感謝いたします．

2007年9月

編著者　藤　野　陽　三
fujino@civil.t.u-tokyo.ac.jp

野　口　貴　文
noguchi@bme.arch.t.u-tokyo.ac.jp

東京大学21世紀COEプログラム
「都市空間の持続再生学の創出」
アーバンストックマネジメント研究部会
http://csur.t.u-tokyo.ac.jp/index-j.html

東京大学 21 世紀 COE プログラム「都市空間の持続再生学の創出」

【編集】

藤野陽三　工学系研究科社会基盤学専攻　教授
野口貴文　工学系研究科建築学専攻　准教授
北垣亮馬　国際都市再生研究センター　特任研究員

【執筆】

第 1 章	西村幸夫	工学系研究科都市工学専攻　教授	
第 2 章	村松　伸	生産技術研究所人間・社会系部門　准教授	
第 3 章	藤井恵介	工学系研究科建築学専攻　准教授	
第 4 章	中井　祐	工学系研究科社会基盤学専攻　准教授	
第 5 章	北沢　猛	新領域創成科学研究科社会文化環境学専攻　教授	
第 6 章	腰原幹雄	生産技術研究所人間・社会系部門　准教授	
第 7 章	桑村　仁	工学系研究科建築学専攻　教授	
第 8 章	前川宏一	工学系研究科社会基盤学専攻　教授	
第 9 章	塩原　等	工学系研究科建築学専攻　准教授	
第 10 章	野城智也	生産技術研究所人間・社会系部門　教授	
第 11 章	石田哲也	工学系研究科社会基盤学専攻　准教授	
第 12 章	野口貴文	上掲	
第 13 章	内村太郎	工学系研究科社会基盤学専攻　准教授	
第 14 章	神田　順	新領域創成科学研究科社会文化環境学専攻　教授	
第 15 章	藤野陽三	上掲	

目　　次

まえがき

第1章　都市におけるストックとは何か
　　　　──東京の都市構造を手がかりに考える

　1.1　都市のストックとは何か　*2*
　1.2　都市空間の背景を読む　*3*
　1.3　具体的なプロジェクトに見る都市ストックの考え方　*11*

第2章　空間文化資源の評価とその継承
　　　　──異なる時空の建築・都市を視る意味

　2.1　アジアをまたに四半世紀　*24*
　2.2　空間文化資源をリスト化する必要性　*25*
　2.3　視ることの標準化　*34*
　2.4　異なる時空の建築・都市を視る意味　*38*
　2.5　日本での活動　*41*

第3章　ストックを最大限に活かす新しい地方都市政策

　3.1　建築というプロフェッション　*46*
　3.2　都市ストックの現状認識　*47*

3.3　上越市における試み　*52*

　　　3.4　課題と残された問題　*62*

第4章　土木遺産をどう活かすか——その思想とデザイン

　　　4.1　ストックとしての近代化遺産　*66*

　　　4.2　宿毛・河戸堰の改築プロジェクト　*67*

　　　4.3　鹿児島甲突川・五石橋の架け替え　*73*

　　　4.4　土木遺産に固有のオーセンティシティとは何か　*78*

　　　4.5　北上川分流施設の改築プロジェクト　*84*

第5章　都市資源を活かす空間構想——新しいアーバンデザインの展開

　　　5.1　アーバンデザインの経験的定義　*92*

　　　5.2　空間の構想計画とプロセス　*94*

　　　5.3　地域遺産（ヘリテージ）の保存活用　*102*

　　　5.4　歴史を継承する構想　*104*

　　　5.5　空間の新しい発想　*108*

第6章　木造建築の耐震を考える

　　　6.1　木造建築の多様性　*116*

　　　6.2　木造住宅の構法　*117*

　　　6.3　震災と耐震技術の発展　*119*

　　　6.4　木造建築の耐震設計　*125*

　　　6.5　文化財としての木造建築　*131*

　　　6.6　木造建物をどのように守るか　*135*

第7章　鉄骨造建築の耐震性に関する課題を考える

7.1　わが国の鉄骨造建築物　　*138*

7.2　鉄骨造建築物の安全性　　*145*

7.3　今後の耐震技術　　*155*

7.4　耐震改修　　*161*

第8章　コンクリート構造物の耐震性を予測する

8.1　構造物の地震応答シミュレーション　　*164*

8.2　耐震設計・耐震診断への応用　　*168*

8.3　耐震補強の技術　　*173*

8.4　構成材料の劣化と耐震性　　*175*

8.5　耐震設計された構造物の施工と品質確保　　*182*

第9章　集合住宅ストックを再生する

9.1　既存ストックの現状　　*188*

9.2　集合住宅ストックの保全　　*192*

9.3　集合住宅ストックの更新　　*199*

第10章　建築ストックのサステナビリティ向上のために

10.1　日本の建築ストックの動向　　*204*

10.2　サステナビリティの概念とは　　*210*

10.3　賽の河原に石を積む事なかれ
　　　——holistic approach の必要性　　*211*

10.4 制度の再デザイン
　　　――インフィル動産化および二段階改善論　*214*

10.5 情報駆動社会におけるストックのマネジメント　*220*

第11章　コンクリート構造物の寿命を予測する

11.1　都市基盤ストックの現状とコンクリート材料　*226*

11.2　コンクリート材料の特徴，構造物の劣化メカニズム　*231*

11.3　コンリート構造物の寿命予測システム　*234*

11.4　今後の展望
　　　――非破壊・微破壊試験と数値解析システムの融合　*242*

第12章　コンクリートリサイクルの現在・未来

12.1　コンクリートをとりまく環境問題　*248*

12.2　廃棄物のコンクリートへの利用　*252*

12.3　コンクリートのリサイクル　*256*

12.4　コンクリートリサイクルのあるべき姿　*265*

第13章　廃棄物を活用する――リサイクル・最終処分跡地の利用

13.1　廃棄物の取扱いとリサイクル　*268*

13.2　タイヤのリサイクル　*273*

13.3　破砕コンクリートの盛土材へのリサイクル　*278*

13.4　廃棄物の最終処分跡地の高度利用　*281*

13.5　廃棄物の技術開発とエンジニアの役割　*284*

第14章　建築・都市構造ストックのリスクを評価する

14.1　構造物の安全性をどう捉えるか　*288*

14.2　自然外乱の評価　*293*

14.3　建築構造性能評価システムの紹介　*298*

14.4　社会制度の課題　*305*

第15章　都市基盤の事故災害リスクを低減する──モニタリングの活用

15.1　増え続けるストック　*312*

15.2　都市基盤の特性　*315*

15.3　災害大国日本の防災投資　*317*

15.4　アメリカの教訓　*321*

15.5　日本の現状　*323*

15.6　都市基盤ストックの保全　*325*

15.7　都市基盤センシング　*328*

第 *1* 章

都市におけるストックとは何か
東京の都市構造を手がかりに考える

工学系研究科都市工学専攻 **西村 幸夫**

1.1 都市のストックとは何か

1.2 都市空間の背景を読む

1.3 具体的なプロジェクトに見る都市ストックの考え方

高崎屋絵図（天保13（1842）年，長谷川雪旦・雪堤筆，絹本着色・高崎屋所蔵）．高崎屋は，中山道と日光御成道（岩槻街道）が交差する本郷追分に店を構え，酒・醤油を商った江戸時代以来の老舗として，今も東京大学農学部キャンパス前にある．

第1章　都市におけるストックとは何か

　都市には政治や経済，文化など様々な側面において役割や機能があります．多面性をもつ都市のストックをどのように考えたらいいでしょうか．私はここで，歴史を軸に考えてみたいと思います．

　歴史のない都市はありません．ちょうど過去の記憶をもたない人間がいないのと同様に，過去の歴史的な蓄積をもたない都市はないからです．

　したがって，都市計画を専門とする私のような人間にとって，都市に関与するということは，その都市がもっているこれまでの歴史的経緯に，現時点で何が付与できるのかを考えることから始まります．「都市のストック」をとりあげるときには，前提として，すべてのものをやみくもに「ストック」とみなして盲目的に尊重するのではなく，一定の視点からの評価をくぐり抜けたものを「都市のストック」としてそのマネジメントを考えていくという視点が必要なのです．

1.1　都市のストックとは何か

　都市がこれまでに経験してきた歴史や生み出してきた文化をそのまま手放しで受け入れてしまうと，現状の都市が進化論的な意味で適者生存をくぐり抜けてきた存在として最も適切だということになりかねません．何もしないことが最善であるといった誤った論理に陥る危険性があります．

　これを避けるためには，都市のこれまでの歴史と文化を客観的な目で再評価することが必要になります．しかし，注意すべきは，今日的な視点から都市のストックを評価することは，ややもすると，今日的な問題意識が最善のものであるという前提を無意識のうちに立てがちだということです．

　私たちは，原点に戻って，都市のストックといえるものはどのような歴史と文化のなかで醸成してきたかを見つめ直さなければなりません．そのことは私たち自身の視座を謙虚に再確認することにもつながるのです．

　私は都市の保全のことを扱っているので，都市のストックを文化や歴史に少し広げて考えたいと思います．図1.1は北斎の富嶽三十六景のうち江戸駿河町三井見世略図と称される日本橋の絵ですが，ここに描かれている建物は全部残っておりません．右手前は日本橋駿河町の角で，今は三井本館が建っています．反対側の左手前には三越が建っています．この場所は今も同じような状態で三井がもっていて，日本橋の中心として栄えているわけです．

　ここにある三井本館は重要文化財になっており，反対側にある三越本店の建物

図 1.1 北斎，江戸駿河町三井見世略図　　図 1.2 三井本館と三越の現況（図 1.1 と同アングル）

は都の歴史的建造物として選定されています．また絵図を見てわかるように，道は富士山にちょうど当たるようにできています．このような都市構造をすでに江戸時代につくっており，ある種，都市のストックであるわけです．

　ただ単純に一つ一つの建物を見ると，この地域はすべて変わっています．だから，江戸の都市はもう意味がないか，まったくそこに痕跡はないかというと，必ずしもそうではありません．ここにある建物が，その土地利用を引き継いでいるわけですし，ブロックの大きさや敷地の形状，そして街路パターン，そこから見える眺望——もちろん今は日本銀行などの建物が建って富士山はまったく見えなくなっていますけれども——そういうものは受け継いでいるのです．

　そういう意味から，都市のストックというものをもう少し広く考えることもできるのではないか，そこからもう一度，都市では何が大事で，何を評価して何を変えていくべきか，どういう形でマネジメントをしていくか考えたいのです．そのバックグラウンドを少しお話しして，その後，具体的な行政の仕組みのなかでどういうことを行っているか，区のレベルで動いている具体的なプロジェクトで紹介したいと思います．

1.2　都市空間の背景を読む

（1）　計画的な意図を知る

　図 1.3 は日本橋の橋の上から見た北斎の江戸日本橋図です．日本橋川はもともと堀川ですから，橋の上から見て，ちょうどお城が中心にあるようにつくられているわけです．これこそまさに一つのデザインされた都市のストックであるとい

第 1 章　都市におけるストックとは何か

図 1.3　北斎，富嶽三十六景，江戸日本橋図

図 1.4　江戸日本橋周辺図（嘉永 2 年尾張屋版切絵図）

えるでしょう．

　図 1.4 で確認しますと，日本橋川の向こうに江戸城が見えます．先ほどの駿河町は，日本橋からやや北へ行ったところの角です．この角の西の方向に富士山が見えます．ちなみに，京橋筋の突当たりには筑波山が見えます．このあたりは全部埋立地ですから，その意味で，形はどのようにでもつくれたはずですが，そのときに「方位」を，この土地の計画のベースにしたわけです．

　そこには一つの意図があり，それも一つのストックといえるのではないかと思います．

　続けて東京大学周辺の話をしましょう．東京には坂がたくさんあり，七つの丘があり，東京大学も向ヶ丘という丘の尾根の先端近くにあります．ここは，かつて加賀藩の上屋敷が立地し，斜面地の下に町家が，また上には武家地がありました．そういう斜面地のエッジに眺望のきくところがたくさんあり，雪見や月見の場所になったり，山を見る茶店になったり，名所になったりしています．

　図 1.5 は文京区の護国寺から後楽園遊園地にかけてのところです．これは地形を表しているわけですが，非常にたくさんの尾根筋・谷筋が通っているのがおわかりでしょう．右下が小石川の後楽園あたり，右上に本郷の向ヶ丘の台地が見えます．向ヶ丘の台地の中心に中山道が通り，それぞれの尾根の間に谷があって，尾根が一つのシステムをつくっているのです．谷道のところに一つの道路のネットワークがあり，尾根のところには一つのネットワークがある．左上は護国寺で，その前にはちゃんとした参道ができています．この道は谷道．ちょうど谷の地形に合わせて，参道を配置しているわけです．参道の左側が目白の台地，右側が小石川の台地です．

1.2 都市空間の背景を読む

図中ラベル：護国寺／護国寺の門前通り／目白の台地／向ヶ丘の台地／小石川の台地／現小石川後楽園／現後楽園遊園地／神田川

図 1.5 文京区の地形（明治 12 年実測東京全図）

　東京の町は，全体としては非常にわかりにくく見えるけれども，このように小さな地区レベルで見ると，地形のなかに一つ一つのユニットが存在する都市として理解することができます．旗本屋敷のようなユニットを台地の上におき，谷あいには町家地区が地形に沿って配されたモザイクのような広がりだと見れば，地形は都市のストックの重要なベースになっていることがわかります．

　ですから，東京には何の計画的意図もないわけでなく，非常に細やかな計画的意図があるのです．けれども，それは地形と非常に密接なつながりがあって，その地形は尾根と谷が複雑に入り組んでいて，それに合わせるような形で東京ができていますから，ちょっと見ただけではわからないのが実際のところです．

　今ではこういう坂道も，地形が均されてごく緩い坂道になってしまい，地形との関係で都市がつくられてきたことがわかりにくくなっています．

　逆にいうと，ここでストックをもう一度光らせることは，細かな地形の記憶を再確認させることになり，そういう意図をもった開発のあり方がマネジメントの選択肢として考えられるのではないかと思うのです．

　図 1.6 は広重の上野清水堂不忍ノ池の絵です．不忍池がよく見え，池には弁天島があります．ここにある清水堂は今もある建物で，上野の眺望の名所だったところです．上野もまた台地になっています．

　不忍池は低い谷地にあって，向こう側の向ヶ丘に東大キャンパスがあります．

図 1.6 広重，東都名所百景，上野清水堂不忍ノ池

図 1.7 広重，東都名所百景，上野山内月のまつ

図 1.8 上野清水堂の舞台から見た不忍池の現況

ここにもまた台地があるわけです．その低い部分に，高いところからの舞台づくりで，図 1.7 のように池全体を見渡せるようにできているのです．ここは昔から有名だったようで，いろいろな絵に描かれてきました．清水堂には舞台づくりが今でも残っていて，建物は国の重要文化財に指定されています．

ところが現在ここに立ちますと，図 1.8 のように木に邪魔されて何も見えません．やはり先ほどのような地形を活かして，手前側の木の茂みを少し整理して眺望を利かせることが，この場所の意味をあらわにすると思うのです．

ところが自然保護に熱心な人たちのなかには，木を切ることは許せないという人もいます．しかし，そうするとジャングルのようになってしまい，元々ここに清水堂があった意味がわからなくなってしまうのです．こういったことからも，

場所のストックの意味を強化するためには周囲の整備を要することがわかります．

ちょっと下ると弁天堂が見えます．ただ後ろに醜い建物があります．東大病院病棟の建物なのですが，バックグラウンドへの配慮が東大のキャンパス計画の中にあれば，こうはならなかったはずです．上野からはこう見えるので注意してほしいと，おそらく誰からもインフォメーションがなかったのですね．

東大も 30 ha 以上ありますから，建物を計画するときに，正門や赤門からの眺望はともかく，上野側からの眺望については，これを慎重に考えろといわれない限り，思いつかないわけです．どこにどういう重要な眺望があるのかすべてを把握するのはほとんど不可能なわけですから，その意味では，こうした土地がもつポテンシャルを明らかにして，これは大事だ，ここを守るためには後ろが大事だと，行政やまちづくり団体など多くの人々が声を上げると，いろいろな背景をもつ建物の建て方の戦略が見えてくるのではないでしょうか．

(2) 都市の文脈を読む

では，これをもう少し論理的に考えましょう．都市の構造をきちんと読むにはどうしたらよいのか，今いったようなストックの意味を読むにはどうしたらよいのか，考えてみたいと思います．

都市のストックを考えるには四つの軸があるのではないでしょうか．自然軸，空間軸，活動軸，歴史軸の四つです．この軸の視点で都市を読むということは，とにかく都市のおかれた文脈を読むことだと思います．そのためには，今の情報で現地を歩き，地図を見て歴史的にどのように変化したかを知り，またいろいろな計画を集めて今後どう変化するかを想像する．そうすることにより，一つの場所で計画や介入をするときどうすればよいかが見えてくると思います．

それは，広い地域レベルで見る，地区レベルで見る，建物周辺で見る，という三つの視点で考えることが大事だということでもあります．現在の姿を知り，それを地図上に表していきます．周辺状況を調べたり，周辺の写真を撮ってきたり，過去の姿を知る．地図や絵図，さらには絵画資料などを集め，これらから市街化の変化を読む．そして生来の姿を知る．今後どうなるかという計画も調べなければなりません．

変化を予測する，そして周辺の景観要素を見つける，そこに何か介入しようとすると，まわりにどういうものがあって，それとの関係でどういうものをつくらなければならないか，を考えるということです．

景観要素を見るとき，自然と空間と生活という軸，そしてそれが歴史のなかで流れていますから，歴史という軸，この四つの軸で考える必要があると思います．その際にも，広域・景域レベル，中域・地区レベル，そして身のまわりの街区レベル，という三つのレベルで考える必要があります．

　たとえばここに一つの建物をつくろうとするとき，周辺にはどういうものがあるのか———これは設計をしていると必ず通る思考回路ですけれども，どういう動線があって，どういう周辺の道路ネットワークがあって，まわりにどういう重要なものがあるのか調べていく．誰でもそういうことを行っています．

　さらに広い範囲，区全体で見るとどういう問題があるのか．中域，地区レベルですね．地区のレベルで見ると，この敷地とその周辺でならどういうことがいえるのか．それを自然軸，空間軸，歴史軸，生活軸から見ていこうということです．

　自然軸というのは地形です．基本的には地形，水，緑，それと眺望のようなものです．東京の山の眺望のようなもの，そういうものから考えていきましょう．

　空間軸とは，道路，川，モニュメントとしての建物といった空間構造です．

　生活軸とは，そこでのいろいろなアクティビティ，つまり人の動き，ものの動き，「こと」の流れに着目するということです．「こと」というのは様々なイベントのことです．それらをもとにして，そこでの生活風景の特色を考える，それが生活軸です．

　歴史軸とは，こういうものが総体としてどのように変化してきたかを見ること，そしてそれによって地域の基本的な構成や特色がわかってくるといえるのではないでしょうか．

(3)　地形的なアンジュレーション

　それでは，「都市を読む」とは具体的にどういうことをするのか，例を示してお話ししたいと思います．

　文京区で試みたのですが，文京区を理解するのにもいろいろなやり方があります．たとえば，どういう道路がいつ頃できたかを調べると，主要な道路は，江戸期か震災復興期，その後の戦災復興期にできてきたことがわかります．

　では，どういう形で道路ができたのでしょうか．実現されなかった道路もあるのですが，できなかった道路がどう計画されていたかを知ることも重要です．たとえば蔵前通りは，もともと後楽園のなかを突っ切り，春日通りに斜めから合流する予定だったことが震災後の帝都復興計画に書かれています．しかし結局，その部分はできず，今は本郷通りに合流しています．本郷三丁目の角で左に曲がる

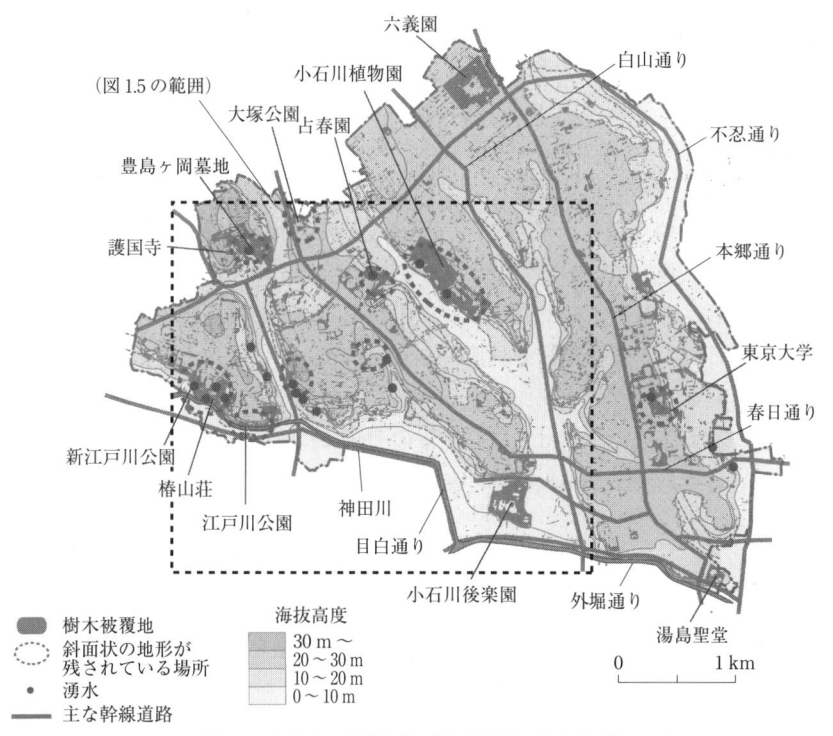

図1.9 文京区の地形と緑（『文京区緑の基本計画』1999）[1]

ことになるから，ここは混むわけです．もともとは違う道として1本別に計画されていたのです．

　春日通りは明治以降新たにつくられた道です．このあたりは南北を貫く縦の道がメインの道です．なぜなら，ここは南北に尾根が形成されているため，尾根道が幹線でした．東西に尾根を横断するような道で，新しくつくった道が春日通りなのです．

　このあたりの地形を大きな構造として見ると，一つの台地があって，そのエッジに緑があり，これらの緑は今も残っています．

　斜面林という視点で見ると，斜面は東大構内にまで入ってきています．東大のなかの斜面は，安田講堂の正面側と裏側で，高さの差があるあたりです．斜面のエッジのところに安田講堂は不思議な形で立地しています．安田講堂の正面の出入り口と裏側とでは1階分の段差がありますね．

そして，三四郎池のところには本郷通り側からくると，がくっと段差があります．そこに斜面のギャップがあり，緑が残されているのです．山手線に乗ると，田端から鶯谷にかけて線路の西側に斜面が続いていますが，この斜面が段差で，山手線はその斜面の下に沿うように設置されているのです．その斜面林と似た構造の緑が東大のなかを南北に貫いています．

　この斜面林の下側に湧き水がある．三四郎池になぜ湧き水があるかというと，台地の足もとに立地しているからです．また，大学の北側には古くからの根津神社があり，ここにも湧き水があります．ですから，両者の湧き水は地形的には一致しているわけです．根津神社も斜面のエッジのところに立地しているのです．

　広く見ると，こういう形で斜面がかろうじて緑の帯を形成していて，そしていくつかの谷がある．白山神社はやはり尾根の突端部に位置しています．右下の尾根の突端部には湯島聖堂と神田明神，左上の一番奥まったところに護国寺があります．

　そういう地形的なアンジュレーションのなかに，春日通りの尾根道の部分や中山道，本郷通りという尾根道が入っているわけです．ほかにも谷道の千川通り，白山通りがあります．不忍通りは，これらの放射状道路をつなぐ環状道路の性格を部分的にもっています．

　それを界隈で分けると，いくつかに分かれるでしょう．ある台地の上側と下側に分かれ，下側もいくつかのゾーニングに分かれます．

　文京区では，菊坂あたりが非常に面白い（図1.10）．菊坂の1本裏側に非常に細い道（「したみち」と呼ばれています．これに対して通常の菊坂の道は「うえみち」と呼ばれています）があって，樋口一葉が一時生活をした旧居跡があります．この「したみち」のエッジをかつて川が流れていました．今でも水は流れていますが，上部に蓋がかけられ，宅地化されています．しかし，その様子は子細に観察するとよく見えてきます．非常に面白いですよ．

　たとえば，本郷通りの本郷三丁目から東大へくるあたりに，二つ坂があります．皆さんは坂と感じていないかもしれませんが，「見送り坂」と「見返り坂」という坂です．今はほとんど傾斜がないのでわからないけれども，この通りは全体に北に向かって少し上り加減で，途中で少し下って少し登るのです．そのちょっとしたアンジュレーションに名前がつけられているのです．実際，ここはわずかながら谷筋になっていて，それで谷に下る坂（見送り坂）と谷から登る坂（見返り坂）とがあるのです．この谷筋がそのまま菊坂の傾斜につながっているのです．

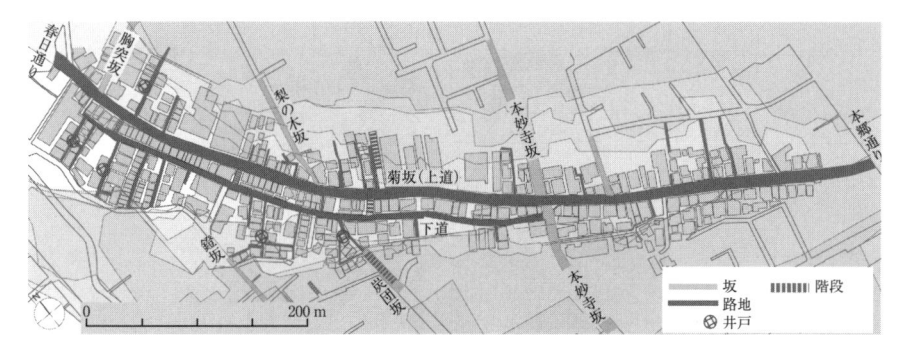

図 1.10 菊坂周辺図

　本郷三丁目の交差点角にある商店「かねやす」あたりは，かつて川柳に「本郷もかねやすまでは江戸のうち」と謳われた江戸の境で，遠く旅にいく人をここまで見送ったといわれています（処刑される罪人を見送ったという説もあります）．見送り坂と見返り坂，ちょっとした坂でも，名前がつくと俄然興味がわきます．名前がつくということは，そこを意識化した証拠だからです．

　当たり前の空間には名前などつきません．そこにアクティビティがあって，この辺から田園風景が開け，そこまでは都市だという広がりのなかで，こういう名前がつくわけです．単に地形に特色があるというだけでなく，いろいろなアクティビティがあり，それまで含めて私たちは一つの都市を総体的に考えなければいけないだろうと思うのです．

1.3　具体的なプロジェクトに見る都市ストックの考え方

　今度は，丸の内周辺を中心に考えてみます．都市景観のレベルでこういうことを考えたリポートが，すでに10年前に出ています．

(1)　都市構造とマスタープラン

　千代田区の場合，エッジに神田川が流れているので，西側や北側からは橋を渡って千代田区に入ってきます．ここはかつての江戸城の外曲輪です．川を越すのですから，そこに一つの重要な眺望点がある．もともと神田川は駿河台の台地を迂回するような形で流れていたのを，伊達藩に命じて駿河台の高台を掘り切って川を迂回させたのです．

　したがって，橋が非常に重要な眺望点となりました．橋詰はまた同時に重要な

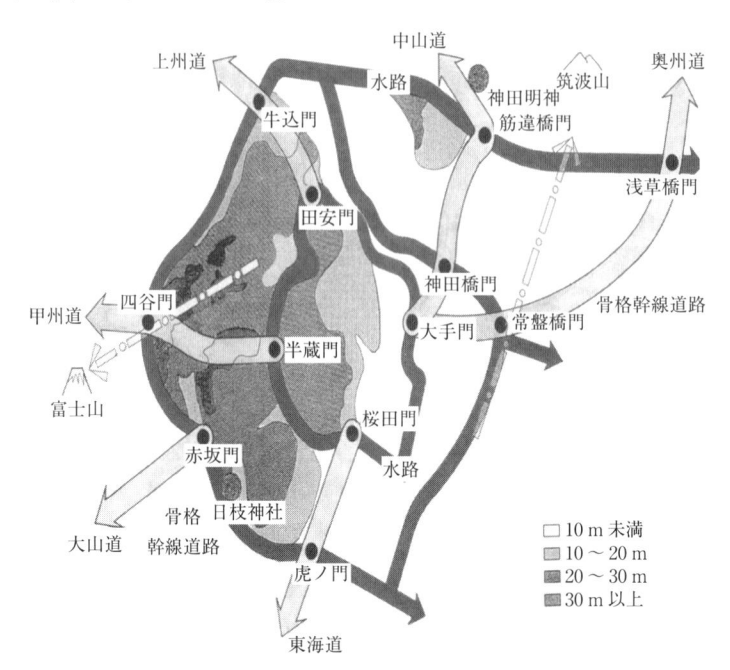

第1章　都市におけるストックとは何か

図1.11　千代田区地形概念図（『千代田区都市景観方針—風格ある千代田区の景観形成に向けて』1993）[2]

交通の結節点です．単純に構造を考えると，2層の堀があって，地形に沿って尾根道が通り，その尾根道が中山道，日光街道，甲州街道，大山道，東海道という形で延びています．そして，筑波山と富士山の軸線が重要視されていることがわかります（図1.11）．

ここに重要な建物がどれくらいあるのか，ある程度以上の規模の建物と，ランドマーク的な建物をプロットしました．それらをまとめると，千代田区の土地構造は，二重のリングロードと，埋立地のグリッドの区画になっていることがわかります．そして，結節線が非常に重要だということです（図1.12）．構造を見ると，眺望を守ることの大切さがよくわかります．

具体的にいくつかの界隈に分けて，界隈ごとに，どういうものがあってどういう特色があるのかを見ていきます．大手町と丸の内地区では，他の界隈と違うルールがあります．これは元々高さが31 mで揃っていたり，歴史的な建物が残っていたりしますので，それらをうまく活かそうというルールになっています．歴史的な橋とか，橋からの眺望，橋詰のデザインなどが，以前から受け継がれてきました．これらをもとに，公的なプランとして，マスタープランがつくられてい

1.3 具体的なプロジェクトに見る都市ストックの考え方

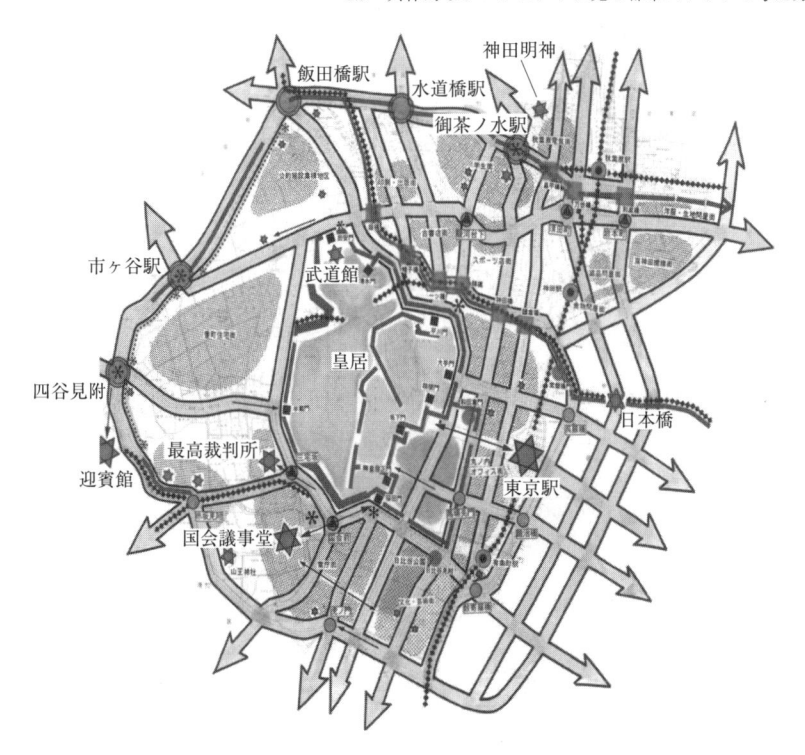

図 1.12 千代田区都市構造図（『千代田区景観形成マスタープラン』1998）[3]

ます．そのため構造図と同じような図面になっています．先ほどのスタディがマスタープランとして，オーソライズされているからです．と同時に，そこで物を建てたり改変するときに，もう少しソフトな配慮のある事項をあげた「景観形成マニュアル」がつくられています．これは千代田区景観まちづくり条例が1998年にできたときに，セットでつくられました．

「景観形成マニュアル」は文章で書いてあります．なぜかというと，具体的な数字をあげると数字だけが一人歩きしてしまうので，ものの考え方を示すことも大事だろうと，C.アレグザンダーにならってパタン・ランゲージが50ほど列挙されました．これが地域のマネジメントを行う際に重要になってくるのではないかと思います．

これには，「歴史を刻む場所」「育まれた自然」「多様な界隈」「豊かなコミュニティと繁栄」「首都の風格」の五つの大きな柱があり，そのもとに10のキーワードがあります．これは将来増やしていく予定でしたが，現在もそのまま50のキ

第1章 都市におけるストックとは何か

表1.1 千代田区景観形成マニュアル 50のキーワード

1. 歴史を刻む場所	2. 恵まれた自然	3. 多様な界隈	4. 豊かなコミュニティーと繁栄	5. 首都の風格
「心」のより所	緑の環(わ)	モザイク状の町	向こう三軒両隣	都市の門
眺めの映える場所	水にふれる場所	プロムナード	歩行路のネットワーキング	通りの性格
年輪を重ねた樹	敷地の特性	あいだにある住宅	交流の場所	中心となる広場
敷地の履歴	広場から広場	世帯の混在	人の気配	目標となる建造物
壁の表情	つながる緑	間口の分節	陽のあたる場所	高さの分節
見切りのデザイン	見え隠れの庭	活きた通路	小さな人だまり	建物の縁(ふち)
語りかける細部	屋上の庭	目立たない設備	座れる場所	門・玄関
ふさわしい材料	あいだの緑	見えない駐車場	お年寄り	柱の雰囲気
人を育む場所	身近な花	建物を活かす公告物	夜のにぎわい	ふさわしい色彩
先端性の蓄積	子供の笑い声	表と裏の表情	祭りの場	「都」の魅力

図1.13 陸地測量部五千分一迅速測図原図
(東京府武蔵國麹町區八重洲町近傍, 1883年)

ーワードで使われています(表1.1).

これをベースに具体的なプロジェクトがあがってくると,どういう配慮をしたか,行政担当者が先ほどのマスタープランとマニュアルをもとにいろいろと議論します.このなかで,マネジメントのあり方を考えるという仕組みです.

「敷地の履歴」を見ると,敷地がきちんと示されています.図1.13は1883(明治16)年の陸軍陸地測量部の迅速図の原図です.濃く塗られた建物が不燃建築物で,そうでないものは木造の建物.そういうものが全部残った地図が利用できますので,それらをもとに,この地区のその後についてもう一度考えようと提案しているのです.

(2) 丸の内のガイドライン

スタディが単なるスタディで終わらず，プランの中できちんと利用されることによって，新しいガイドラインとして力をもってきます．特に千代田区の場合は，皇居があって，その周辺は非常に重要だということで，従来の一般的な規制のほかに別の詳細なガイドプランが定められています．皇居の周辺をどうするかというための地区制で，美観地区と呼ばれています．

図 1.14　丸の内美観地区

実は美観地区が日本で最初に指定されたのは，丸の内地区を含む皇居一帯で，1933（昭和 8）年のことです．当時，指定されたのは斜線（図 1.14）が引かれたところの内側です．ここに丸の内美観地区として，高さ規制やデザインの規制が課されました．この通りの真ん中までが美観地区ですが，通りを挟んで向かい側の美観地区外の部分も，建物を建てるときに気をつけなさいと，範囲に加えられています．当時から，向かい側の建物も気をつけるということが書かれていて，非常にユニークな例です．

さらに面白いのは東京駅で，八重洲側も入っているのです．この部分は東京駅で区切られ，皇居がまったく見通せない別物みたいな感じですが，以前はここに旧日本橋川の名残りの堀があったので，そこまでが景観的にやはり一つだということで，今でもここが千代田区と中央区の区境になっています．そのため，東京駅の東側も丸の内の地区に入っていて，地名も丸の内なのです．丸の内というと皇居周辺だけと思いがちですが，そういう歴史的な経緯で，地名も残されているのです．

具体的に細かいコントロールとして，たとえば皇居を中心に，皇居に対してはあまり高い建物を建てないというようなガイドラインが決められています．また，様々な地点を定めて，そこから見える景観を大事にしようと，いろいろな眺望点までもが決められています．

歴史的に見ると，江戸時代大きな武家地であったところが，陸軍の軍用地とな

り，その後三菱に払い下げられています．払い下げを受けた三菱は，日本を代表するオフィス街をつくろうと開発を始めるわけです．昭和の初めの段階で馬場先通りを中心とした丸の内南部が概成し，その後 1959 年から，三菱地所による丸の内総合改造計画のもと，もう少し建物を整備しようと，いくつかの道をつぶし，街区を再編し，丸の内中通り両側 6 m をセットバックして再開発しました．そこに建っているのが，現在の大半の建物なのです．それがまた，再開発の時期にきているのですね．

図 1.15 は，1988 年に三菱地所がつくった，丸の内の容積率を 2 000 ％にするとどうなるかという再開発計画のなかの，通称「丸の内マンハッタン計画」です．

ある意味ではよくできた計画書なのですが，三菱が身内だけでつくったもので，公開されたときはこの図面とパースだけが大々的に新聞に載ったため，見た人はいくらなんでも丸の内がこうなってはよくないと思ったのです．おそらく三菱地所は，これは単なるスタディで，最終的な建物の形は 1 個 1 個違えるはずだったのでしょう．それを容積率 2 000 ％でやってみたらこうなると公表したのですが，非公開で作業をして，最後に発表したので，反発は大きく，半年足らずで完全にお蔵入りになってしまいました．

そこで三菱は，大地主とはいえ丸の内地区全部をもっているわけではないので，約 100 社の丸の内にある企業が一緒になって，さらに官とも話し合いながら，合意を形成して，もう一度きちんとステップを積み重ねていって，情報を共有しながらまちづくりをしていこうと，路線を変えたのです．そこでまちづくり懇談会や再開発協議会をつくり，ガイドラインをつくり始めました．地権者だけでなく

図 1.15 丸の内マンハッタン計画（『丸の内再開発計画』三菱地所，1988）[4]

JRや区や都も入ったみんなで一緒につくるもので，1998年に「大手町・丸の内・有楽町地区ゆるやかなガイドライン」を作成しました．その後2000年に，これをより明文化した「まちづくりガイドライン」をつくり，これが今のガイドラインになっています（その後2005年に少し改訂されました）．

具体的には，拠点となる東京駅の丸の内側と八重洲側，そして大手町駅周辺と有楽町駅周辺の4か所を地区の拠点と位置づけ，この拠点の高さを他よりも少し高くできるようにすることや（図1.16），いくつか通りごとに特色考えて地域整備を進めようという指針を設けました．

まずは東京駅と皇居を結ぶ行幸通りですが，こちらはビジネスの中心街です．本社がずらっと顔を並べるような通りですが，道幅が広すぎ，人通りが多いとはいえませんし，ショッピングをするような通りでもありません．

丸の内中通り側はショッピングができるような賑わいのあるまちにしていこうというのが大きな戦略です．ここには本社ビルがたくさん並んでいますが，本社ビルというのは通常1階に不特定多数の人が入ってくるのを好みません．しかし，そうすると休日や夜間に人通りが寂れるので，丸の内中通りでは本社ビルであっても1階や地階はパブリックなものにするという方針でガイドラインがつくられました．

そして形．たとえば，皇居のお堀に面した日比谷通りには31mラインが現在も感じられますから，そういうものを大事にしながら，表情線をつくっていこうと提案しています．丸の内の拠点や大手町の拠点，それから東京駅の丸の内側と八重洲側の両方，有楽町のあたりはもう少し高く，全体としてめりはりを利かせたスカイラインにしようというのが，大手町・丸の内・有楽町地区まちづくり懇談会の合意事項です．

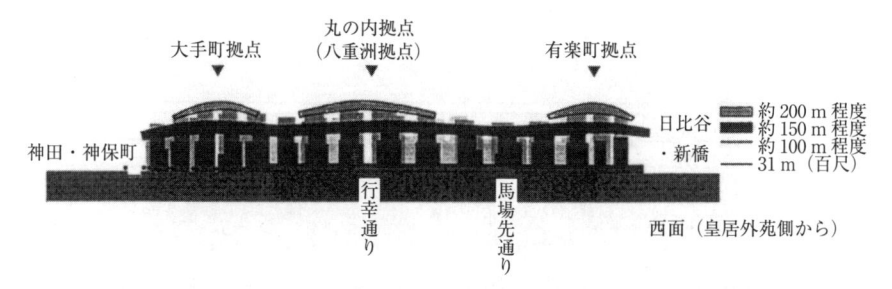

図1.16 スカイラインの考え方（『大手町・丸の内・有楽町地区まちづくりガイドライン』2000）[5]

(3) プロジェクト単位の動きから見るストックのマネジメント

先ほどから説明してきたのは，千代田区がつくった公式なルールと地権者が中心となって官民でつくりあげた特定の地区に関する半ば公式なルールです．次は地権者が中心となってつくったプロジェクト単位のルールです．

最近の大きな話題をいうと，大手町の合同庁舎が空き地になっていますが，あれは売りに出されて，都市再生機構がこの土地を買いました．ここにいわゆる土地転がし型の再開発が起きることになっています．とても規模の大きな再開発です．まず古くなった国の合同庁舎を取り壊して，ここに日経新聞と経団連とJAがきて，JAと経団連ホールと日経新聞の跡地を，また更地にして，そこに三菱総研等の周囲の企業を動かしてきて，そこをまた更地にして，再開発を行うという，再開発を転がしながら3回ぐらい繰り返すものです．そんな再開発がこのあたりで考えられています．

丸の内地区と比較して大手町のほうはブロックの形がやや不整形なものですから，もう少し公共空間を充実させていって，サンクンガーデンや広場をつくる計画が考えられています．丸の内側はどちらかというと壁面をそろえていく，歴史的にそろった壁面ですが，大手町側はそれもやるけれども，ある程度オープンスペースをとっていこうと，かなり戦略が違うのです．また，日本橋側に面したところは，将来の首都高速道路の撤去をにらんで，歩行者中心のプロムナードにす

図1.17　大手町合同庁舎跡地の再開発による日本橋川リバーフロントのイメージ
（『大手町まちづくり景観デザインガイドライン』2005)[6]

1.3 具体的なプロジェクトに見る都市ストックの考え方

る計画になっています（図1.17）．

次は日本工業倶楽部です．この件では大変もめました．1920（大正9）年に建てられた歴史的建物ですが，文化財になっていませんでした．日本工業倶楽部という社団法人がもっている建物です．

日本工業倶楽部は，企業家が集まってお金を出し合ってつくった建物で，組織そのものは大金を稼ぎ出しません．ですから再開発も困難ですし，メンテナンスにも苦労していました．できれば残したいけれど，残すだけではお金を生まないので，何か工夫が必要なわけです．そこで，まわりの開発と一緒に建物の整備をすることを考えました．

隣接して永楽ビルというオフィスビルがL字形に建っていますが，こちらの建物は三菱地所の持ち物で，これは再開発を考えていました．しかし日本工業倶楽部の建物があるので，これを尊重しながら再開発しなければいけない．結果的には両者を合体して，一体の建物として，重要な部分を残しつつ，日本工業倶楽部の後ろの部分は後で増築した部分なので，そこは新しい建物の中に取り込み，しかしファサードとしてはうまく残しながら再開発を行う方向が選択されました．

最初は，日本工業倶楽部の建物は全部壊して，表面の部材だけとって，新しくできたものに貼り付けて，中はまったく新しくする構想もあったのですが，変わってきたのです．

この建物は内部のインテリアデザインが大事です．正面から中に入って大階段を上がり，2階のホールにきて右に曲がると大食堂があるのですが，倶楽部の会員たちが食事をしながらネットワークを広げることに意味があり，このシークエンスが非常に重要なのです．ですから，建物の外側だけを残しても意味が少ないということです．こういう内部空間を残すべきであるという議論が，歴史家の間から起こってくるわけです．

そこでいろいろな案が検討されました．全部壊して新たに再現する案から，完全に凍結保存する案までです．表1.2は，そのうち集中的に議論された主なものを示しています．

タイプB-2の案は，大食堂が大事なのでしっかり再現します．ファサードは残し，大半を保存する．階段のところを再現する．タイプD-2は，左側の食堂のウィングは完全に全部保存するが，保存だけでは地震でもたないので，下に免震構造を入れる形で保存する．タイプDは下に免震構造を入れて全体をそのま

ま保存する．

　保存の考え方はどうか，構造的にはどうか，機能的に見たらどうか，問題点はどうか，そしてコストの問題があります．実際はタイプD-2案が選択されました．大食堂を含む全体の1/3の部分だけ曳家をして，下の免震部分をつくってもう一度元へ戻したのです．今あるものはそういう形になっています．

　したがって，古い建物の部分は一体に見えますが，保存した部分と再現した部分に分かれています．一方，日本工業倶楽部の建物と背後の高層ビルの部分とは別々に見えますが，実際は一体で建物はつながっているのです．

　もとの永楽ビルはL字形の建物でしたが，日本工業倶楽部と並んでいた壁面を少し下げ，さらに間にサンクンガーデンを設けることによって，日本工業倶楽部の建物の，かつて永楽ビルと接していた部分の古い壁面を表に出して，見えるようにしています．また，高層部分の壁面は下げて，東京駅側のやはり高層の日

表1.2 日本工業倶楽部会館保存案（『日本工業倶楽部会館歴史検討委員会報告書』1999）[7]

	タイプB-2 仕上げ再現／躯体更新	タイプD-2 仕上げ保存／躯体保存・更新	タイプD 仕上げ保存／躯体保存
立面図 （南面） 保存修復部位 再現範囲部位 更新(サッシ取替)部位			
外部歴史継承の考え方	・範囲＝倶楽部部分． ・できる限り現仕上げ材を保存活用し，タイルは再現する． 保存修復部位： 　玄関ポーチ 再現部位： 　タイル，テラコッタ 更新部位：サッシ	・範囲＝倶楽部部分． ・正面左1/3の外壁は保存修復．以外は，できる限り現仕上げ材を保存活用し，タイルは再現する． 保存修復部位： 　基壇，彫像，タイル(1/3)，テラコッタ(1/3)，歯形装飾 再現部位： 　タイル(2/3)，テラコッタ(2/3)	・範囲＝倶楽部部分． ・倶楽部部分の外壁は保存修復． 保存修復部位： 　基壇，彫像，タイル，テラコッタ，歯形装飾 再現部位：— 更新部位：サッシ
内部歴史継承の考え方	・範囲＝玄関，広間，大階段，大食堂等 ・できる限り現仕上げ材を保存活用し，漆喰等は再現する．	・範囲＝玄関，広間，大階段，大食堂等 ・大食堂は，保存修復．以外は，できる限り現仕上げ材を保存活用し，漆喰等は再現する．	・範囲＝玄関，広間，大階段，大食堂等 ・エリア1は保存修復．他は新築または改修．
躯体保存の考え方	更新とし，保存しない．	倶楽部部分の西側1/3を保存．	倶楽部部分を保存．

本生命の本社ビルの壁面に合わせるようにしています．このようにいくつかの工夫がされています．

図1.18は東京駅の八重洲側です．東京駅の八重洲側の駅舎を再開発する計画があります．中央は大丸が入っている建物です．非常に圧迫感があって，八重洲通りからくると，突き当たりに文字どおり道路をふさぐように建っているので，全体のグリッドの調和が妨げられています．

ここに，200mのタワーを2棟建てて，真ん中を低くするという案です（図1.19）．全体として東京駅の向こう側，皇居側への「抜け」を確保しようという計画案です．正面から見るとタワーを横に建てて，正面を低くし，向こう側の空を復活させるという案になっています．また，丸の内側の赤煉瓦の東京駅は容積率が低いので，実現されていない容積を丸の内の他の地区へ有料で移すことによって，東京駅復元の費用を捻出することが可能となります．こうしたことを可能とするために，この地区には日本で唯一の特例容積率適用区域制度が適用されました．2007年8月現在，2本のタワーは建設中です．

東京駅が復元されて脇にタワーが2棟建ち，視線が裏側に抜けるということになります．丸の内側から見ると，赤煉瓦の東京駅の真後ろに覆いかぶさるように建っていた八重洲駅舎の建物がなくなり，歴史的建造物の背後の青空が戻ってくるのです．丸の内側の赤煉瓦の東京駅では復興工事が進められています．こうして，東京では一つの眺望の軸がもう一度再生されようとしています．

図1.18　東京駅八重洲口方面
　　　　（千代田区資料）

図1.19　東京駅八重洲口方面計画案
　　　　（千代田区資料）

大手町・丸の内地区で見てきたように，一つの地区がある特定の構造をもっていて，どのような介入を行うことがこの地区にとって大事なのか，文化的な背景までを含めて考えることによって，そういうことが可能になる制度をつくることが最近ようやくできるようになりました．

　もちろん高いものも建ちますが，それでも全体としては現状よりよくなると担当者はいっています．地域の文脈を大切にしているからです．現在，東京駅の駅前広場の車の動線処理はあまりうまくいっていないのですが，これを改善することも含め，駅前をもう少し広くとって，人と車の流れをスムーズにすることも考えられています．

　こういう努力を続けることで，ストックを少しずつ改善しながら，なおかつ，いい意味で地区を再生していくのがストックマネジメントかなと思います．私はストックというものを通常より広く捉えました．たぶん次章以降でストックの概念がだんだん専門的に扱われていくと思いますが，最初にストックをここまで広く議論して捉えることで，思考の可能性は広がるのではないかと思います．

■文献
1) 東京都文京区：文京区緑の基本計画, 1999
2) 東京都千代田区：千代田区都市景観方針—風格ある千代田区の景観形成に向けて, 1993
3) 東京都千代田区：千代田区景観形成マスタープラン, 1998
4) 三菱地所：丸の内再開発計画, 1988
5) 大手町・丸の内・有楽町地区まちづくり懇談会編：大手町・丸の内・有楽町地区まちづくりガイドライン, 2000, 同まちづくりガイドライン 2005
6) 大手町まちづくり景観検討委員会編：大手町まちづくり景観デザインガイドライン, 2005
7) 日本工業倶楽部会館歴史検討委員会編：日本工業倶楽部会館歴史検討委員会報告書, 1999

第 2 章

空間文化資源の評価とその継承

異なる時空の建築・都市を視る意味

生産技術研究所 **村松 伸**

2.1 アジアをまたに四半世紀

2.2 空間文化資源をリスト化する必要性

2.3 視ることの標準化

2.4 異なる時空の建築・都市を視る意味

2.5 日本での活動

上海は近代建築の宝庫だ．植民地の遺産が，ビジネスとして，都市のアイデンティティとして有効であることが理解されることによって，継承されつつある．

建築史というのは，建築学のなかだけでなく，工学全体で見ても，社会との乖離が激しく，何をやっているのかわからない，何も役に立たない，とみなされる学問領域の最右翼だといっていいでしょう．まして，実践の学問の最前線である社会基盤や都市工学を学ぶ学生の皆さんからは，その意義や価値を認めてもらえないところもあるかと思います．また，私が所属しているストックマネジメント部会であっても，建築史がどのように貢献できるのか，なかなか理解してもらいにくいかもしれません．

本章では，これまで私が行ったアジアの近代建築研究・調査活動を整理し，一見ばらばらに見える私の研究や活動が，実は一つのフレームワークの中に納まっていることを論じながら，ストックマネジメントにおける「建築史の存在意義」を説明したいと思います．

2.1 アジアをまたに四半世紀

私の経歴のスタートは，1981年9月，留学のために煤けた北京空港に降り立ったときから始まりました．あれから26年が過ぎ，今では，中国ばかりでなく，東南アジア，モンゴル，ウズベキスタン，イランというように，フィールド研究の範囲を拡大させ，建築史のみならず空間文化資源の再生，それを通じた地域教育活動にまで研究領域を広げ，日本での活動も始めています．

私が中国に留学する10年前ぐらい，中国はちょうど文化大革命で，当時の私は毎夜北京から電波にのって届く日本語の北京放送を寝ながら聴きつつ，睡眠学習をしていました．中国にはハエもカもいない．ごみも落ちておらず，人々は自転車にのって公害も出さず，泥棒もいない，和気藹々と社会主義の建設にまい進している，というようなプロパガンダが含まれたラジオ放送を夜な夜な聴き，プロパガンダとも当然知らず，桃源郷のような中国像を刷り込まれてしまったのです．一方，私が少年時代を送った時期は，まさに日本の高度経済成長期，1964年のオリンピックから1970年の万博の開催時期にあたっていました．暮らしは日々よくなり，日本も私の周囲も，そして私自身も，青天井でどこまでも成長していく，という幻想にとらわれていました．高校の旅行で訪れた大阪万博の会場で色とりどりの建物に魅せられた私は，今から思えばそれらはキッチュの集合だったのですが，将来建築を学ぼうと決心したのです．後日談を先に述べておけば，大阪万博で決意したのが悪かったわけではないでしょうが，自分の設計能力に愛

想を尽かし，建築史へと埋没してしまいました．

この時期，一方で公害も至るところで発生し，近代主義への反発もありました．中国への関心は，近代主義への反発，あるいはそれを生み出したと考えられる欧米を出自とする合理主義への反発とが，私の中で融合して醸成されたものでした．

1970年代後半から80年代の初頭，建築史を学ぶ学生の多くはヨーロッパに向かい，残りは日本の古い時代の歴史を学びました．私の先輩たちは初めて国外に長く留学して，そこで本場の建築史の研究や知見を深く広く得た初めての世代でした．その姿勢に憧れながら，一方では欧米への反発が私の中で同居していたわけです．異なる文化を見たいという欲望と，でも時勢に流されたくないという気持ちが私を中国へと向かわせたのです．ちょうど中国と日本の国交が回復し，日本では中国への友好気運が高まっていた時期でした（図2.1）．

図2.1『中国建築留学記』
（鹿島出版会, 1985）

中国での留学生活はとても快適で，私の人生を大きくジャンプさせてくれました．それは，たとえば世界は私の前に平等に広がっているとの強い確信でありました．北京には世界中から，アフリカからも中東からも，カンボジア，北朝鮮からも，もちろん，欧米からも留学生がきていて，日本で感じていた欧米中心とは異なる世界がそこに広がっていました．私は中国語ができましたから，語学のハンディキャップがなくその世界の構成に関与できることは新鮮だったのです．この体験は，主張する内容がありさえすれば，評価されるという信念を私の中に植えつけました．欧米からの「輸入業者」に成り下がるのではなく，あっといわせるものをつくる生産者としての建築史研究の重要さを肌で知ったのです．

2.2 空間文化資源をリスト化する必要性

(1) 空間文化資源以前，あるいは，視ること，集めること

先に述べた「輸入業者」というのは，鋭敏な感覚により日本に必要な理論や手法を発見し，すばやく日本に輸入するということの比喩ですし，生産者というのは，自分で素材をこつこつと集め，そこから世界に発信するのに資する理論を構築する意味だと，頭ではわかります．しかし，文化大革命のこの時代，外国人留

第 2 章　空間文化資源の評価とその継承

学生にとっては，文献も建物も国家機密としてアクセスが不可能でした．さすがの私も焦りを感じ，独自の研究調査の必要性を感じました．そして，北京や上海，大連の街に出て，歩き始めたのです．

そこで出会ったのが，誰にも評価されずに打ち捨てられていた 1949 年以前の建物でした．現在，私は，こういった都市にある古い建物，産業遺産，インフラ等を「都市文化資産」または「空間文化資源」と総称しています．しかし，当時のそれらは「空間文化資源」といいながら，まだどんな文化資源としても認められていない「空間文化資源以前」でした．そんな混沌としたコスモスのなかに，私は足を踏み入れていきました．もちろん，当時そこまで深くは考えておらず，ただ単に目の前に建っている建物を好奇心をもって見ていくだけでした．しかし，この調査を通じて，全部の道を歩くこと，全部の建物を視ること，というばかばかしいけれど，これに勝るものはないと思われるほど有効な方法で，専門家の建築評価手法を中国の街で体得しました．建築史を学ぶものは，多数のよい建築や空間を見たり，体験したりすることで，身体の中に評価軸を目覚めさせ，豊かなものに鍛えあげていきます．建築や空間に対する絶対評価軸がないと，その先は何もいえません．歩きまわり，克明に観察するうちに，自分の中に評価基準を少しずつ構築し，「空間文化資源」を見定めるための審美眼を養っていく，という一連の体験が，この分野でまず最初に必要とされる学習なのです．

先ほど，70 年代後半から 80 年代にかけて，建築史を学ぼうとする学生は，西洋への留学と日本の古い時代に沈滔(ちんめん)する二つのグループがいたと述べましたが，実は，もう一つのグループが存在していました．街に出て，そこに建つ近代の建物を好奇心もって探索する研究者の卵たちでした．70 年代後半からそのグループの活動はピークを迎え，日本全国の近代建築のリスト化を 80 年代初頭，つまり私が北京に向かおうとしていた頃，完成させていました．その中心が，のちに私のボスになる藤森照信さんでした．このグループ，とりわけ藤森さんは，日本の近代建築というそれまで誰も本気で見ようとしなかった物件を，足で集め，眼で見据え，そして，審美眼を鍛え，さらには，『日本近代建築総覧』（図 2.2）

図 2.2　『日本近代建築総覧』（日本建築学会編，技報堂出版，1980）

という壮大なリストを日本建築学会の委員会の主要メンバーとして編纂したのです．ここで鍛えあげられた藤森さんの価値基準，あるいは審美眼がいかに優れたものであったかは，現在の建築家としての大活躍を見れば，皆さんも容易に理解できるでしょう．同時に，この体験的学習の必要性もわかるはずです．

(2) 空間文化資源，リストをつくる

その後，中国の多くの都市を歩きつつ，評価されずに放置されていた建物を拾い出し，写真を撮り，現在の名前，住所を記録し，北京の留学生宿舎に帰って文献にあたることに没頭しました．そして，上海，広州，青島，大連，ハルビンへと足を延ばしました．その数は厖大です．行けども街は広がり，広大な中国の大地には無数に都市があるという状態でした．このような調査を通じて，身体の中に価値基準，さらに，不完全ではありましたが，いくつかの都市のいくつかの地区で，「空間文化資源以前」を「空間文化資源」へと変換させることができました．つまり，評価されないでいた建物を，文化財として認定させることに成功したわけです．こうして中国での2年半の留学を終え，少ないけれど有意義だった留学体験をもとに博士論文を書きました．そして博士論文が終わった頃に，先ほど述べた藤森さんの研究室に助手として本郷から移籍し，今度は，留学中にできなかった中国の近代建築のリスト化を試みます．

北京の清華大学との共同研究で，1988年から3年間にわたって，中国16の都市——北から南へと，一気にいえば，ハルビン，瀋陽，大連，営口，北京，天津，済南，煙台，青島，南京，武漢，重慶，アモイ，九江，広州，昆明——の近代建築，年代でいえば，アヘン戦争が終わった1842年から中華人民共和国設立の1949年まで，約100年間の建物をリスト化していきました．中国ばかりでなく，韓国，台湾，香港，マカオにまでその調査範囲を広げています．当然ながらそれは，藤森さんたちが成し遂げた『日本近代建築総覧』の延長上にありました．中国建築工業出版で各都市の分冊として刊行され，日本では『全調査 東アジア近代の都市と建築』(図2.3)という分厚い本になったこの成果は，建物名，年代，住所が延々と記されただけの，一見無味乾燥なもののように見えます．しかし，この無味乾燥な結果は，日本でもそうだったのですが，社会を変えます．

建築史学は無用のように見えます．でも実は，社会の奥深いところにあるマグマの質をすっかり変えてしまうことがあるのです．

リストをつくることは，「空間文化資源以前」を「空間文化資源」にすることでもあります．当然，一人ではできないので，多くの参加者が必要です．参加し

てくれる人を組織化し，意図を伝え，いい成果をあげてもらい，それを使えるような形で世に出す必要があるわけです．私自身，このプロジェクトのマネジメントを全部行ったのですが，当然いくつかの失敗がありました．なかでも，参加者全員にこのプロジェクトの重要性を本当に理解してもらうことが困難であったこと，そして，実際に調査に参加した学生さんたちの審美眼が必ずしも鍛えられていなかった，あるいは，この調査を通して鍛えることができなかったことでしょうか．当時の私は，建築史の研究者というより，ビジネスマンのような気持ちがしていました．数々の失敗，欠陥はありましたが，とにかく目的の都市のリストをつくりあげることはできました．失敗は後の糧になりましたし，欠陥は少しずつ補修されていきました．重要なのは，どんなものでも形にして世に出すことだということです．そのときに重要なのは，質よりも量です．藤森さんたちの『日本近代建築総覧』は 13 000 物件ほどで，私たちの東アジアは 1 800 ほどであったと思います．

図 2.3 『全調査 東アジア近代の都市と建築』（藤森照信・汪坦監修，筑摩書房，1996）

(3) 社会が動く

その後に起こったこと，つまり中国の都市にある，よくわからなかったものが，「都市文化資産」として認知されたことが，どんなインパクトを社会に及ぼしたかをちょっとお話しすれば，リスト化の重要性，効用がさらによくわかるはずです．大きく分けて，①研究の拡大，深化，②価値観の変化，③一般の人々への普及，④経済的効果追求の四つが，順に起こり（図 2.4），社会へと影響は広がっていきます．面白いことに，これは日本を筆頭にどこの国でも大差はありません．台湾でも，韓国でも，時差はありますが，同じような現象が生じています．

私たちは，中国の清華大学と中国の近代建築のデータベース化を 1980 年代末から実施すると同時に，1988 年から隔年で，中国の近代建築を議論する国際シンポジウムを開催してきています．北京から始め，私たちの調査の対象地を国際シンポジウムの開催地として各地を転戦しています．その会議に参加する研究者，

2.2 空間文化資源をリスト化する必要性

学生の数は年々増加し，論文の質も向上してきて，それはこの学問領域の盛況ぶりを端的に示すものです（図2.5）．

また，私たちがリスト化の調査を行わなかった都市でも，その調査方法に倣い，自主的にその都市の近代建築のリストを作成するところが出現してきました．

また，深い思索と分析をともなった研究書が徐々に出現してきたのです．これが第1段階での社会への影響です（図2.6）．実はこの第1段階が最も重要で，やや権威主義的に聞こえるかもしれませんが，専門性

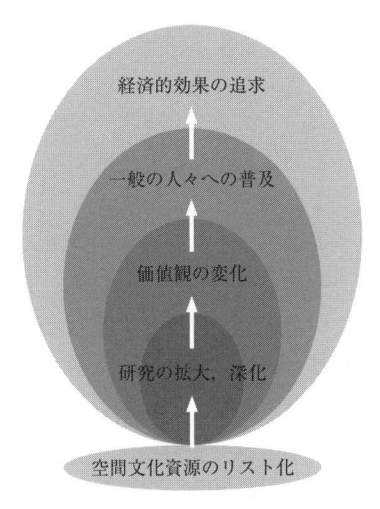

図2.4 空間文化資源リスト化の社会の影響

図2.5 中国近代建築シンポジウムの集合写真（北京，1988）筆者，前列左2番目

図2.6 中国で出版された近代建築の書籍群

が深まると，その後の効果はとても高くなると思われます．

第2段階の社会へのインパクトは価値観の変換であって，これこそが建築史が目標とする大きな効用の一つです．冒頭に述べたように，1960年代に中国で起こった文化大革命は，漢族中心の民族主義，もっと強くいえば，排外主義の塊のようなものでした．ですから，私たちが集めた近代建築は，植民地や租界に建つ，外国人建築家や洋行帰りの中国人建築家がブルジョアのために建てたものであって，そのことを語ること自体が反国家主義であったわけです．はるか彼方の日本の片田舎の地で，文化大革命に憧れて北京にやってきた私が，当時非難の的の近代建築を研究，調査しようとしたのは，歴史の皮肉でしょうが．やがて文革は全面的に否定され，でも染み付いた恐怖心はなかなか取り除けず，しかしリストができ，学術界でのお墨付きがつくと，おずおずとではありますが，たとえば，上海のバンドの建物はいいものじゃないか，青島のドイツ人建築家たちが建てた建物もまんざら捨てたものではないではないか，と人々は考えるようになったのです．

この価値観の変換は，国の政策をもやがて動かしていきました．中国では，文化財—文物といいますが，1990年頃まで，中国の伝統的な建物だけが指定されていました．故宮や蘇州の園林，寺院建築といったものです．もっとも，近代に建てられた建物が国家文物に指定されていなかったわけではありません．でもそれは，建物そのものの価値が評価されたわけではなく，そこで中国共産党第1回大会が開催されたとか，孫文や毛沢東が生まれたといった，史蹟としての評価でした．ところが，この私たちのリスト化，そして，国際会議のたゆまぬ開催，悪くいえば，しつこさかもしれませんが，それによって，各地で近代建築が都市や国家の文物に指定され始めたのです．都市や中華人民共和国という国家のアイデンティティとして，この植民地主義，ブルジョアの遺産が認知されたのは，大きな変化だといってよいでしょう．

1990年代，中国は急激に市場経済へと移行し，近代建築が通俗化，ブランド化していきます．第3段階の一般の人々への普及と，第4段階の経済的効果追求がほとんど時差なく起こりました．近代建築はイデオロギーの呪縛からやっと抜け出て，面白い，おしゃれ，すてき，の対象になっていきます．近頃では，さらにそれが進み，とりわけ上海などでは，高級ブランドとして理解されつつもあります．上海のバンドは，1930年代の建物が多数残り，国家文物でもあり，世界遺産への登録がなされるとの噂は多々あります．でも，今はヨーロッパの高級ブ

図 2.7 上海バンドは欧米ブランドに乗っ取られていく（2006年）

ランド品の店として，再利用されつつあります（図 2.7）．

　もはやここまでくると，私たちが近代建築の利用ということで，もともと意図していた範囲を逸脱していて，ちょっと興ざめです．かつての満州国の近代建築が多く残る長春（旧新京）では，満州国皇帝，ラストエンペラー溥儀の住んだ宮殿が修理されています．その目的は，もちろん歴史の再認識ではなく，観光客の誘致です．さすがにこうはいいませんが，マンシューランドのようなものを目指しているのかもしれません．

　私自身は，この行き過ぎた近代建築への視線や利用に対して，何かすべきであると思います．第5段階として，0段階のリスト化，1段階の学術的深化等とは違った，専門家の介入が必要でしょう．でも，私にとっては別の国ですから，どのようにすべきなのだろうかと途方にくれ，介入への義務感を感じると同時に，一連の社会化を誘導した者として虚無的になってきているのも事実です．

(4)　継承するための運動モデル

　中国の近代建築のリスト化が終わった後，私は，90年代半ばベトナムへ南下し，2000年にはバンコクで同様の近代建築のリスト化の調査を実施しました．以後，ウランバートル，サマルカンドで実施し，このCOEプロジェクトの一環としては，インドネシアで行っています．すでに，メダン，パダン，ジャカルタ，ボゴールが終わり，この5年間のCOEプロジェクトが完了するまでに，もう一つ，パレンバンの調査を計画しています．まだまだ衝動は衰えていません．ハノイでもバンコクでも，独自の建物を見つけ出し，私がつくろうとしている「東ア

ジア都市・建築の 200 年」という建築史体系の構築を目指したいと考えています．

一方，中国，ハノイ，バンコクと転々とするうちに，この調査をいかにスムーズに，効率的に実施するかを考えるようになりました．

ちょうどその頃，インドネシアへの調査を開始しようと考え，スマトラ島にあるメダンという都市を上陸地点としました．そこを選んだ理由は，何の変哲もない，つまりは，さして歴史があるわけでも美しいわけでもない，東南アジアの典型的な地方都市にもかかわらず，そこで活躍する NPO の人たち，とりわけハスティさんという女性のアクティブな活動に魅せられたからでした．当然のようにメダンでも，近代建築のリスト化を学生たちとともに実施しました（図 2.8）．ただ，調査手法については，一歩推し進め，目的，目標に応じてマニュアル化を考え始めたのです．そして，メダンでの，空間文化資産のストック化の過程をビデオで撮影し，40 分ほどにまとめて誰もがその理念や過程を習得できるようにしました．

つまり，もともと個人的な好奇心のフィールドワークから始まった近代建築のリスト化という手法が，実は，社会全体の空間文化資産の継承，すなわち，ストック化とそのマネジメントに大きく役立つことが，中国での成果によって次第に明らかになり，もう少し自覚的に，空間文化遺産を残す手段としてツール化しようと考えたわけです．正直にいうと，上海を，青島を，あるいは大連の街をカメラをもってひたすらウロウロしていたとき，私の頭に，ストックという概念，または，これまでよく使ってきた空間文化資源という考え方はまったくありませんでした．知りたいという欲望のみだったのです．これが建築史を学ぶ人間の原初的な考え方，本能なのでしょう．でも，この近代建築のリストをつくること自体が，その社会の空間文化遺産を活性化し，豊かな未来の環境づくりに貢献する効果的な運動モデルになるはずだ，私は煤けたメダンの街の雑踏のなかで何人かの日本から一緒に来た学生たちと，その可能性と方策について考え続けたのです．

写真の撮り方，物件の探し方，地図について，そのまとめ方の手法など，順を追ってつくって

図 2.8　インドネシア・メダン調査（2003 年）

2.2 空間文化資源をリスト化する必要性

いきました．そのマニュアルをもとに，私たちはメダンで空間文化遺産のリスト化ワークショップを開催しました（図2.9）．メダンとその周辺の大学の建築専攻の学生たちに参加してもらい，遠くはパダン，パレンバン，ジャカルタからもきました．まだ，このときには，ある地域，国の空間文化遺産を活性化する一連の流れ，つまり運動のモデルという発想には至っていなかったのですが，ワークショップが終わった後，参加した学生，若い教師たちから，自分の街でやってくれというオファーが無数にきて，自発的な拡大がまさに今始まっているのです．ジャカルタでは，政治家スカルノと一緒に独立後の重要な公共建築のほとんどを手がけたシラバンという建築家（故人）の残した図面や写真をドキュメンテーション化しようとしています．

インドネシアという巨大な国で，ゆっくりとですが，空間文化遺産の研究の深化が進行しつつあるのです．やがて，中国で起こったと同様に，②価値観の変化，③一般の人々への普及，④経済的効果追求へと進むことでしょう．ただ，過度の商業化が生じないようにするためにはどうすべきかも，今度は考えておく必要があります．私たちの社会実験も終わることなく続いているのです．

若干，話は前後しますが，この中国での経験や蓄積をもとに，アジア全域の近代の空間文化資源の評価，保存，継承に関するゆるいネットワークをつくろうと考え，その結果 mAAN（modern Asian Architecture Network，アジア近代建築ネットワーク）をつくりました．具体的には，西洋中心の近代建築史観に対する異議申し立てとその具体的な作業です．前者は，ユネスコ世界遺産センターやイコモス，docomomo と連携して，ユネスコの世界遺産登録における西洋近代

図 2.9 メダンヘリテイジのウェブ（http://medan.m-heritage.org/）

図 2.10 第 6 回 mAAN〔東京〕国際会議

への偏った見方への是正運動として結実していますし，また，ほぼ毎年開催している国際会議を通じて，トルコまでも含めた国々のアジアの建築史，保存関係者との議論や思索として結実しています（図2.10）.

後者は，今述べたばかりのインドネシア等での遺産のリスト化，近代の建築家の記録の保存等で，ゆっくりとではありますが，堅実な歩みを進めています．先に示した図2.4のさらに向こうに，国境を越えた地域（アジア），さらに世界の意識の変化を促すことが，私の目標でもあるわけです．その際には，日本という狭いところでしか通じない偏狭なものではなく，どんな国の人でも理解できる明確で，共感のもてる理念と具体的なマニュアル，誰からも感心される堅実な成果が必要なわけです．

2.3 視ることの標準化

(1) 「視る」は一つではない

調査方法をマニュアル化する際に最も難しかったのは，建物や土木遺産をどのように評価するか，ということの標準化です．すでに何度も話したように，私自身は大量にものを視ることでその感覚を自力で養ってきました．多くの建築史研究者はこの方法で審美眼の訓練をしてきて，これが一番の手法であることはわかっています．ただ問題は時間のかかることです．調査に突然借り出された大学生が，数週間で学ぶことはどだい無理なわけです．何年もかけ，何回も調査に参加してゆっくりとその評価基準を確立していかなければなりません．さらに言葉も文化も違うのです．でも，それが無理ならどうすればよいのか，次善の策を考えざるを得ません．私は，そのとき，まず自分がどのように建物を判断しているかを客観化してみたらどうか，と考えたのです．直感もしくはブラックボックスだとして突き放してしまうのではなく，できるだけ冷静に自分が建物を視て，その良し悪し，好き嫌いを判断している状況を分析して，言葉で表現してみることにしました．

そのとき，10くらいの項目，古さ，設計した人の重要さ，保存状態のよさ，設計の熟練度……，を羅列的に並べたと記憶しています．でも，それをそのままずらずらと並べても，見ることに関してまったくの初心者が理解することは容易ではありません．実際につくった私ですらすべて思い出せないのですから，建物を視る際にいちいち，その表と見比べながらチェックするというのは，あまり現

実的ではありません．

　もう一つの問題点は，こうやって一つ一つ箇条書きにして自分の観察行為を分析していっても，結局最後に，感動するか否か，という直感，先ほど使った言葉でいえば，ブラックボックスが残ってしまうことでした．どこまでいっても核は不確かなのです．ただ，羅列の煩雑さを避けるために，多数の項目を過去，未来，超時間，の三つの大項目にくくりましたが，これが一つの進歩でした．

　自分の観察行為を直視するとき，私はいつも，やはり 25 年前の中国への留学を思い出さざるを得ません．26 歳で北京空港に立ったその瞬間から，自分の位置を常に敏感に感じてきたことです．それは，日本で，あるいは欧米に赴いて建築を視る眼を鍛えてきた人間とは，大いに違うものだと思います．上海ではそうでもないのですが，たとえば，それは端的にいって，大連の地で，日本人の私はどう振る舞えばいいのか，ということで表現できます．皆さんご存知だと思いますが，大連はロシアの租界を経て，日本の租借地になりました．多くの日本人が住み，資本を投下し，日本人建築家も土木技師も都市計画家も，実験的で大胆な活動をここで行っています．建物から見たら，たしかに素晴らしく見えます．でも，それは日本で生まれ，日本で育ち，日本で建築教育を受けた私というポジションが見せているのでないのか，そこに住む人々にはそれらはどう映じているのか，疑問は大連を初めて訪れたそのときからずっと，私の心に膠のようにベタリと貼り付いてとれないのです．

　メダンでのリスト化調査に参加した人々は，いくつかのカテゴリーに分けられます．日本という外部とメダンという内部，専門家と非専門家．たとえば，私たちは外部の専門家であって，インドネシアの教師や学生は内部で，専門家と非専門家の中間あたりに位置しています．実はこのほかに，建物の所有者がいます．あるいは，外部の普通の人々，まあ，人類と呼んでもいいかもしれませんが．大勢の人々が存在しています．だから，評価には個人差が生まれますが，それでもあまりに多すぎます．こういった複数のカテゴリーに属する人々の複数の視点に敏感になった結果，当時学生だった谷川竜一君とつくった評価用のマトリックスがこれでした（表 2.1）．

　この表は，数年使ったと思います．何もないときよりも，初心者に若干うまく伝えられたと思いました．しかし，これでもまだ一般化する余地はある，と感じていました．

表 2.1 都市文化遺産・資産評価基準（作成：村松伸・谷川竜一）

	A. その都市に住む多くの人々	B. 専門家	人類の多数
記憶としての価値（過去）	A-1. そこにいる人々の記憶の中に深く刻まれている	B-1. 狭義の建築史における価値（ある時代の技術，文化など）が刻み込まれている	C-1. 人類の多数の記憶としての価値がある
未来の幸福のための価値（未来）	A-2. 将来を幸せにする価値を有している（居住的価値，経済的価値）	B-2. 保存状態がよい	C-2. 人類の多数に幸福をもたらす
		B-3. 環境への適合性がある	
		B-4. 再生学に貢献する	
対象そのものの価値（超時間）	A-3. まちのアイデンティティとして愛されている	B-5. 古い	C-3. 人類の多数に感動を与える
		B-6. 希少的価値が高い	
	A-4. 人々の生活に役立っている（機能性）	B-7. 地域の特性が現れている	
		B-8. 専門家に感動を与える	

(2) ヘリテイジバタフライと専門家の役割

ある日，建物の評価の指標を，チョウチョに仮託したらどうだろうとアイデアが浮かびました．そこでできたのがヘリテイジバタフライです．堅苦しく漢字でいえば，「遺産蝶々」です．右側の羽は，専門家の評価，左側が一般の人々の評価です．それぞれ三つの指標を示しました．右左とも，上から，過去，超時間，現在，を表しています．右側は専門家，つまり私たちのことですが，専門家から見た視点です．建築史的評価，普遍性，保存状態の三つが上から並んでいます．左側の一般の人々の視線は，記憶，幸福，愛，というように，普通に使う言葉をその指標の中にとりいれました．建物を視るときに，これら3＋3の六つの項目に注目する，しかも，過去，超時間，現在，と単純化すると記憶しやすいようにできています（図2.11）．

このヘリテイジバタフライをつくることによって得られる利点は，当然ながら専門家の評価と住み手，使い手，建物の近所の人など普通の人々の価値観の重みが均等であることが，はっきりと視覚的にわかることです．二つの羽がバランスよくなっていないとチョウチョはよく飛べないですから．大連で感じた自分と他者の視線の不協和を，視覚化して，意識させることもできるわけです．調査しながら，この建物は右羽は大きいが，左羽は小さいね，と感覚的に理解しながら進めます．でも，欠陥もあって，調査にやたら時間がかかることです．特に左羽を記すには多くの人にインタビューしなくてはならず，1日に40物件くらい調査するのはややきついかもしれません．さらにいえば，いくら標準化しても，標準

2.3 視ることの標準化

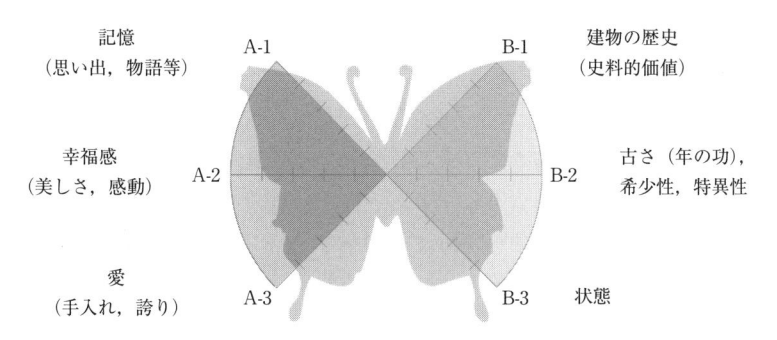

図 2.11 ヘリテイジバタフライ（作成：村松伸・村松研究室）

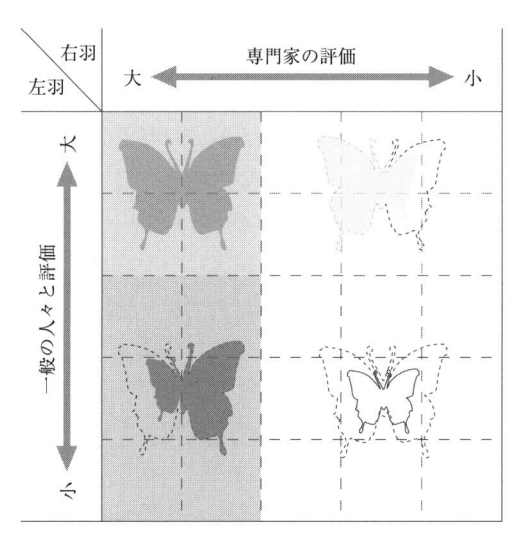

図 2.12 ヘリテイジバタフライによる活動分析（作成：村松伸・林憲吾）

化できない曖昧な部分が残り，そこにこそ評価の核心が隠されているのです．

　ヘリテイジバタフライのもう一つのいい点は，ある遺産や資産を静的に評価できるだけではなくて，ではこの空間文化資源に対してどのようなアクションを起こしたらよいかも，簡単にわかることです（図 2.12）．

　両方の羽が大きければ，専門家からも市民からも評価が高いのですから，文句なくその街の遺産として大事にしていくべきです．反対に両方の羽が小さければ，たいしたことがないので，未来の空間文化遺産に席を譲ってもらってもいいでしょう．右の羽が大きくて，左の羽が小さければ，専門家からの評価は高いにも関

わらず，市民の認識が低いのですから，それを動かすように方策を練ることが必要です．NPOが参画し，再生運動を起こす，ワークショップを開催して盛りあげる，などがその例でしょう．一方，左が大きく，右が小さければ，市民の愛着が強いのですから，建築家などがそこに入り，その遺産をうまく利用できる提案をして，長くうまく使えるようにする，となるわけです．これは，博士課程の学生である林憲吾君の発案です．幸い，このヘリテイジバタフライはわかりやすいことから，多くの人々に好評をもって迎えられています．

2.4　異なる時空の建築・都市を視る意味

（1）　建築史，都市史研究とは

私は，欲張りつつも，建築史もしくは都市史研究，さらに土木史，産業遺産史，景観史など，大地に存在する文化的資源すべての歴史研究を標榜しているわけですが，冒頭に述べましたように，たいていの場合，建築史とは，社会の何の役にもたたない，好事家の手慰みほどにしか考えられていないところがあります．では，建築史とは何でしょうか，都市史とは何なのでしょう．都市のストックマネジメントにどういった貢献ができるのでしょうか．私は，建築史を隠れ蓑に鈍感な振る舞い方をしていい時節ではもはやない，と思っています．

建築史，都市史研究という行為は，一言でいって，「異なる時空の建築・都市を視ることによって，そこで獲得した様々な感覚，事象を広く，かつ，深く考究し，様々な形式を用いて未来の地球の豊かさに貢献する学問領域」ということです．やや大げさに聞こえるかもしれませんが，建築史，都市史の定義は，次の四つの部分に分けることができます．

①　異なる時空の建築・都市を視ることによって，
②　そこで獲得した様々な感覚，事象を広く，かつ，深く考究し，
③　様々な形式を用いて未来の地球の豊かさに貢献する
④　学問領域

この1番目の，「異なる時空の建築・都市を視る」という行為は，専門家の私たちだけでなく，どんな人間も無意識に行っていますが，建築や都市の歴史を俎上にのせる私たちにとって，最も核になる職能ではないか，と思います．この技能を常時鍛えることを本分としなくてはなりません．視て，自分の中で審美眼を大きく，強く育てる理由はここにあったわけです．たとえば，人文学の歴史学や

地理学は，同様に異なる時空を視る行為を行っていますが，それを身体感覚として身につけるほどではないと思います．そして，2番目の「そこで獲得した様々な感覚，事象を広く，かつ，深く考究」する手法でも，人文学との差異が出てきます．

(2) たゆまぬ懐疑と責任ある介入

これは，異なる時間（空間は，ちょっと違うとは思うので，ここでは過去だけをとりあげます）にある建築や都市が，現在に生きる私たちとどう関係するのか，ということを考えればわかると思います．これ自体も，人文科学の歴史学や都市史，地理学とはっきりした差異が出てきますから．単純化しすぎかもしれませんが，異なる時間の現代への効用を図 2.13 のように三つに類型化してみました．

まず一つ目は「共感（反感）」です．これは，過去にできた建築や都市を，視たとき知ったときの，最初の感情の動きです．ものごとはすべてここから始まるわけですから，私たち建築史，都市史の専門家は，自分でこの感情がどういう動きなのか，克明に理解しなくてはいけないわけです．と同時に，普通の人々にこの感情作用の重要性を説き，よい方向へ導くことが使命でもあります．二つ目は，「レッスン」．教訓ですが，教訓というと道徳じみるので，その重さを抜くためにカタカナにしてあります．レッスンというのは，何かをそこから学ぼうという動きです．建築史，都市史の原初的形態はここにあって，栄光の過去を学ぼうということでした．それはデザインそのものだけでなく，過去にあった地震への対処の仕方，木造の隠された智恵，コルビュジエ，ガウディ，丹下健三など過去の大建築家や土木デザイナーの技芸や思想もレッスンの対象となっています．同時に，最近は流行りにもなっていますが，過去の失敗に学ぶ，というのもこのレッスンに入るでしょう．

三つ目は，「継承」です．過去にできた建築，都市という「もの」，そこでので

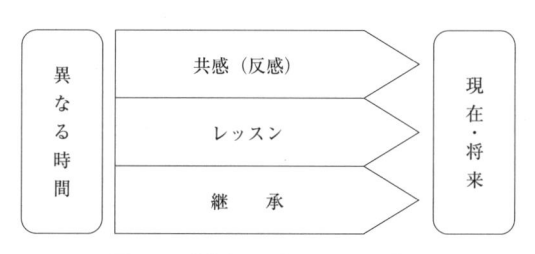

図 2.13 建築史の現代への三つの効用

第 2 章　空間文化資源の評価とその継承

きごと，今でも存在する記憶などを，さらに未来に伝達しようという行為です．レッスンと異なるのは，「継承」の場合，対象となる建築，都市という「もの」，記憶などそのものにどういう操作を加えるか，ということであって，その教訓の別のところへの応用は，とりあえず目的ではありません．長々と述べてきましたが，おそらくこの三つ目が，ストック，空間文化資源のマネジメントに相当するのではないか，と私は考えています．先に述べた，建築史，都市史研究の定義の，2番目，3番目を思い出して下さい．「②そこで獲得した様々な感覚，事象を広く，かつ，深く考究し，③様々な形式を用いて未来の地球の豊かさに貢献する」ということでしたね．これだけでいうと，河川工学，材料工学，交通工学……，という，このCOEプロジェクト参加の3学科の他の学問領域との共通点が少し見えてきます．古い建物の物理的側面を継承するためには，木造なら木造工学の研究

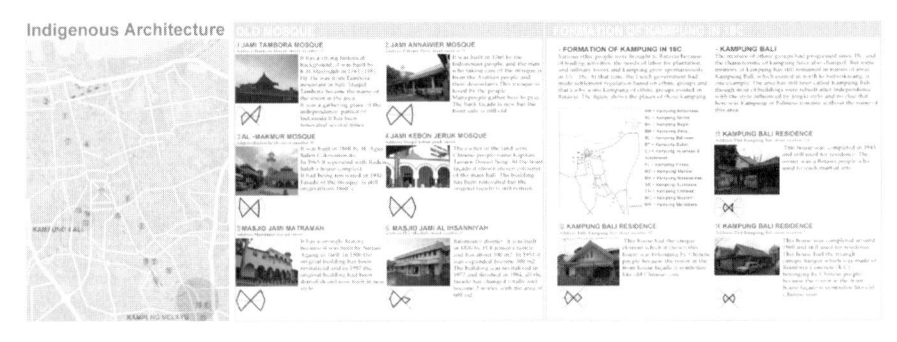

図 2.14　ジャカルタヘリテイジマップ（一部）

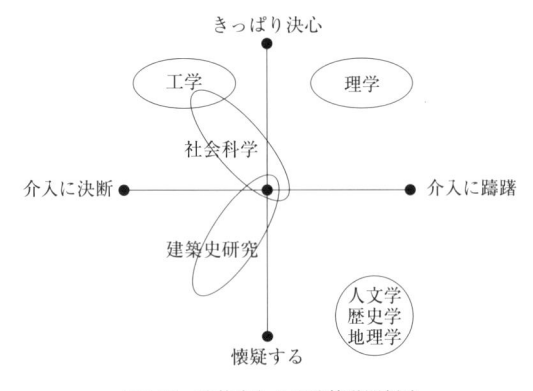

図 2.15　建築史とその隣接学問領域

者の方が「得手」ですし，どのようにそれを利用するかに関していえば建築家が圧倒的に優れています．

では，建築史，都市史の得意技は何かといえば，やはり視ること，そして考えることではないでしょうか．観察すること，懐疑することです．そして，それを歴史書として執筆したり，ヘリテイジマップをつくったりという紙の上での創作行為を行うことです．一見，これは無力ですが，実はそうでもないのです．たとえば，これは，林憲吾さんや三村豊さんがジャカルタでつくった素晴らしいジャカルタヘリテイジマップです（図2.14）．何か世の中変わりそうな感じがしませんか．つまり，建築史，都市史研究のアイデンティティは何かというと，異なる時間をメタな視線で見る，懐疑して，しかし，さらに，責任をもって未来のために介入していくことではないでしょうか．常に懐疑すること，メタで視るということで，他の工学の隣接学問領域と異なりますし，責任をもって介入するという点で，人文学の歴史学，地理学，社会学などとは大きく違うのです（図2.15）．

2.5　日本での活動

日本以外の地域に行き，現地の過去を掘り起こすことは，異なる空間に行って，異なる時間を視るという二つの視座が出現しているわけです．これらの「異なる空間」は，日本人にとっては強烈な「レッスン」となります．それだけではなく，その場所に存在している／いた過去の建築や都市をどのように「継承」するかにも積極的に関わっていくことに対する私たちの貢献は，ストックマネジメントの範疇からいって，決して過少なものではないと思います．

しかし，日本に帰ってきて海外の調査・保全活動の話をしても，「レッスン」としては評価されても，「継承」については，残念ながら実感をもって評価されません．それは，インドネシアも中国もウズベキスタンも，私たちにとっては異なる空間にあるからでしょう．日本の建築についても，何かしたいという気持ちが起こってきたのはそんな経緯からでした．現在，福島県須賀川市にある繭倉の再生や，私の勤務地生産技術研究所の近くの渋谷区上原小学校での，都市を視るためのリテラシー教育などを行っています．いずれも，「たゆまぬ懐疑と責任ある介入」という，私の考える建築史の理念を常にもって実行していることはいうまでもありません．つまり，行っていることの意味を常に考え，それが正しいかどうか，疑い，さらに，でも，決断して先に進む，ということです．

後者は，生産技術研究所の近くにある渋谷区上原小学校の小学6年生と大学院生で一緒に町を歩き，いろいろなものを発見して町の模型をつくり，生産技術研究所のオープンキャンパスのときに，学生たちに発表してもらうというプログラムで，「ぼくらは街の探検隊」（図2.16）と命名しています．それは，街をよくするためには，街をよく視るスキルの豊かさ，深さが必要であるという仮説をもって，そのリテラシーを獲得するにはどうすべきかを考えつつ，実施しています．同時に，私たちにとって，それは社会貢献というより，建築史研究の任務そのものでありますし，外国という異文化で私たちが学ぶことと同じように，ここには小学生という異文化として，多くのことを獲得する利点があります．また，小学生たちにとっても大学院生という異文化があるわけですね．たとえば私たちのような専門家の間では，「古い」ことが自明的な価値であるわけですが，小学生にとって「古い」ことはほとんど意味がありません．また，小学生たちのお母さん，お父さんにとっても「古い」ことは重要ではありませんし，むしろ，「悪い」というマイナスイメージしかないのです．古さがなぜよいのか，異なる人と接点を

図2.16 ぼくらは街の探検隊（2007年，上原小学校）．小学生に街の見方（リテラシー）を教える．地形模型を作成して，大地と自分たちとの関係を理解させる(a)．目隠しして，都市にある音の多様さ，微妙さを理解させる(b)．

説明する責任と重要性をあらためて強く感じると同時に，異なる空間，つまり，海外の調査・継承活動をするうえでの大きな刺激になっています．

　私自身，アジアや全球の全人類史の建築史や都市史をまったく異なる形で書き直したいという野望はまだ強くあります．そして，優秀な学生さんのなかから，私がやり残していることを継承する人が出てくれれば幸いです．これまでの活動を通じて蒔いてきた種は，中国やインドネシア，近所の小学校でも育ちつつあります．

　今後，私の考える建築史学，すなわち，①異なる時空の建築・都市を視ることによって，②そこで獲得した様々な感覚や事象を広くかつ深く考究し，③様々な形式を用いて未来の地球の豊かさに貢献する研究活動や教育活動を通して，一種の空間文化資源のストックマネジメントにつながっていってほしいと考えています．

■文献

1) Tanigawa, R.：The Establishment of a Way for Comprehensive Collection and Evaluation of Asian City's Modern Architectural Legacies；Through the Medan Survey in Indonesia, Documenting Built Heritage；Revitalization of Modern Architecture in Asia, mAAN 3rd International Conference, pp.29-38, Surabaya, Indonesia, 28-30, 2003-8
2) 藤森照信・汪坦監修：全調査 東アジア近代の都市と建築，筑摩書房，1996
3) 林　憲吾：10＋1 No.44，藤森照信　方法としての歩く，見る，語る，世界建築地図の展開／「伊東忠太＋藤森照信」のその後，INAX出版，pp.134-141，2006
4) 村松　伸：アジア建築研究，INAX出版，1999
5) mAAN（modern Asian Architecture Network）：http://m-aan.org/

第3章 ストックを最大限に活かす新しい地方都市政策

工学系研究科建築学専攻 **藤井 恵介**

3.1 建築というプロフェッション
3.2 都市ストックの現状認識
3.3 上越市における試み
3.4 課題と残された問題

「高田小町」の竣工式．伝統的町家を公共施設へと転用・改造した初めての例．中央の市長以下，関係者一同，笑顔．2007年7月1日，上越市高田

本章では，まず，日本の都市ストックがどのようにして出来上がってきたのか，そして現在どのような状況にあるのかを論じ，次に，上越市で進められている新しい政策を紹介します．私の研究室では，ここ5年ほど上越市で調査を継続してきました．この町の都市ストック，伝統的な建物を活かしてどのような新しい町づくりを進めようとしているのか，市との共同作業で実施してきた試みのアウトラインをお話ししようと思います．

3.1　建築というプロフェッション

私は建築学専攻に在籍していて，建築の歴史を研究しています．建築の歴史という学問は，過去に建っていた建物を研究するのが基本的なスタンスです．今回のテーマの「都市ストック」というと，今までの私たちの研究対象そのものです．普通「歴史的な建築」といっていますが，それはそのまま「都市ストック」と読み替えることができます．

個人的な印象ですと，わが国には優れた建築が多くあったはずなのですが，ほとんどが壊されました．私たちは，優れた建物があると何とか残ってほしいと思います．壊されたものの特に有名な例では，三菱の1号館（1894年竣工，J. コンドル設計，1968年取壊し），あるいは帝国ホテル（1922年竣工，F. L. ライト設計，1968年取壊し，一部明治村に移築）などです．東京が過密になってきて，増床して室数を増やさないとこれ以上儲からない，だから壊す，ということで，優れた建築が東京から姿を消していきました．それ以後も，大都市のなかではそういう状況がずっと続いているのです．

建築学科では，建築をつくることが教育の基本です．建築をまず考えてから，その後建築群へと広げていきます．私も都市を論じるときに，それぞれの段階で状況が違うので，多様な問題は出てきますけれども，建築から建築群，さらに都市へと，連続的に考えるようにしています．それでは，建築が集まれば都市になるのかというと，必ずしもそうではありません．しかし，発想としてはこのような方向性をもっています．逆に，都市から始めて建築へ向かうという発想も当然あります．

建築をプロフェッションとすると，何がその手続きとなるのでしょうか．まず，建築の一つずつの図面を書くという作業が必ず必要です．建築の図面のスケールの最小は1/20ぐらいでしょうか．だから，建築の部材1個1個までも面倒をみ

る，そこまで気を配って仕事をするのです．それが建築の重要なプロフェッションの一つだと思います．施工段階では，1個1個の部材まで，最終的には施工者，大工さんたちの仕事では1/1，現寸大の部材まで面倒をみることになります．1/1を相手にすると膨大な数の建設量に対応できないので，当然多くの人々が関わるのです．依頼者，設計者，施工者，大工など，作り手たちの考え方や個性が建築に当然出てきますから，建築が画一的であるということはあり得ません．ですから，多数の人の個性から成り立つ総体として建築を考えることができます．このような総体が，私が理解している建築という文化です．

3.2 都市ストックの現状認識

(1) 近代における都市ストックの形成

日本の都市にはどのようなストックが形成，蓄積されてきたのでしょうか．江戸時代以前のことは省略して，明治，大正，昭和戦前期のことを考えてみます．地方都市と大都市の場合ではかなり状況が違いますが，ここでは上越市などの地方都市を中心に考えます．

地方都市の多くはもともと城下町や宿場町でした．このような都市を構成していた住宅の大多数が町家です．かつては城郭のまわりに武士住宅もあったのですが，近代に入るとほとんど完全に壊されました．町家は，商人，職人の住宅であり，同時に商店もしくは手仕事の仕事場です．町人は，もともと自力で生きてきた人々であって，明治時代になってからもそれを生業としましたから，町家地区はそのまま生き残りました．地方都市の中心として現在まで生き続けてきたといってよいでしょう．

江戸時代の有力な階層の家は確かに立派ですが，大多数の町人の家は頑丈でなく，恐らく50年も経てばボロボロになるような弱い家でした．町家には2階を建ててはいけないという禁制があったので，表2階は物置にしか使えません．それが，明治期に入ると頑丈な家に徐々に建て替わって，1935（昭和10）年頃まで続いたと思われます．

頑丈な家はどのくらいの寿命があるのでしょうか．上越市高田の場合ですと，明治後半のもの，100年くらい前に建った建築が1万棟ほど現存しています．どれも柱，梁が太く，非常にしっかりしていて，今すぐ壊れてしまうことはあり得ません．今後，適切な修理をしていけば，あと100年ぐらいは楽にもちそうです．

要するに，寿命は短くみても200年くらいは見込める建築ということになります．明治時代に入ってから，寿命の長い建築が日本に大量に建てられてきました．

　ほかの地方都市もほぼ同じような状況でした．明治の半ば頃からかなり立派な家が建ち始めます．岐阜県高山の場合も，最も有力な吉島家住宅は1907（明治40）年の大火の後に再建されたものです．吉島家住宅は日本の町家の代表例として必ずといってよいほど写真集に出てきます．伝統的な町家をつくる大工技術が，明治に入ってさらに発展しました．その技術を支えたのが経済力です．良い材料が買えて立派な家が建てられるようになったのです．建築から日本全体を概観すると，明治期に入ってから庶民の経済力はどんどん上昇していったと推定できます．それは建物を見ていくと克明にわかるのです．

　それでは東京，大阪などの大都市の場合はどうでしょうか．庶民住宅である町家は同じでしょうが，新しい種類の建物が大量に出現します．そのなかで象徴的なのは官庁，学校などの公共建築です．明治以降の近代建築史の教科書にとりあげられているのは，ほとんどすべてが公共建築です．材料はレンガ，後には鉄骨，鉄筋コンクリートになりますが，新しい素材，新しいデザインが採用されます．これらの建築の単価は相当に高く，モニュメント性の非常に強い建築です．地方都市の場合ですと，町家が並んでいる地区のはずれにそういう建築が少し入ってくるか，あるいは町のなかに点々と混在するという状況です．しかし，1935年を過ぎると都市部でもあまり立派な建物はできなくなります．軍事態勢に入り建物にお金がまわらなくなるのです．東大の場合も，本郷キャンパスは関東大震災（1923（大正12）年）の後に復興されるのですが，工学部1号館の竣工が1935年です．これが一番最後の大規模な建物で，以後，建物はほとんど建ちません．

（2）　空襲と都市建築

　1944（昭和19）年からアメリカ軍による本格的な爆撃が始まります．東京，大阪など，京都以外の大都市は爆撃を受けたし，広島，長崎には原爆が落とされました．これらの都市は相当にひどい被害を受けたのですが，実はこれ以外にも全国的な爆撃で，膨大な量の建物が焼失したのです．図3.1は奥住喜重『中小都市空襲』（三省堂，1988）所収のもので，爆撃を受けた都市を示しています．さらに，戦後，第一復員省という国の役所が，戦災でどのくらい建物を失ったか調査してとりまとめて図化します．『日本都市戦災地図』という大部の本があります．国会図書館に保管されていたその図面を原書房が1983年に出版したものです．東京の周辺，関東，東海道，瀬戸内海湾岸，九州の主要な都市は，爆撃でほ

3.2 都市ストックの現状認識

中小 57 目標都市の図
戦略爆撃調査団が市街地目標として数えた 66 都市しか示していない．もちろんもっと多数の都市が被災している．

● は中小 57 都市
△ は A 東　京
　　 B 川　崎
　　 C 横　浜
　　 D 名古屋
　　 E 大　阪
　　 F 尼ケ崎
　　 G 神　戸
× は H 広　島
　　 N 長　崎

図 3.1　アメリカ軍による爆撃地（奥住喜重『中小都市空襲』）

ぼ壊滅したことがわかります．私は，学生時代に瀬戸内を旅行したとき，岡山でも，高松でも，松山でも，中心部が新しいアーケード街になっていて，どうして古い建築が何もないのかと不思議に思ったものでしたが，その謎を解いてくれたのが前記の本です．頑丈な町家と新しい公共施設群で出来上がっていた，明治時代から形成されてきた日本の都市の姿が，ほとんど地上から消えてしまったようなのです．それが，今スタートとして考える第一歩だと思います．

しかし，爆撃を受けなかった都市ももちろん多数あるわけで，その多くは今でも大量のストックをもっています．そこには耐久年限が 200 年の建築が多数残っているのです．

(3) 戦後の復興

次に，昭和戦後期には何が起きたのかを考える必要があります．地方の場合は戦災で焼失したか，それを逃れたか，これは決定的でした．戦後には，戦災の跡地で再建が行われます．木造建築の場合，1935年までの建物と1945年以降の建物では，部材，特に屋根の構造材の太さがまったく違っています．戦前の建物だと棟木や桁が太いのです．建築の妻面はその断面が見えるので，一目でわかります．まず構造力学の問題です．構造力学は戦後に大きな発展をします．同じ大きさの建物をつくろうとするとき，強度が保証できるならば最小限の部材ですむようにしたい．これが徹底的に追求されました．経済論理に従うので当然のことです．建物の価格は諸物価と比較すると，戦前よりかなり安くなったのではないでしょうか．

もう一つの大きな問題は，減価償却という考え方です．建物を建てたときに毎年定額で資産価値が減っていくという考え方です．鉄筋コンクリートの建築だと50年ほどで価値がゼロになるという計算をします．木造建築だと20年程度です．企業経営にとっては，減った分が費用として認められるので，有利な形になります．現代では減価償却という概念は経営に必須です．そうすると，50年，20年もちさえすればいいとなる．税制上のルールが逆に建築学を支配するのです．寿命の長い建築をつくろうとしてきた戦前の常識から逆転したのです．

この減価償却という概念は，さらに別の局面でも影響を与えます．50年経つと資産価値がゼロになるといっても，実際には使うことができます．しかし，帳簿上ではゼロなのです．これは税制上の問題だから，それと切り離して建築の価値をみるという考え方があってもいいと思います．ある建築をめぐって保存派と建て替え派が対立していたとき，建て替え派の人は減価償却が終わっているから価値がゼロじゃないかといいました．現在では，「文化財」しか古い建築の価値を評価する概念と制度はありません．そのような議論に口実を与えるのです．

(4) 地方都市の戦後

戦後の地方都市では，残った町家地区を一貫して放置していました．むしろ積極的に取り壊そうとさえしていたのです．幹線道路では，道路の拡幅が実施されました．まれには曳家をしてそのまま家を後退させたのですが，ほとんどの家は取り壊されました．後にはさらに太いバイパス道路がつくられたのですから，結局壊されただけという結果です．結果論ではありますが，都市内での町家の密集した商業地区の道路拡幅は，最も質の悪い政策だったのではないかと思います．

次に，郊外を中心に開発事業が進みます．旧市街地の外側にバイパスがつくられて，そこに大規模商業施設が配置され，郊外型の住宅地が開発されます．基本的には中心市街地の放置，要するにストックの放置という状況が長い間続いたのです．必然的に起きたのは中心市街地の空洞化で，店舗を閉める，若い人が戻ってこない，空き家が増える，という状況になっています．

ここで話はちょっと脇道にそれます．先ほど建築の寿命の話をしましたが，200年もつ建物が，どうして50年で簡単に壊されてしまうのでしょうか．その大きな契機は災害です．地震や火災，そして戦災．そうすると，耐震性の向上，防火性能の向上という必要が出てきます．地震対策は大変で，保険会社の耐震保険料は高くて一般には払いにくいほどです．火災の場合にはテクニカルな問題で解決できる可能性があります．

次は「増床のプレッシャー」です．あるところに経済活動が集中すると，そこで増床したいという欲求が出てきます．東京だと，増床のプレッシャーは大変大きい．この経済原理は強烈で，これに勝てる論理は現在のところないだろうと思います．この現象は都市部に限定されるのかというと，地方都市でもそういうプレッシャーはあるのです．しかし，それはほとんどが勘違いで，本当は地価が低くて広い土地が使えるのに，誤解して高層化，高密度化しようとします．大都市の例にならってそう考えてしまうという問題があります．地方の古くからの都市では，裏側に広い空閑地をもっていて，それを有効に利用すれば問題ありません．大都市が抱えている問題と，状況はまったく異なるのです．

都市は延々と変わり続ける．だから理想の都市像はあり得ないのです．都市は少しずつ手当てをし続けないといけない．人間は死ぬけれど都市は死なないから，アクションとリアクションをよく考えながら，手当てをし続けていく必要がある．それから，都市には各時代の建物が混在しているという状況，これが恐らく通常の状態であって，理想的な都市像を求めることは意味がないと思います．私はこんな素朴な印象をもっています．

(5) 文化財行政との関係

次に，文化財行政との関係を考えてみます．重要文化財という制度があることをご存知だと思いますが，それと並ぶ制度で町並み保存の制度があります．これは重要伝統的建造物保存地区の選定制度として，1975年に施行され，現在，全国で64地区が選定されています．

妻籠（長野県）での試みですが，1971年頃に妻籠は農業，林業が落ち込んで

廃村になりそうになり，町並み保存を進めました．廃村の危機に瀕したとき，一家離散しないよう観光化戦略をとったのです．これは，ほとんど過疎対策の一つといってもよいものですが，今では全国的なツーリズムから見ても重要な町になっています．建築史学はこのような問題に深く関わってきたけれども，それ以外の都市計画にはあまり関わっていません[1]～[7]．

私たちは，文化庁系の仕事を比較的多く引き受けます．地方での受け皿は教育委員会です．おおむね教育委員会というところは役所のなかでは孤立した組織です．地方都市では，市長が変わって行政方針がガラッと変わることはよくあります．ところが教育委員会は戦略が変わらないんですね．教育委員会には重要文化財を指定する権限があります．一度指定したら，焼失でもしない限り解除しないわけです．永遠不滅です．基本的に古いものを対象にしていて，現代的なものにはあまり関わらないというスタンスです．建設部局と教育委員会は利害が対立するので，スムーズな協力が得られない場合が多いのです．中心市街地の対策を考えようとするときは，結局建設部局との協力関係が結べるかどうかが大きな課題です．地方においては国の縦割り行政から逃れることもできるわけで，連携プレーがうまくいくと，建設行政，農林行政，文化財行政のどれをも上手に使う戦略もとれるのです．

3.3　上越市における試み[8]

(1)　雁木の町

ここでは，上越市における新しい試みを紹介します．かつて信越本線の経路は，長野を通って高田，直江津を経由して新潟まで通じていました．高田と直江津が合併して上越市となったのです．高田はかつて全国的に有名な町でした．私たちの世代は，小学校の社会科の教科書で「雁木（がんぎ）のある町」として習ったのですが，高田の調査を始めたい，と大学院生に相談をもちかけたら，誰も雁木を知りませんでした．雁木とは，町家から差しかけ屋根を道路側に出して，その下を通れるようにしたものです．それが連続して歩道になっています．豪雪地帯ゆえの施設です．かつては年間積雪累計量が 8 m にもなる大量の雪が降りました．多いときには 3～4 m の積雪があるのです．古い写真を見ると，雪の上を人が歩いていて，よく見ると足元に屋根が見えます．

雁木は，かつて東北，北陸など北日本に広く分布していましたが，今はほとん

どなくなっています．ところが，高田には約 16 km にわたって現存しています．
江戸時代の町人地，町家が並んでいたところに，現在もそれがそのままあるのです（図 3.2）．戦後になると，不便ですから融水施設を埋設して水を噴出させて，雪を融かすようにしました．これを除雪道路といいます．当時の建設省の事業で，どんどん除雪道路化したので，実際には雁木がなくても困らないようになったのです．

それでは，なぜ高田だけに雁木が残っていたのでしょうか．明治時代初期に地租改正が行われます．個人が所有する土地を国が把握してそれに税金を掛けていく制度です．高田の場合には雁木の外側まで私有地になりましたが，ほかでは公有地化されたところも多いのです．公有地化するとその維持管理は行政が行うことになります．行政の一存で雁木を撤去することもできます．除雪道路にすれば

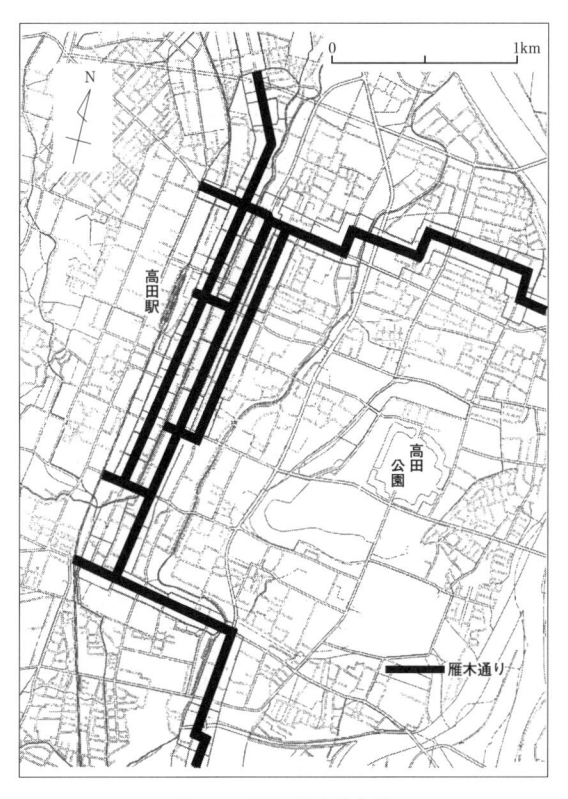

図 3.2 高田の雁木分布図

第3章 ストックを最大限に活かす新しい地方都市政策

図 3.3 昭和初期の町家と雁木

雁木は不要だ，ということでほとんどなくなっていきました．高田の場合にはこれが私有地ですから，雁木のメンテナンスを所有者が個別に実施してきました．「私」の仕事でやるとそれぞれの家の趣味が出るから，1軒ずつ微妙に違うデザインになります．これがまた魅力の一つになっているのです（図3.3）．

先ほど触れましたが，都市の古い建物が壊されていくプレッシャーの一つに道路の拡幅事業がありました．高田では一番のメインストリート，本町通りが拡幅されました．南から北に向かって半分ほどが拡幅されたのです．町家を壊して，雁木は新しい鉄骨製のものにつくり直されました．屋根が高くて，地元の人には評判があまりよくありません．雪が吹き込んであまり役に立たないようです．残念だったのは，道路の拡幅をした地区に最も有力な商店が集中していたので，最も質の高い町家群がなくなってしまったことです．

(2) 2001年度調査の開始

2000年の秋，横山正先生（当時東京大学教授）が上越市の創造行政研究所の所長を兼任されていて，上越市を見にこないかとお誘いがありました．創造行政研究所は，市の行政に必要なことを先取りして，そこで調査，企画しようという目的の組織で，市の内部機関としてつくられたものです．高田を訪ねてみると，雁木は自分たちの町の個性を表現するもので，親しんだ景観だから，これを何とか残したい，その方策を考えてほしい，という依頼でした．上越市にとって重要な古いものには，ほかにも山間部の茅葺の農村集落などもあり，知られていないものがずいぶんあるなあという印象でした．それまでの行政は，古い建物に対する関心が希薄で，放置に近い状態でした．

そこで私たちは，雁木は町家にくっついている，自立していないのだから，町家が壊されたら雁木もなくなってしまう，家と雁木はセットで考える必要がある，と考えました．とりあえず現在の状態を急いで調査し，町家の問題では建設関連部局と相談しなければなりません．創造行政研究所は調査・企画組織ですから，具体的なことは建設部局と相談する必要があります．話し合いをもったところ，慢性的な商業地区の沈滞があって，休業，閉店，空き家が増加し，町全体の元気がなくなってきている，との現状分析を聞きました．雁木については，この問題を町家問題として読み替えることの合意は難なくできて，何とか作戦を考えよう，ということになりました．

当初の調査計画では，調査期間を3年または4年と決めました．雁木通り16 km に町家が建ち並んでいます．1棟の間口が平均10 m として，1 600 棟，両側にあるから 3 200 棟になります．実際にはもう少し多いでしょうから約 4 000 棟程度，この全体を調査対象にするのは不可能です．しかし，調査期間が長いから，作戦を考えながらゆっくりと調査を開始しました．雁木通りのウォッチングから始めて，徐々に家の中を覗かせてもらう段取りで進めていきました．

図 3.4 の町家は明治中期のものですが，雁木の柱が木でなく鉄骨でできています（図 3.5）．雁木に一つ一つ違う工夫があるのです．雁木はこのようにずっと通っていて，私物を外におかないルールになっています．雁木の内側上方には板が張ってあって，雪下ろしの道具が収納されていました．

当初不思議だったのは，家の上に窓があいていることです．家の中に吹き抜けがあって，上からの明かり取りだ，と直感的に思いました．実際には，家の中を覗かせてもらわないとわかりません．高田の町家は，外から見るとあまり立派に

図 3.4　明治時代の町家　　　　図 3.5　鋳鉄製の雁木の柱

図 3.6　明治時代の町家内部
（図 3.4〜図 3.6 の写真提供：澤良雄）

図 3.7　吹抜けの上部

は見えないのです．雪国だから外壁はすぐ傷んでしまう，だからいつも修理している．トタンなどの安価な材料が外側に張り付けてあります．しかし，中に入ると驚きます．柱や梁はとても太くて立派で，ケヤキの上質材をふんだんに使っています．今ではとても手に入るような材ではありません（図 3.6）．明治から昭和初年にかけて，私たちの 2 世代ぐらい前の人たちが，立派な頑丈な家をつくりたいという願望をもち，大工さんたちが伝統的な技術を発展させてつくりあげていった建物なのです．さらに，見事にデザインされた吹き抜けの空間が内部にあります．上方には窓があいていて，光が上から落ちてくる（図 3.7）．表側はあまり美しくなく，見ると不安になりますが，ほとんどの家の内部がこんなにも立派なのです．内部を覗いた瞬間に，これは大変なことになった，と思いました．立派な家が揃っていて，立派な建築の文化があったことは確かです．この膨大な数の町家は，良好な都市ストックと考えないわけにはいきません．今これらに適切な処置を施し，雨漏りや外装の手当てをしておけば，火事に遭わなければあと 100 年ぐらいは楽にもつ．それが 4 000 棟という膨大な数に上る．しかも，裏には土蔵があります．全体では 1 万棟にもなるような巨大なストックがある，ということがわかってきたのです．

大変な調査になるかもしれない，という予感のもとに徐々に調査を始めて，最終的には，上越市の伝統的な建築を大切にしようという内容の小・中学生用のサブリーダーをつくろう，という相談まで進めていました．

(3)　**調査体制——市民との協力**

調査体制としては，市民研究員と大学とが協力することになりました．創造行

政研究所からの要望で，最初から計画に含まれていた内容です．6名の市民研究員が公募で集まりました．市民研究員の方々の報告を聞くと，驚きの連続でした．私たちは国の文化財制度をよく知っているので，その枠の中で考えがちです．建造物，史跡，名勝など．ところが地元の人々はもっと視野が広くて，「ここは面白いな」という場所や風景がいっぱいあるのです．生活体験のなかで感じた施設，もの，風景など多種多様のものがリストされてきます．それらをなるべく広く拾おうとして，散漫になることを恐れず，どんどん枠組を広げようとしたのです．

(4) 市長選挙と調査の中断

このように調査を開始したのですが，大事件が起きて調査は中断されます．2001年の秋に市長選があって，このような都市調査を後援していた市長が落選しました．選挙では，前市長の設立した研究所のあり方も争点の一つにあげられていました．横山先生は選挙の直後に辞表を書いて辞任され，調査は継続できない状況になってしまったのです．調査が1年限りとなったので，急遽報告書も出版しなければならない．残念だけどやり残したことが多くある，とその項目を列挙して報告書をつくり終えました．

(5) 調査の再開と戦略転換

その翌年9月，創造行政研究所によって研究の成果報告会が開かれ，新市長が聞きにこられました．市長と立ち話をしたところ，この調査，研究の中止を命じた覚えはない，必要なことだから今後も続ける，とその場で判断が下ったのです．

恐らく，市長や市民がもっていた漠然とした将来への不安，将来への期待といったものに，私たちの調査が多少なりとも具体的な形を与え，それが評価されたのだろうと思います．

このような調査，研究は，市が基本政策として捉えるべきであって，短期間の時限プロジェクトにそぐわないと思います．むしろ，政策的な展望を示すことが重要と認識を変えました．

(6) 2003年度の調査，作戦

市長の了承があったので，2003年度にも調査が継続できることになりました．1年間で何ができるのか，調査費の使い方を考えました．調査費は2001年度が200万円，2003年度は100万円です．都市計画のコンサルタントに頼むと，2，3倍かかるのではないでしょうか．大学はかなり安く引き受けているようです．

大規模な調査はできないので，こうなると一点突破的なことをやるしかありません．市民調査員の人たちと今後の政策を提言しようと考えました．最初の年に

いろいろと議論をしましたから，上越市にとって何が必要なのか，ある程度見通しが立っていたので，短期計画（すぐできること），中期計画（5年程度），長期計画（10年，20年の見通し）という時間軸に乗せて，多種多様な対象をとりあげ，行政にできること，市民がすべきこと，等々の項目を極力多く集めて，それらをまとめたマトリックスをつくろうとしました．

次は大学側です．前々からの課題ですが，町家は現代住宅として性能があまりよくないことは確かです．設備は悪いし，冬は寒い，内部は暗い，と非難されているのです．ですから，その解決策を探ろうとしました．4年生，大学院生が対象の設計課題で，町家の改造を提案してもらうことにしました．現地で調査をして，その情報をもとにいろいろ設計案を考えたのです．

図 3.8 は，市が寄付を受けた旧金津桶屋です．明治初めもしくは江戸末期の建設です．2階の背が低く，雁木の上が物置なので，古い形式です．修理の出来が悪くて，表側にはベニヤ板が張ってあり，建物がひどく貧相に見えます．雁木の屋根裏には雪降ろし用のソリが収納されています．最近まで高齢の方が1人で住んでいました．囲炉裏，コンロは土間にあります．職業は桶屋で，先代はここで仕事をしていて，今もそのままの状態です．若い人は，このままで住めるとは思わないでしょうね（図 3.9）．高田の町家の特徴の吹抜けもあります．

図 3.8　旧金津桶屋　　　　　　　　　図 3.9　炊事場と囲炉裏

(7) 改造案

いろいろな改造案が出てきました．図 3.10 は，町家を 3 棟ひとまとめにして，高齢者用のグループホームにする計画です．各棟の間の壁に穴をあけて，つなげばいいのです．

図 3.11 は，壁をほとんど取り払って，広い 1 室住居にしたものです．吹抜けの木組みはそのまま残して，下から見せようという意図です．高田の吹抜けは独特です．貫がまわされていて，特に注意深くデザインされているのです．

図 3.12 は，空いた場所に新しい建物を建てていく案です．病院，ナースセンターなどが空き地に新築され，ネットワークされています．高田の福祉都市化を狙った都市計画的な案です．市街地に古い家が壊された空き地がポツポツとある．それを積極的に使っていこうという提案です．町家形式の家か，あるいは新形式の建物を建てるのか，大きな選択肢ですが，長期的に見ればどっちでもいいわけで，積極的に新しい建物を入れて都市の姿を変えていこうとしています．今空き地に建てる建物は，100 年を超える寿命をもたないでしょうから，そこがさらに建て替えられるでしょう．

図 3.13 は商店街の密度が低いから，その一画を全部買いとって大規模な密度の高い施設をつくる，とい

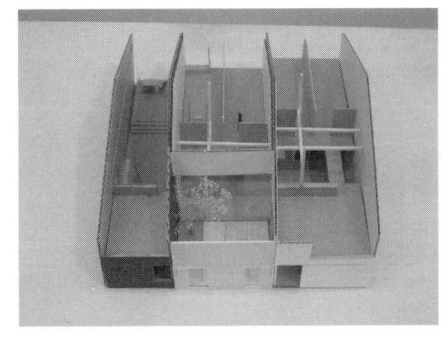

図 3.10　グループホームへ

図 3.11　広い一室化

図 3.12　空き地に福祉施設を建てる

第3章　ストックを最大限に活かす新しい地方都市政策

図3.13　町家のショッピングモール　　　　　図3.14　空き地に現代住宅

う現在の普通の方法に対するアンチテーゼです．十数棟の町家をそのままにして，2層部分で吹抜けの中をずっと歩いていけるようなモールで繋いでいます．ショッピングモールもつくれるよ，という計画です．吹抜けの場所が1軒1軒微妙にずれていて，そのずれがとても面白い空間的効果をもたらす，という二次的な効果も魅力です．各個の家は同類型ですが，それぞれにちょっとした個性があって，それがさらに顕在化するアイデアです．

　図3.14は，空き地になった敷地に新しい町家を建てようという企画です．敷地は，表が5間，奥行が55間で相当に広い．大きな家が設計できます．雪が深いから2階に冬の居間をつくり，夏は涼しい1階に居間をつくるというように，面積に関するプレッシャーがまったくない．大都市だと，狭い土地をいかにうまく使うか，工夫のしがいがあるのですが，高田ではまったく逆であることを教えられた例です．

　このような多彩な案が10件も出てきました．

(8)　今井家事件，驚異の1週間

　この成果の報告会が上越市で開催されました．2003年の11月15日の土曜日です．実は，このときにもう一つの事件が密かに進んでいました．

　今井家住宅のことです（図3.15）．同家は18世紀に遡り，高田で最も古いとされている町家で，内部も広くて立派で，文化財の候補にもあげられていました．遺産相続のために，不動産業者の手に渡り，壊してマンションが建つという計画が水面下で進んでいました．高田の案内書には町家の代表として必ず写真が載る，シンボリックな家だったのです．事情を察知した人々の間では，どうにかならないかと救う方策が思案されていたのですが，具体的な対策が打てませんでした．

図 3.15 今井家住宅

　そして，この報告会の最後に，関係者の1人が手を挙げて，こんなことをしている場合じゃない，今井家が壊されてマンションになってしまう，という爆弾発言をしたのです．もちろん，地元のマスコミ数社が取材にきていて，翌日には市内に完全に知れ渡りました．

　市の中が騒然として，関係者がいろいろな画策をしました．そして翌週の金曜日には，市長が，今井家を市が買い上げる，保存して有効に活用する，というコメントを発表しました．また，そのときには，市長が町づくりのための新部局を立ち上げることも発表しました．今井家の買上げ，保存から，「歴史景観町づくり推進室」の誕生まで，一気に1週間で決断されたのです．

　私たちが提案していた考え方に対して，市長が今後，その路線で町づくりを進めていくことを宣言したのです．市長の大きな英断でした．

(9)　2004年度の「歴史的建造物を活かした高田市街地活性化戦略」検討

　この動きを受けて2004年度の活動が始まりました．私たちの研究室では，群馬県の山村の調査を引き受けていて，上越市の調査は新潟大学のチームに継続してもらうことにしました．

　市は，「歴史的建造物を活かした高田市街地活性化戦略検討委員会」をつくって，各種の検討を重ねました．専門家，市の各種団体の役員，一般市民，行政当局，これらの人々が集められて，短期計画，中期計画，長期計画などを作成しました．そして，市所有の歴史的建築の再活用の方策，そこを町歩きの拠点とすることなど，具体的な市の政策を練ったのです．実は，2003年度に市民調査員と作成していた，町づくり計画マトリックスがベースとなりました．

2004年度末には，市長にその答申書を渡しました．市長からは，これは私がやりたいと思っていたことなのです，というコメントがありました．

答申には，今すぐできる具体的なこと，さらに長期的なこと，の両方が含まれているのですが，少なくとも青写真は出来上がったのです．青写真をこれからどう実現していくのか，財政を含むいろいろな課題があると思います．

しかし，お話ししてきた2001年の調査から考え発展させてきた方策が，とりあえず行政的な基本施策として認識されたのです．

3.4　課題と残された問題

今まで，時間の経過に沿って起きた様々なことを報告してきました．最後に，この過程のなかで重要だと思われた幾つかの点について，整理して補足しておきます．

具体的な問題としては，町家を改造して良好な実施例をつくっていく試験的な作業が必要です．それについては防災上の大きな課題があります．国土交通省の政策に関わるのですが，私たちが都市ストックというとき，既存建築のことを指しているわけです．ところが，政策的には，新築建築のことは事細かにルールが決められているのですが，既存建築はまったくといってよいほど放置されています．今回対象としてきた建築は，一言でいうと既存不適格建築です．この既存不適格建築に対して，国の行政が何らかの適切な指針を出す必要があります．現場は自主的な判断をすると，後で責任問題になるので慎重です．再利用，要するに転用をうまくできる仕組みがないと現場は大変困ってしまう，という現実があるのです．

次に，現場が大切であること．当然ですが，現地に行って調査しなければ何もわかりません．そこで調査をすることによって，問題点がわかり，何をすべきかがわかってくるのです．机の上で考えても何もわかりません．だから，理論は先行しないということです．すべて現場での実態調査が優先します．

そして，地方行政のなかの問題．すでに述べたように，関連部局の密接な連携がどうしても必要です．なければ努力しないといけません．

さらに，このようなことを実現しようとするとき，専門家としてかなり高度な技術が必要です．専門家をどのように養成するのか．理屈でわかっていても，実際の経験を積んでいないと，判断に困ることが多々あるのです．現実には，地方

自治体のなかに，実際にこのようなことを事業として進めている人々が少なくありません．ですから，その人々を密接につなぐ横のネットワークが必要です．困ったときにいろいろ相談できるような．

　最後に，大学あるいは市の外にいる専門家の立場のことです．これは私たちの立場の問題でもあります．日本全体のなかで，現地の特徴を正確に把握できるかどうか，雁木はここしかないから貴重だとか，町家は外側はきれいに見えないけど内部は素敵だとか，そういう指摘を，地元に向かって発信すると同時に，外部にも発信する必要があります．外側からの情報を提供し，外側からどのように支援できるのか，を考えることが必要です．

　この後の上越市における事業の進捗状況について付記しておきます．町家の調査は例年7月と9月に数日間実施されています．新潟大学を中心に，九州大学，東京理科大学，信州大学からスタッフや学生が集まって，地元の関係者と交流を深めながら，楽しい調査が恒例化しています．

　2005年の秋からは，懸案だった町家の転用事業が進み始めました．旧小妻屋は中心の本町通りの北にあり，もともと有力な商店で，大きな間口をもった町家です．2000年に公共用地の代替として市が入手したのですが，そのままになっていたものです．市の地域公共施設「町家交流館高田小町」への転用が事業として具体化され，上越市内の建築家に呼びかけて，設計競技を実施しました．8件の応募があり，そのうちの最優秀案を実施案とし，実際に工事が進み，2007年7月1日に竣工しました．竣工式には市長，市議会議長以下の関係者が集合し，うれし涙を流している人もおられました．町家の骨格や外観を維持しながら，内部を展示施設，集会場などに改造し，これからの町づくりの核としての役割が期待されています．ゆっくりとした，しかし着実な新しい町づくりに大きな期待がかかります．

■文献
1) 西川幸治：都市の思想—保存修景への思想，NHKブックス，1973
2) 太田博太郎：歴史的風土の保存，彰国社，1981
3) 木原啓吉：歴史的環境—保存と再生，岩波新書，1982
4) 稲垣栄三：文化遺産をどう受け継ぐか，三省堂，1984
5) 伊藤延男，他：新建築学大系50　歴史的建造物の保存，彰国社，1999

6) 鈴木博之：現代の建築保存論，王国社，2001
7) 西村幸夫：都市保全学，東京大学出版会，2004
8) 藤井恵介，他：歴史的建造物の保存と活用に関する調査報告書，上越市創造行政研究所，2002，2004

第4章

土木遺産をどう活かすか
その思想とデザイン

工学系研究科社会基盤学専攻 **中井 祐**

- 4.1　ストックとしての近代化遺産
- 4.2　宿毛・河戸堰の改築プロジェクト
- 4.3　鹿児島甲突川・五石橋の架け替え
- 4.4　土木遺産に固有のオーセンティシティとは何か
- 4.5　北上川分流施設の改築プロジェクト

19世紀にできた8径間アーチの鋳鉄製旧橋を取り壊し，1984年に鋼鉄製の7径間アーチに生まれ変わったパリの名所，ポン・デ・ザール．オリジナルの構造物を残すことより都市景観としての保全を優先した，土木遺産保存デザインの代表例．

第4章 土木遺産をどう活かすか

私の専門は土木景観で，研究だけでなく，土木構造物や都市空間のデザインの実践をしています．本章では，実践面で取り組んでいて，特に重要だと考えているテーマ，土木遺産の保存活用とそのデザインのあり方について，自分の経験に照らして話をしようと思います．

そのなかで，私が関わった土木遺産の保存プロジェクトをいくつか紹介します．いずれも，改築による消滅の危機に瀕した昔の土木施設を，ただモニュメントとして保存する，というのではなく，それをうまく現代の構造物としても機能させながら，地域の歴史や風景など，文化の基盤としても再生したいという思いで取り組んだ仕事です．試行錯誤の経験談として聴いてもらえれば，と思います．

4.1 ストックとしての近代化遺産

土木遺産，つまり近世や近代につくられた橋や堰・ダムなどが注目を浴びるようになったのはここ10年来のことです．15年ほど前，私が学生の頃は，きわめてマイナーな話題でした．まだバブル期で，古いものは取り壊して新しいものをどんどんつくろう，という時代でした．住民や歴史家による地道な保存運動もありましたが，ほとんどの技術者や行政，学者は見向きもしませんでした．

それが今や，古ぼけた土木構造物が重要文化財になったり，まちづくりの拠り所になったり，ついには世界遺産登録への動きまで見られるようになっています．理由はいろいろあるのでしょうが，第一は，高度成長以来，特にバブルからこのかた，日本の町や田園，自然環境の変わりようといったら，ものすごいスピードです．もちろん，変わること自体に良いも悪いもないのだけれど，変わった結果どうなったかといえば，地方都市はことごとく衰退してあえいでいる．どこに行っても同じような，活気のない風景が広がっている．そんな状況下で，自分たちの町の個性やその拠り所を，歴史的な文脈に求める空気が強まっていることは間違いない，と感じます．

第二は，たとえば橋のような土木施設は，1個の建物と比べてみても，より万人に開かれています．決して派手ではないけれど，住民の日常生活の舞台であり，したがって人々の原風景として愛着の対象，かけがえのない存在になりやすい．それが，次々に失われていくことに対する危機感がある．

ですから今や，古い土木施設をどう扱うかという問題は，単に技術的，機能的，経済的な観点からだけではなく，その都市や地域の歴史をどう考えるか，原風景

としてどう考えるのか，まちづくりの素材としてどう活かすか，といった側面からも検討しなければいけない．そういう時代になりつつあります．

ちなみに，歴史的な建造物や環境に対する関心の高まりと，いわゆるフローからストックへという時代の空気の変化は，パラレルな現象です．この二つは，当然，その根底でつながっているべきものです．

一般にストック重視という場合，公共事業投資減少の時代だから今あるものを大事に使おう，長持ちする丈夫なものをつくろう，あるいは環境負荷を減らしてサステナブルな社会の実現に寄与しよう，という文脈で語られることが多いようです．

しかし，極端な比喩を許してもらえるならば，もしフローであっても，ストックを維持管理する場合とコスト面で大差がなく，しかも環境負荷も許容レベルにある，という技術なりシステムが将来開発されたとするならば，別にストックにこだわる理由がなくなってしまう．誰だって，古びて使いづらいものよりも，新しくて立派で便利なもののほうがいいに決まっていますし，あるいはたとえ丈夫で長持ちしても，ものとしてみっともなければ，それを我慢して長年使い続けざるをえない社会，というのはうんざりです．

結局，フローかストックかは手段の選択の問題なのであって，目的はあくまでも，人々が豊かに生きがいをもって生きる，そのための生活空間，生活基盤をどうつくるか，というところにある．そして，その手段を選択するのは結局文化ですから，ストック重視のかけ声も文化に裏打ちされていないかぎり，それこそフローで終わってしまいかねない．

具体的にいえば，昔の人が残してくれたいいものを大切に使い続けることが，地域の歴史や風土，伝統，個性，すなわちアイデンティティの拠り所につながり，人々の日常生活を精神的に豊かにする．逆に，だからこそ，今つくるべきものはていねいに考えて，本当にいいものをつくって，次の世代に手渡す．それがストックとなって後世に受け継がれ，地域の土壌になる．こういうものづくりの文化を日本が手にすることができるかどうか，今まさに問われているのです．

4.2　宿毛・河戸堰の改築プロジェクト

(1)　プロジェクトの概要

最初に，1枚の絵をお見せします（図4.1）．高知県の西の端の宿毛市に，松田

図 4.1 河戸堰改築原案パース[1]

川という川が流れています．そこに 17 世紀半ば頃につくられたといわれる固定堰があって，それを可動堰に改築するという計画の原案です．

堰というのは，川の中に構造物を築き，水を堰き上げて，取水口を設けて用水を田畑に導く，あるいは都市用水や工業用水を導く，そういう施設です．

近代以前は，ほとんどが固定堰でした．つまり，木や石といった材料を水中に積み上げて水を堰き上げる技術ですけれども，一つ問題があります．普段は取水に役立つのですが，水の流れの中に構造物があるために，洪水のときに水のスムーズな流れを邪魔してしまう．そこで近代になって出てきたのが，可動堰という形式です．平時は，スチールやステンレスのゲートを下ろしておいて，堰き上げる．洪水のときはゲートを引き上げて，一気に水を流す，というものです．

この原案は，ワイヤーロープウィンチ方式という一般的な可動堰の形式です．管理橋のうしろ側にゲートがあって，その背後の水が堰き上げられています．家のような形をして並んでいる五つの箱は，ゲートを上げ下げするワイヤーやウィンチ，モーターなどが格納される機械室です．はっきりいって，格好悪いですね．

私は大学院修了後，アプル総合計画事務所という設計事務所で修業をしているときに，この堰の設計変更の仕事を担当しました．どういう経緯かというと，恩師の篠原修先生のところに，事業主体である高知県の人がこの絵を携えて相談にきた．こういうデザインで着工したのだけれど，このままつくっていいものかどうか気になっているんですよ，と．篠原先生は，後世末代までの恥になりますよ，と答えて，じゃあ考え直しましょう，ついては中井君やってみるか，となったわけです．

(2) 旧河戸堰の治水システム

設計内容の説明に入る前に，もともとあった旧堰について説明しておきます．地元では，河戸堰と呼んでいます．川の戸，つまり河口堰という意味で，松田川河口のやや手前にある．宿毛市街は堰の直下流，右岸側に広がっています．

ちなみに，上流から下流に向かって右側を右岸，左側を左岸といいます．それから，堤防の市街地側を堤内，川側を堤外といいます．直感的に逆だと思うかもしれませんが，それは近代以降の感覚で，近世においては，川ではなく集落のほうを堤防で囲うのが一般的でした．つまり，堤防の内側に市街地があって，堤防の外側を自由に川が氾濫していた．その名残りで，今でも堤防の市街地側を堤内というわけです．

改築以前の河戸堰は実に美しい固定堰で，全体がゆるやかに湾曲しながらその表面を水が一様に流れていて，宿毛の子供たちの格好の遊び場でした（図 4.2）．それが，現代の河川計画に合致しないために，改築されることになりました．

今の河川計画下では，堰のつくり方にはものすごく厳格なルールがあります．たとえば，川の流軸に対して直角に，しかも一直線でつくらなければいけない．それから，河道，河積という概念があります．川には堤防があります．堤防を降りていくと，普段は水が流れていない高水敷があります．さらに降りていって，水の流れている平時の流路が低水部．そして，たとえば100年確率の洪水だとこのあたりまで水かさが上がる，という計画高水位という概念があります．堤防の高さは，この計画高水位に余裕高を加えて決められています．この，高水敷と低水部と計画高水位によって定められる，洪水のときに水が流れ得るスペースが河道，その断面積を河積といいます．

可動堰をつくるときには，コンクリートの柱を河道の中に並べて，柱と柱の間にゲートを挟んでいくわけですけれども，そのときに，コンクリートの柱は河積

図 4.2 旧河戸堰の姿．落水表情が美しい

の何%までしか阻害してはいけない，というルールがあります．たいていは5%です．さらに，その柱同士の間隔は，一定以上でないと認められません．

このように，河川構造令の規定から，ほぼ自動的に堰の形やプロポーションは決まってしまうのですが，その点，この昔の河戸堰は，不思議な形をしています（図4.3）．川の流軸に対して直角どころか，ぐーっと湾曲していて，左岸側はかなり浅い角度で堤防に接続しています．

そもそも，現在はなぜ堤防に対して直角でなければ駄目かというと，たとえば，流軸に対して斜めに堰をつくったとしましょう．すると，水の流れの力が堰体と堤防が鋭角に交わるポイントに集中します．そして，この堤防の付け根の部分がウィークポイントになったり，あるいは河床も掘れやすくなる．流軸に対して堰を直角につくることの主旨は，水の流れによって堰や堤防や河床にかかる力をできるだけ偏らないようにして，構造的弱点をつくらない，ということです．

河戸堰の考え方はまったく違います．結論から先にいうと，この堰の形は，水のエネルギーを左岸側にあえて振り向けるための形なのです．見て下さい．右岸側が市街地，左岸側が水田になっていますね．水の流れは，湾曲した堰体によって，流向を左岸側，つまり水田のほうに強制的に変更させられる．もちろん，市街地側の安全を優先しているのです．

もし大洪水がきて，河道の中に収まりきらない場合は，水は堤防を乗り越えて水田にあふれるようになっています．そのために，左岸側の，つまり水田側の堤防は，市街地側よりも3尺，約90 cm低かったのです．

下流側から俯瞰してみましょう（図4.4）．上流から洪水がくる．激流は，いっ

図 4.3 旧河戸堰を上から見る．湾曲した堰体の形がよくわかる[2]

図 4.4 旧河戸堰を下流側から俯瞰する．地形や土地利用との関係に注意

たん堰の直上流部右岸側の山にぶち当たってエネルギーをそがれます．まずは自然地形を利用して，堰体に対する水のエネルギーの過度の集中を防ぐわけです．これが第一段階です．次に，湾曲した堰体によって水の流れを市街地とは逆側に振り向ける．これが第二段階．さらに河道に収まりきらなかった洪水は，左岸の堤防を越流させて，水田が遊水池となる．

近代以降は，洪水は堤防によって河道の中に閉じ込めて，一刻も早く海まで流し去ろうという考え方ですが，河戸堰のような超過洪水を許容する考え方は，近世においては一般的だったと考えていいでしょう．

単純に，昔はよかった，といいたいわけではありません．宿毛では今も，左岸側住民と右岸側住民の感情面でのしこりが残っている，という噂もあります．洪水のたびに水田がつぶれてしまうのでは，農民はやっていられません．この怨みつらみは，なかなか根強いものと想像します．

余談になりますが，近代以降われわれは，こうした前近代的な地域間対立や不平等を，近代技術によって克服しようとしてきた，という見方もできます．しかし，近代技術によってそれが実現されたかというと，そうとはいえません．

例をあげましょう．今の河川計画は，前提として，流域を本川と支川のツリー状の構造にモデル化し，洪水流量をシミュレートします．たとえば，本川の上流では1秒間に300トン流れて，そこに支川Aから250トンが合流する．さらに支川Bから300トン，支川Cから450トン合流すると，本川最下流部は合計で1300トン．これだけの流量を流せるように，それぞれの場所の河積を設定しましょう，と考えていく．

しかし，流域の土地利用や市街化が進んでいると，河積を確保するためとはいえ，そう簡単に川幅を広げたり，堤防をさらに高く盛ることはできない．そこでどうするかというと，この支川Cの450トンは，ダムをつくってピーク時の流量カットをしましょう，となるわけです．それでダムができる．そして，そこにある集落，田畑などが沈む．

要するに，下流域の都市を救うために，上流部の集落や農村が犠牲になっている．近代以前は右岸と左岸の地域間対立だったものが，結局，流域全体の上流と下流というスケールでの対立に変わっただけなのです．これは，河川工学の大熊孝先生（新潟大学）に教わった話です．

技術が進歩し，あるいは新しくなったからといって，必ずしも人間社会の根本的な問題が解決されるわけではない．これが，技術と社会の関係の難しいところ

であり，また哲学的で面白いところだとも思います．

(3) 改築デザインの概要

話を戻します．この昔の河戸堰は，市民にとって大切な遊び場で，原風景です．ですから改築の計画が出てきたとき，ぜひ残してほしいという要望が出ました．議論の末，県は旧堰の一部を現地に部分保存することを決定します．

図4.1の左端，管理橋の真下のあたりに水がザーッと流れている部分が見えますが，これが旧河戸堰の一部です．この部分だけを残して，その上に新しい堰をつくる．われわれは，この絵が住民に了承された段階でこのプロジェクトに関わりましたから，旧堰の一部を残すことと，残す場所，範囲も決まっていました．その後，どのようにデザインを進めたか，かいつまんでお話しします．

仕事に着手したとき，すでに仮設工事が始まっていたのですが，まずはその工事をストップしてもらい，新しい堰の位置を上流側に20 mほど移すという，設計の大変更を行いました．工事が始まった段階で設計の根本を変えるというのは，相当な荒業なのですが，県の方が決断をしてくれたのです．

移した理由は簡単です．せっかく残した旧堰の真上に管理橋がかぶさっているのは，単純に気持ちがよくない．ここは，再び子供たちの遊び場になります．つまり旧堰は，堰としての機能は失うけれども，子供たちの遊ぶ場所，川とふれあう場所としての意味は継承される．そういう大事な場所の上に橋が架かって，桁下の暗がりになるというのは，いかにも気持ちが悪い．だから新しい堰は上流側にずらして，旧堰を保存する場所は開放的で気持ちのよい場所にしましょう，というのが変更の意図です．

次に，堰の形式の変更を提案しました．原案では，ロープを使ってゲートを上

図4.5 完成した河戸堰．左は下流側．左端のゆるやかに傾斜した部分が保存された旧堰の一部．まだ水が流れていない状態．右は上流側湛水面の様子

に引き上げるから，堰柱の上に大きな機械室がずらずらと出てくる．これが，デザインするうえでどうしようもないわけです．そこで，われわれが提案したのが，油圧式のシステムです．油圧を使ってゲートを上げ下げするから，機械室がコンパクトですむ．外観が非常にシンプルになります．油圧システムを河川の堰で使ったのは，当時全国で2例目だったので，かなり新しいデザインでした（図4.5）．

以上が河戸堰の改築プロジェクトの概要です．私にとって，歴史的な構造物に対して新しい機能をどうやって被せるかという問題を扱った最初の仕事です．当時の私は，歴史的土木構造物の保存について経験はありませんでしたから，単に形や空間としてどううまくまとめるか，というレベルでデザインをしていました．

4.3 鹿児島甲突川・五石橋の架け替え

(1) 甲突川の五石橋について

実は，河戸堰の少し前に，ものすごく考えさせられるプロジェクトに関わっていました．鹿児島の甲突川という川の下流に，幕末に石橋が五つ建設されます．上流側から，玉江橋，新上橋，西田橋，高麗橋，最下流が武之橋（図4.6）．私が関わったのは，これらの橋を架け替えるという仕事です．

1993年8月に甲突川が大氾濫を起こして，鹿児島市街が水浸しになりました．これはひどい，なんとかしようと，鹿児島県が河川改修に乗り出します．しかし改修するためには，どうしても石橋を壊さなければなりません．

理由は二つあります．

第一に，これらの石橋は充腹のアーチです．つまりアーチの橋体が河道をふさ

(a) 西田橋　　　　　　　　　(b) 高麗橋

図 4.6

いでいて，洪水が流れるのを邪魔している．単純明快な理屈です．

　第二は，洪水時の流量に比べて河積が小さいから，大きくする必要がある．しかし両岸とも市街地が迫っていて，川を横に広げることは不可能である．したがって，河床を掘って下に広げるしかない．そうすると，石橋の基礎がもたないから，どうしても残せない．

　以上が河川改修サイドの論理です．この五つの石橋は，1840年代に5年ほどかけて，肥後熊本の石工の岩永三五郎という人がつくったものです．西郷隆盛や大久保利通といった，薩摩が誇る幕末の偉人たちも，若い頃は桜島の噴煙を眺めながら，これらの橋を渡っていた．それがそのまま，今の市民の原風景につながっている．だから，市民の愛着がとても深い橋なのです．

　案の定，これらの橋を撤去改築するという話になって，激しい反対運動が起こりました．公共構造物に対してのこれほど激烈な保存運動は日本でほかに例を見ないと思うので，概略を説明しておきます．

(2)　五石橋をめぐる保存運動の概略[3]

　最初に保存運動が起きたのは1961年でした．市の都市計画事業として，最下流の武之橋の拡幅にともなう架け替えが決定されます．住民がそれに反発します．次に危機に陥ったのは，下流から二つ目の高麗橋です．これも都市計画事業による拡幅で，一度はもう壊そうというところまで市議会で決まりました．しかし，これも市民が反対の声を上げて，継続審議になったのです．

　そこへ文化庁が，五石橋を重要文化財指定したいという思惑で調査団を派遣します．これに対し，河川管理者の県が反発します．県の本音としては，架け替えたくてしかたがない．川が危ないからです．てんやわんやしているうちに，この高麗橋の拡幅事業は国の補助予算を使って行うわけですが，あまりにもめているので国が補助金を打ち切ってしまいます．市は，自分のお金だけでは事業ができないから我慢するか，となって，計画は凍結になります．ですから，石橋の最初の危機は，だいたい昭和30年代の後半から40年代の前半に訪れました．

　そんな折，1982年に長崎の大水害があって，中島川に架かっている眼鏡橋が流されます．それを市民が，石を一つ一つ集めて，石橋を復元するのです．あれは，土木遺産の保存の歴史においてきわめて重要なできごとでした．この後鹿児島でも，長崎があそこまで頑張ったのなら，甲突川も残すべきじゃないか，という空気が出てきたのだと思います．

　昭和60年代から平成にかけて，鹿児島県知事も鹿児島市長も，どちらかとい

うと保存に傾いていきます．そんな折，1993 年 8 月 6 日に記録的な大水害があって，武之橋が流されます．それから，新上橋も流されます．その 2 日後に鹿児島県知事が，これほど被害が大きかったのはやはり石橋に原因があるといわざるをえない，と表明しました．当時の首相，細川護熙さんが視察にきて，すぐさま河川激甚災害対策特別緊急事業という補助事業の導入が決まります．これは，大変な水害にあったところに，国が短期的にお金を集中投資して，一気に河川改修をやってしまおう，というものです．お金がつくのは 5 年間です．5 年の間に調査，計画をして，設計をして，施工まで終わらせる，という短期集中型の事業です．5 年といっても，工事に 2 年はかかりますし，設計に 1 年はいりますから，事実上 1, 2 年の間に，保存か架け替えか完全に結論を出さなければいけない．これはもう石橋は壊す以外にない，と県と市は完全に腹をくくります．

これに対して，激烈な反対運動が起こります．たとえば，住民と県と市が，総合治水対話集会を開きました．甲突川を改修しようとすると，石橋が残せない．これは理屈としてわかる．であれば，石橋を残すために，放水路や遊水池を組み合わせた，いわゆる総合治水対策によって保存できないか，と住民側は主張します．一方県と市は，5 年が事業のタイムリミットですから，悠長に総合治水を議論している余裕はない．5 年間でできる現実的対策を考えなければいけない．もしこの機会を逃したら，もとの木阿弥です．甲突川を抜本的に改修する目処は，当分立たなくなってしまう．そうこうしているうちに，また大洪水に襲われたら再び大変な被害が出て，行政が糾弾される．

こういう事情ですから，一概にどちらがいい，悪いという話ではない．実際，市民のあいだでも，河川改修を優先すべきという意見も多くありました．

ただ問題は，その対話集会と並行して，市が最上流の玉江橋の解体工事を強行したことです．この後，保存運動は激化の一途をたどります．

市はさらに，高麗橋の解体に着手します．そこで，住民は次の策に出ます．高麗橋を保存するか，河川改修を優先して撤去移設するか，住民投票で決めさせてほしい，という住民投票条例請求の署名運動を開始したのです．しかしその合間にも，解体工事は進む．市民は解体工事阻止のため，橋の上に座り込む．そこに警察が出動してきて，市民を次々に強制排除していく．老人が泣き叫ぶ．これは衝撃的なシーンでした．

住民の直接請求は，法定上必要な数の 3 倍の署名が集まったにもかかわらず，議会であっさり棄却され，高麗橋も撤去されてしまいます．そして，残るは西田

第4章　土木遺産をどう活かすか

橋一つになってしまいました．

　西田橋は今までの4橋とは異なり，県が管理している橋で，しかも県の重要文化財に指定されていました．ですから西田橋の解体撤去だけが遅れたのです．住民は，今度は県に対して同じような保存運動を展開しますが，結局，県は西田橋の文化財指定をはずして撤去します．

　以上があらましです．今は，ゴルフの練習場のようなところの脇の公園に，高麗橋，西田橋，玉江橋が仲良く移設されています．このプロジェクト，というより事件に私がどういう関わり方をしたかというと，この五つの石橋を架け替えるとしたらどういうデザインがよいかという仕事を，下請けの立場で検討しました．結局何もできませんでしたが．

(3)　治水システムとしての五石橋

　ここで視点を変えて，岩永三五郎がどういう考え方でこの橋をつくったか，ということを話します．

　図4.7は1902（明治35）年の鹿児島市街の地形図です．

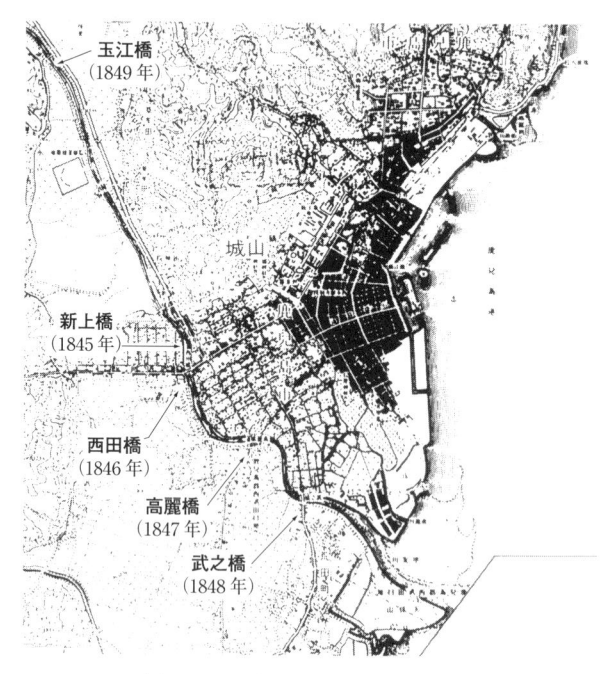

図4.7　1902年の鹿児島市街地の地図[4]

4.3 鹿児島甲突川・五石橋の架け替え

　左上から右下に向かって流れているのが甲突川です．新上橋のあたりまで，河道は一直線です．たぶん三五郎のときに改修しています．新上橋の下流は，くねくねと蛇行しながら流れています．その流路は現代も同じです．現代と昔の決定的な違いは何かというと，昔は，玉江橋のすぐ下から右岸側に，水田地帯が広がっていた．つまり，今はすべて市街化されていますが，もともと右岸側は水田地帯だったのです．そして左岸側に市街地．

　河戸堰のケースと同じです．甲突川でも，水田側の堤防が1尺（約30cm），市街地側より低かったといいます．つまり洪水を，まずは玉江橋という石橋で受け止めて，右岸側の水田にあふれさせる．第二段階，新上橋でまた受けて，水田にあふれさせる．続いて西田橋，高麗橋，武之橋．こういう5段階の超過洪水受容システムの一部に，この石橋群はなっていた．単なる交通手段としての橋ではないのです．優れた治水施設群でもある，というわけです．

　さらに，前出の大熊孝先生は，新上橋の位置はきわめて重要だ，といっています．新上橋の上流側は河床勾配が1/800の急勾配で，一方下流側は1/1500という緩勾配に切り替わっている．このような，水のエネルギーが集中するあふれやすい地点に，がっちりと水のエネルギーを受け止める石橋という構造物を据えることによって，枢要な場所の流路を固定しようとしたのではないか．

　それから，これも大熊先生の見解なのですが，三五郎は川の改修も同時に行っています．一般には，川幅を広くとればとるほど河積は大きく確保できて，洪水に対して安全になる．ところが，三五郎の設定した河積はやや小さめに見える．

　この川には，桜島からどんどん火山灰が降ってきて，底にたまります．するとその分河積が小さくなって，あふれやすくなる．灰が河床にたまるのを防ぐ合理的な方法は一つしかない．つまり，洪水自身の力によって，たまった灰を海まで押し流す．そのためには，一定の流速，パワーが必要です．河道の断面積をあまり広くとると，水はゆっくりとしか流れないので，むしろ火山灰が川底にたまって，危険度が増してしまいます．つまり，川が掃流力を発揮できるように，わざと小さめに川幅や河積が設定されている．結果，石橋の規模が自動的に決まる，というわけです．

　1898（明治31）年以降の洪水の記録を見ると，被害は新上橋の上流側と，新上橋下流右岸の水田地帯に集中していて，市街地はほとんど被害を受けていない．しかし高度成長以降，遊水池機能をもっていた右岸の水田が宅地開発されたので，洪水のあふれる場所がなくなって，甲突川は暴れ川と化した．自明の理ですね．

第4章　土木遺産をどう活かすか

つまり甲突川の石橋群は，交通路というだけでなく，治水システムとしても機能していた[5]．その部分を，土木遺産としてどう評価するのか．あるいはどのように保存できるのか．そこに土木の保存論の本質があるということを，この事例で皆さんに伝えたいのです．

4.4　土木遺産に固有のオーセンティシティとは何か

（1）　オーセンティシティという概念

ここで，現在の歴史遺産の保存や活用の考え方について，簡単に紹介しておきます．重要なのは，オーセンティシティ（Authenticity）という概念です．おぼえておいて下さい．記念建造物の真正な価値，と訳されます．そのものがそのものである所以，根拠，そういう意味でしょうね．それを完全に守りながら後世に伝えることが，歴史的記念建造物の保存に際しては重要だ，という考え方が，1965年，ベニス憲章というかたちで提唱されます．

もともと，ヨーロッパにおける歴史遺産の保存の議論は，ギリシャ・ローマ時代の石造遺跡や中世の石造建築物をどうやって保存するか，というあたりから始まっています．誰が見てもその価値が自明に近いような遺跡やモニュメントを，単体としてどう残すかということが，主たるテーマだったといえます．それがベニス憲章のとき，もっと幅広く考えよう，ということになって，オーセンティシティという概念が提唱されることになるのです．この言葉が，以後，歴史遺産の保存活用を考えるうえで，重要なキーワードになっていきます．

参考までに，1972年の世界遺産条約においては，文化遺産とは人類の英知が築き上げた文化的所産など，傑出した普遍的価値が認められるもの，とあって，それを判定する基準として，オーセンティシティ・テストというものが提唱されています．意匠，材料，技法，環境の四つの観点から建造物の価値を判定するものです．これは，基本的に「もの」つまりオブジェクトとしてのオリジナルな状態を最善とする立場です．判定項目に，一応「環境」とありますが，これはあくまでもオブジェクトを引き立たせるための舞台背景であって，それ自身に歴史的価値の本質がある，というふうには考えないのです．

こういう考え方に立つと，たとえば伊勢神宮のようなものは，価値判断が難しい．オリジナルな「もの」自体は，式年遷宮で20年ごとに入れ替わって，厳密にいえば残っていない．あるいは，五十鈴川の清流を渡って身を清めて，内宮へ

4.4 土木遺産に固有のオーセンティシティとは何か

と進んでいく．ああいう環境の構成それ自体に価値を設定する根拠には，このオーセンティシティ・テストはなり得ません．

そこで1994年に，オーセンティシティに関する奈良会議が開催されて，オーセンティシティの概念が拡大します．すべての文化と社会は，それぞれの文化と遺産を構成する有形，無形の表現の固有の形式と手法に根ざしているので，それらは尊重されなければならない．オーセンティシティの評価の基礎を，固定された評価基準の枠内におくことは不可能である．つまり，個別にしかオーセンティシティは判断できない，ということです．

(2) インターベンション（介入）の手法

さらに，保存の方法論の話が加わります．対象のオーセンティシティが保たれるのであれば，インターベンション（Intervention）を認める，という文言が加わります．インターベンションを，今は便宜的に「介入」と訳しておきます．

一般に建築を中心とする保存論では，ものとしてのオリジナルの状態の維持や復元が最優先されます．しかし場合によっては，その歴史遺産のオーセンティシティは，もの自体というよりはむしろ，それを成り立たせている風土性，あるいはものと環境を含めたトータリティにこそあるのかもしれない．歴史的な町並み景観は，その典型です．その場合，ものとしてのオリジナルの状態を残すということは，むしろ二義的ではないか．つまり，オーセンティシティが保たれるのであれば，現代の機能に適合しなくなった建造物を，適合するように改築してもよいという考え方が，特に奈良の会議以降，認知されてきます．

たとえば，機能的な問題が生じた土木遺産を保存したり改築する場合であれば，こう考える．その土木構造物に固有のオーセンティシティとは何か．そして，そのオーセンティシティをきちんとキープできる介入の方法は何か．これを見極めないと，うかつに保存も改築もできない，ということになります．

ところで，フィッチという人が，インターベンションの手法について整理しています[6]．

まずプリザベーション（Preservation）とは，基本的に現在ある状態をそのまま維持するということです．

リストレーション（Restoration）は，建物の姿を，ある一時点の状態に戻すこと．たとえば明治にできた建物を，大正に増築して，さらに昭和にサッシを全部取り替えた．こういう具合に，どんどん手が加わっていくのが普通です．この場合，どの時点での状態が，この建物のオーセンティシティを最も満足するのか．

ある人は，創建時がオリジナルなのだからそこに戻すべきだと考えるでしょうし，いや，大正時代に付け加えられた茶室とこの庭との関係がものすごくいいからこの時点に戻すべきだ，という考え方もあるでしょう．建物にはそれぞれ歴史があるわけですが，そのある一時点の状態に戻すというのがリストレーションです．

コンサベーション（Conservation）は，フィッチによれば，基本的には構造補強です．老朽化して危ない部分は補強するけれども，その他の部分は原則として触わらない．

リコンスティテューション（Reconstitution）には2種類あります．たとえば地震や戦争などで壊れた部分を，できるだけ旧来の部材を使いながら元の状態に戻す，というのが第一．第二は，老朽化した建物を一度ばらばらにして，再度組み直す，というやり方です．いわゆる移築という方法もこの範疇に入ります．

アダプティブ・リユース（Adaptive Reuse）は，転用です．新たに要求される機能に合わせて改築する．もともと市庁舎だった歴史的な建物を，図書館として使い続けよう，そのために内部を改修しよう，という方法です．

リコンストラクション（Reconstruction）は，かつて存在していたけれども，何らかの理由によって失われたものを，元どおりにつくり直すこと．復元ですね．

最後のレプリケーション（Replication）というのは，現存する建物の正確なコピーを，オリジナルとは別の場所にもう一つつくる，という方法です．この場合，オリジナルと対になって存在することで価値をもつ，とフィッチは述べています．

こう見てくると，インターベンションは手法レベルで網羅されているようですが，土木の場合，この枠内だけでクリアーするのはなかなか難しい．しかも，道路，橋，トンネル，川や海岸の護岸，河川構造物，港湾施設，鉄道施設，上下水道，発電施設，などいろいろあって，一様には考えられない．

(3) 土木に固有のオーセンティシティとは

たとえば，コルビュジエのサヴォア邸を思い起こして下さい．あの建物が，仮に砂漠にぽつんと建っていても，パリの街並みにまぎれていても，もちろん風景としての違和感は人それぞれあるかもしれないけれど，建物自体の歴史的価値はたいして影響を受けない．ものとしてのオリジナリティと，遺産としてのオーセンティシティが，かなりの部分で一致している．

一方，たとえば図4.8の写真，一見して何だかわかりますか？　高知県の物部川にある山田堰という堰の遺構です．この堰も，宿毛の河戸堰と同じ時期につくられましたが，可動堰への改築で役目を終えて，部分的に「もの」として保存さ

4.4 土木遺産に固有のオーセンティシティとは何か

れたわけです．実はこれ，一部分とはいえ河川構造物が現地保存された先駆的な例なのですが，もともとはこのように，水がその上を流れる堰でした（図4.9）．こういう堰を，陸に上がった河童のような状態で残すことにどういう意味や価値があるのか，ということを考えざるを得ません．遺構としては残ったけれども，土木遺産として保存したとはいえないのではなかろうか．

図4.10は，大分県の豊後竹田という町の山奥にある，白水ダムという美しいダムですが，もしこのダムが役目を終えて，美しいから保存しようということになったとき，水が流れていない状態で残す，あるいは堤体だけどこか別の場所に移築するということは考えにくい．つまり，建物に比べて土木構造物と

図4.8 一部が現地保存された山田堰

図4.9 山田堰の往時の姿[7]

図4.10 白水ダム

いうのは，周囲の地形だとか水と一体になって初めて，その機能的な意味や視覚的な美しさ，面白さを発揮する，と考えてよさそうです．しかし，この地形とダムを，セットで別の場所に移築するのは不可能ですし，丸ごと保存するというのも，たいていの場合大きな困難をともないます．

ちなみに土木学会が今，近代土木遺産をどのような方法で評価しているかというと，技術，意匠，系譜という三つの側面から見ることになっています．技術というのは，たとえば年代の早さ，規模の大きさ，技術の高さ，めずらしさ．意匠は，様式，造形，周辺との調和，設計者の思想など．系譜は，故事来歴や保存状態など，いろいろありますけれども，これもやはり構造物単体としての評価なのです．水と一体になって初めて生じる美しさをどう評価すればいいのか，地形と一体になったところの風景をどう評価するか，というあたりは，難しいからなかなか触れられない．

私が考える，土木に固有の，あるいは特に重要なオーセンティシティは何か．

第一に，ものとしてのオリジナリティ，つまり工法や使われている材料，意匠，これはもちろん大事なのですが，最も大切なのは，ものとしてのオリジナリティよりはむしろ，その構造物と地形や水や周囲の環境などとのあいだに成立している「関係のオリジナリティ」です．たとえば白水ダムであれば，地形と一体になったダムの造形，その造形と一体となった水の流れ．つまり，地形と構造物と水が三位一体になった独自の関係こそがあの美しさを生み出している本質であって，石の積み方そのもの，堤体の造形そのものが直接美しいわけではない，というのが私の考えです．

オーセンティシティ・テストにしても，土木学会の遺産評価にしても，結局は要素還元主義的にやるわけです．形はどうだ，技術はどうだ，意匠はどうだ，と要素ごとに個別に評価するわけですけれども，土木の場合，それだけでは駄目なのです．要素に還元しきれない価値，つまりものとそのまわりの環境とのあいだにどういう関係が成立しているかを，きちんと見極めないといけない．そうしないと，先ほどの山田堰のように，なんだこりゃ，こんなものを置いておくくらいなら広場にしてくれたほうがいいのに，というようなわけのわからないものになってしまう．もちろん，現地に残したこと自体に大きな意味があるのは認めるけれども，あれが本当の土木構造物の残し方かというと，私には異論がある．

第二．こちらのほうがより難しい．たとえば甲突川の石橋のオーセンティシティを維持して保存しようとすると，単に橋として，交通施設としてというだけで

4.4 土木遺産に固有のオーセンティシティとは何か

はなく，治水システムまで含めて保存すべき，という話になってしまう．つまり，治水，交通体系，土地利用など，土木構造物にはそれぞれ，社会生活を成立せしめている基盤システムの一部としての意味が必ずあって，そこにこそ真のオーセンティシティがある，と私は考えています．しかし，それを保存するのは原理的に無理なのです．なぜなら，土木がある時代の文明を支える基盤システムであるならば，文明が新しくなれば，旧文明のシステムなんてものは，取り替えられて当然です．むしろそれが，土木という本質，宿命だということになる．ですから，システムの一部という土木構造物のオーセンティシティを保存しようとする行為は，そもそも自己矛盾なのです．

しかし私は，土木構造物の保存というのは，ものだけを単独に取り出してモニュメントとして残しても，成り立たないという立場です．たとえば黒四ダムが老朽化して改築ということになったとき，これはまさに戦後高度成長を支えた日本のメルクマールだから保存しなければいけない，どこかにダム本体だけ取り出して移築保存しよう，なんてことは考えられないでしょう．

ですから私は，保存活用系のプロジェクトに関わるときには，次のように考えることにしています．過去の文明のシステムの一部としての意味を，現代文明の文脈の中で保持することは可能か．あるいは，その意味を翻訳して現代文明の文脈の一部に，ものとしてのあり方が多少変わっても，組み込むことが可能か．

土木構造物は，社会や文明のコンテクストから切り離された時点で，土木構造物ではなくて，単なる遺構になってしまう．もちろん，遺構として置いておけばいいじゃないか，という意見もあるでしょうし，多くの場合そうやって残すしか方法がないというのが現実だけれども，私はできるだけ，その土木構造物の文明のシステムの一部としての意味を現代に再生して，人々の暮らしの中に生き続けさせたい，と考えている．それが，土木遺産というものの存在価値だと思っているのです．

土木は交通や治水，土地利用など，環境を改変して社会生活の基盤を形成します．ですから，土木施設とはすなわち，その都市や地域形成の履歴の証であり，したがって環境や風景のアイデンティティの根源なのです．それを正しく現代に活かし，後世に継承することも，現代の技術者の大切な責務だと，私は思います．

4.5　北上川分流施設の改築プロジェクト

(1)　北上川分流施設について

最後に，過去の土木構造物のシステムを現代の文脈に組み込む，というテーマに正面から取り組んだ，北上川分流施設の改築プロジェクトについて話します．これは，10年ほど前，恩師の篠原先生をヘッドに，土木史家の知野泰明先生，景観の平野勝也先生などとともに議論して，今ようやく竣工に近づいている仕事です．

分流地点付近の北上川は，現在図4.11のように流れています．写真の左端に見える分流施設が，旧北上川と本川とに流れを分けています．もともとは旧北上川のほうが本川だったのですが，大正時代に新しく流路を開削して，そちらを本川にしました．

北上川はもともと，石巻湾に流れ下る近世以来の重要な舟運路で，流域の農産物や生糸がこの川を経て石巻に集まっていました．一方で，石巻のあたりでよく氾濫していました．それを解決するために，明治後半から大正にかけて，放水路をつくる工事をします．

図4.11　北上川分流施設全景[8]

4.5 北上川分流施設の改築プロジェクト

　北上川の北東方向に，追波川という川があります．追波湾に注いでいる川です．分流地点から放水路をつくって，北上川を追波川につなげて，洪水の大半を追波湾に流してしまう．もともとの北上川，つまり石巻の方面には一定流量だけを流して，舟運のための一定水量を確保する．これが北上川分流の目的です．

　この施設は，非常にユニークな構成をしています．2本の澪筋が大きな中州を囲んでいて，澪筋にはそれぞれ脇谷洗堰，鴇波洗堰と呼ばれる構造物があります．この二つの洗堰は，平常時は一定水量を旧北上川に分派するとともに，洪水時は，大半の水を新しく開削した放水路のほうに導く機能をもっています．そして，中州を分断するように築かれている堤防が両洗堰をつないでいて，旧北上川に対す

図 4.12　脇谷洗堰と閘門

図 4.13　鴇波洗堰

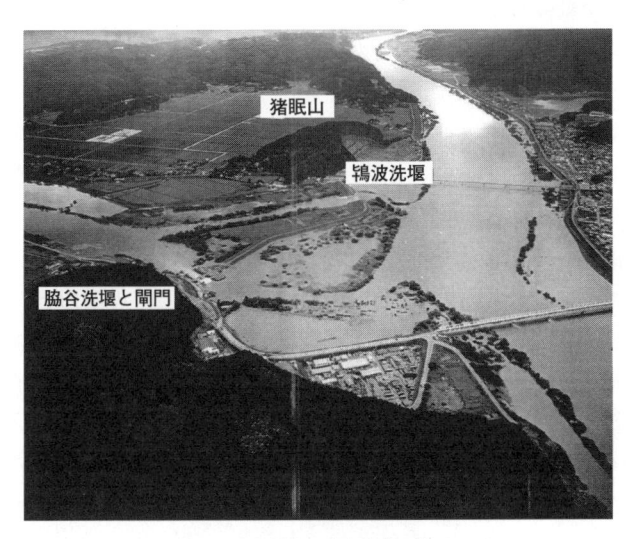

図 4.14　出水時の分流施設の様子 [9)]

る洪水の防御ラインを形成しています．

　脇谷洗堰には船通し，すなわち閘門が併設されていますが，本体はドラム缶を伏せたような格好をしていて（図4.12），中にトンネルが開けられています．水はこのトンネルを通じて，常に一定の水量だけが旧北上川，石巻方面に向かって流れる，という仕組みです．一定以上の洪水がくると，このドラム缶の上を越流して，旧北上川もある程度は洪水を受けもつ，という具合になっています．

　もう一つ，中州をはさんで反対側にある鴇波洗堰は，堤防が部分的に切り欠かれて低くなったような格好です．ここにも水のトンネルがたくさん開けられていて，一定水量だけが石巻側に流れるようになっています．脇谷洗堰と同じように，一定量以上の洪水は，この上を越流します（図4.13）．

　図4.14が出水のときの様子です．堤防と二つの洗堰，このラインで洪水を止めているのがよくわかりますね．

(2)　改築の目的と原案

　この脇谷と鴇波の洗堰が，新しい河川計画に合わなくなり，かつ老朽化したので，改築しなければいけない．事業主体の建設省（当時）北上川下流工事事務所による計画は，旧北上川の洪水負担を軽減するために，洪水時は，本川から旧北上川に流れ込む流量を完全に遮断する，というものでした．つまり現在の洗堰のように，洪水のときでも一定流量が旧北上川に流れてしまっては具合が悪い．平時の分流機能を維持しつつ，洪水時のみ旧北上川への流れをシャットアウトする機能をもつ構造物を新たにつくる必要がある．これが改築の目的です．

　これがその原案です（図4.15）．現存する洗堰や堤防の位置には関係なく，新しい堤防を本川右岸にまっすぐ引いて，中州の真ん中に新しい水路を掘って，そこに水門を1基つくる．通常は水門を少しだけ上げておいて，必要な流量を石巻側に流す．洪水がきたら，水門を落として完全に遮断する．

　この案に基づいて，地元の町が，せっかくだからここを河川歴史公園として整備したいと考えて，つくったプランが図4.16です．脇谷の閘門と洗堰を，池をつくって残して，鴇波のほうは撤去してしまう．あとはほとんど遊園地のような公園です．最初この絵を見たときは，正直，目を覆いました．歴史的な施設をどのように位置づけ，保存するべきかという本質的な考察が欠落しています．根本から考え直す必要がある，と思いました．

　この分流施設は，二つの澪筋と洗堰，閘門，堤防，中州によって構成されているシステムです．日本でここだけの，きわめてユニークな分流施設です．つまり

4.5 北上川分流施設の改築プロジェクト

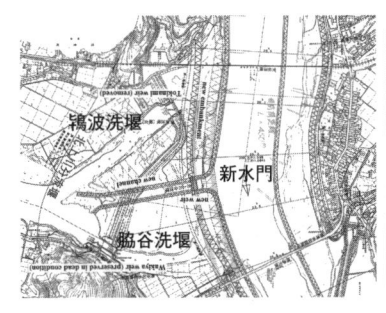

図 4.15 改築の原案[10]　　　**図 4.16** 地元による河川歴史公園整備案[11]

既存のシステムを分断するかのように，新しい水門と水路が築かれている原案．右の公園計画では，鴇波洗堰は撤去され，脇谷洗堰は既存の澪筋を池のようにして，オブジェとして保存されている．この分流施設の歴史的価値の本質とは何か，という考察が欠けている．

このシステムにこそ，土木遺産としてのオーセンティシティがある．ですから，脇谷も鴇波もどちらも水の流れる独特の姿を維持することはもちろん，できれば澪筋も中州も堤防も一体で，ものだけではなくシステムとしても残したい，と強く思いました．幸いなことに，現在二つの洗堰によって，平時は一定流量だけ石巻側に流れているわけですけれども，その機能については申し分ない．両洗堰の古びた箇所を補修するだけで十分対応可能である．そうなると，改築デザインの眼目は，旧来のシステムを保ったまま，洪水のときに石巻側に流れる洪水を完全に遮断する機能をどのように付け加えるか，その一点になります．

(3) デザインの提案

図 4.17 は当時，工事事務所に私が送ったスケッチです．

3 通りの考え方がありました．一つは，中州の上流側を堤防で締め切る．堤防の位置は建設省の原案と同じですが，2 本の澪筋は残す．そして，それぞれの洗堰の直上流に新水門をそれぞれ設けて，洪水時はそこで締め切る．

二つ目の案．これは思い切った案なのですが，中州の下流側で締め切る．この場合，洪水時はこの新しい水門の位置まで，中州を含めた分流施設全体が死水域になって，水がたまって，構造物の老朽化の度合いを進める危険が大きいので，議論の過程であっさりなくなりました．

第三案は，ぜひこうしたいと提案したものです．鴇波の洗堰は改造し，洪水を遮断するゲートを現在の構造体に付加する．今の堤防をそのまま活かして必要な高さまで盛土して，脇谷洗堰の直上流側には新しい水門を設ける．旧来のシステ

第4章 土木遺産をどう活かすか

■■■■ 既存のシステム（脇谷洗堰，鴇波洗堰，堤防） ■■■■ 付加する新システム

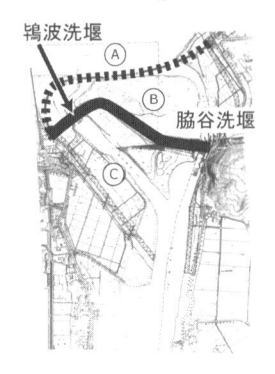

(a) 上流締切案
既存のシステムの上流側で締め切る．堤防に囲まれた中途半端な空間が残ってしまう（図中Bの部分）．

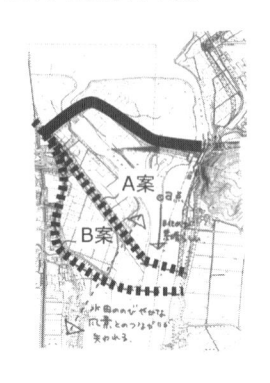

(b) 下流締切案
既存のシステムを完全に残せる案だが，新水門を締め切ると中州を含めた現分流施設全体が浸水してしまう．

(c) 現堤防活用案
既存のシステムの一部を利用しながら，新しい水門や堤防を配置していく．鴇波洗堰は改築する．

図 4.17 洪水時の締切り方法を提案したスケッチ

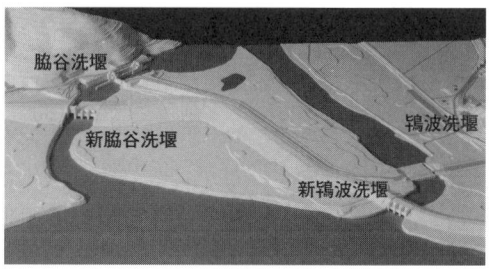

(a) 配置図 (b) 模型写真

図 4.18 計画最終案[12]

ムの使える部分をできるだけ使おうとする発想から出てきた案です．

その後議論を重ねて，結果的に図 4.18 の案に落ち着きました．新しい水門と旧来の洗堰が，堤防を共有しつつ同じ澪筋上に並んでいます．つまり，旧来のシステムとその空間構成は保たれています．そのうえで，平時は旧来の洗堰が機能し，一定流量だけを旧北上川に分配する．洪水時は新しい水門が機能して，旧北上川に洪水が流れ込むのを遮断する．大正以来のシステムと，現代のシステムとのコラボレーション，平時と洪水時での役割分担です．

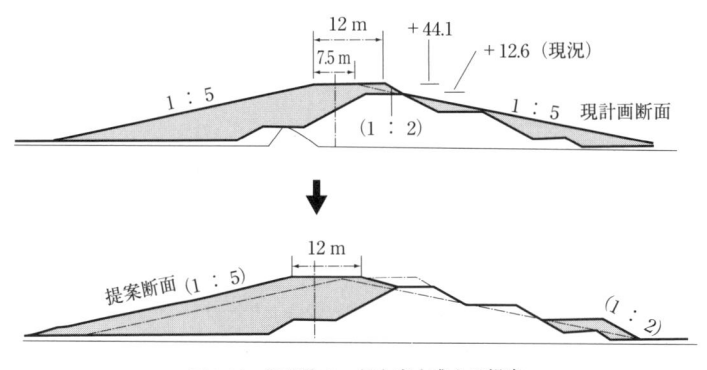

図 4.19　旧堤防の一部を表す盛土の提案

　補足ですが，堤防は新規に 2 m ほど嵩上げする必要がありました．普通は，旧堤防を完全に覆いつくす形で土を盛るのですが，そうではなく，旧堤防の一部が目に見える形で盛るよう提案しました（図 4.19）．そうすれば，堤防を含めた旧来のシステムが，完全に目に見える形で残るからです．つまり，この堤防を境にして，下流側が旧来，上流側が新規のシステムになって，空間の履歴が明確になる．

　皆さんに伝えたいのは，土木遺産の保存活用においては，ものだけを単体として残すのではなく，周囲との関係性，さらにシステムの一部としての意味をどうやって継承できるかが重要だ，ということです．北上川の仕事ではいくつかの幸運に恵まれて，それが一応実現できたかな，と思っていますけれども，土木遺産の保存プロジェクトは，一般に非常に難しい．歴史的価値の本質を十分精査することなく，撤去したり改築してしまうことのほうが，一般的なのです．
　ですから，皆さんも今後この問題について考えて，将来機会があればぜひ実践してほしい，と願っています．土木の人はもちろん，都市や建築を学んでいる諸君も．
　世界遺産や歴史的町並み，近代化遺産に着目したまちづくりの盛上がりなどを見ると，今後，歴史遺産をどのように扱うかという問題への取組みは，われわれの生活基盤を再構築していくうえで非常に重要となることは確実ですし，その一つ一つの積み重ねが，次代のものづくりの文化の土壌となるのですから．

■文献

1), 2) 高知県による河戸堰改築に関わる検討資料より転載
3) この経緯については，日本の宝・鹿児島の石橋を考える全国連絡会議編：歴史的文化遺産が生きるまち，東京堂出版，1995 に詳しい
4) 同上，p.242 より転載
5) 同上，pp.241-255 参照
6) J. M. Fitch : Historic Preservation, The University Press of Virginia, 1998
7) 山田堰記録保存調査委員会編：山田堰，土佐山田町，1984，口絵写真より転載
8) 建設省東北地方建設局北上川下流工事事務所：北上川下流写真集，p.20，1996 より転載
9)〜12) 建設省（当時）による分流施設計画検討資料より転載

第5章

都市資源を活かす空間構想
新しいアーバンデザインの展開

新領域創成科学研究科社会文化環境学専攻 **北沢 猛**

5.1 アーバンデザインの経験的定義

5.2 空間の構想計画とプロセス

5.3 地域遺産（ヘリテージ）の保存活用

5.4 歴史を継承する構想

5.5 空間の新しい発想

旧商工奨励館（1929年）を保存活用した横浜情報文化センター．1885年に完成した日本大通は，県庁舎（1930年），三井物産ビル（1911年），日東倉庫（1910年）などが並ぶ歴史地区で，1977年に保存再生型ガイドラインを設定した．

第 5 章　都市資源を活かす空間構想

　私は，新領域創成科学研究科で空間計画の研究をしています．空間に関わる理論や技術はたくさんあるのですが，それらを統合して空間の実像や将来像を描きたいと考え，都市計画と建築，土木などの分野を統合してアプローチする「アーバンデザイン」で実績を残してきました．空間計画とは，環境問題や社会的な新しい課題を加え枠組みを広げて考えるものです．

　アーバンデザインは，都市がもつ資源を評価し活用することで都市の改善に結びつけていくことに基本があります．1960 年代のアメリカにおいては理論的な構築がなされ，70 年代には諸都市の再生に適用され成果を残し，今日ではヨーロッパや日本をはじめ，アジア諸都市にも広く普及してきました．

　まず，アーバンデザインはフィールドサーベイを通して「都市資源」を理解し，市民が共有することに始まります．都市の問題や将来や期待を市民とともに議論することで，「都市の原則」つまり価値や目標が見出されていきます．そして最終的にこれらを構想計画としてまとめ，描き出すことによって結実します[1]．本章では，空間の構想計画を軸として，成長拡大時代の都市計画から，資源活用型そして再生型の都市づくりへの転換について話をしたいと思います．

5.1　アーバンデザインの経験的定義

(1)　統合的な計画行為

　最初に，アーバンデザインとは何か，簡潔に話しておきたいと思います．
　よく，「都市計画」あるいは「まちづくり」という言葉を耳にします．「都市計画」は Town Planning あるいは City Planning の訳語で，現在は都市計画法による法的制限，用途地域や基盤施設の位置形状を決定することと理解されていますが，本来は広い意味があります．一方，「まちづくり」は広い意味に捉えられていますが，福祉や教育，コミュニティや相互扶助などの社会空間により強い関心がもたれ，物理空間に関する計画は相対的に期待が低くなってきたように思えます．また，「地域づくり」も広い意味をもっていますが，農村部や地方都市中心，商店街などで生業を含めて議論する場合に使われています．

　アーバンデザインの基本となるのが「都市づくり」という言葉です．日常的にあまり使われませんが，都市の基盤施設から生活環境のきめ細かな空間まで，構想，政策から具体的な事業や制度，合意形成や組織づくりも包含する概念で，都市総体に対する統合的な構想計画行為と定義できます．また「アーバンデザイン」

は，都市づくりやまちづくり，地域づくりの基本となる理念，原理や原則を形成し，また，構想計画から具現化のプロセスを支援する技術や設計などの方法を提供する専門領域を意味します．

(2) 日本の都市づくりとアーバンデザインの起点

アーバンデザインの実践において困難なことは，多様な主体の調整を図ることです．計画利害関係者（ステークホルダー）が構成する社会的な力学の場において，合意されて初めて空間的な作用や効力をもつわけです．都市は抽象的なものではなく，人と人，組織と組織の関係，つまり政治的状況において計画されるものです．であるからこそ，都市圏から小さな生活空間まで幅広く都市のあり方を問うような理念や哲学が必要とされます．

私は東京大学工学部都市工学科を卒業した後，横浜市役所企画調整局に専門職として採用されました．大変な不況期で技術系公務員の採用も少なく横浜市も採用を控えた年でしたが，当時の企画調整局長であった田村明氏（後に法政大学教授）の発案で，不況期にこそ人材を確保すべきということになり，私と土木職と造園職の3名が特別な選考枠で入庁しました．以来，横浜市の都市デザインを担当し，20年間に3人の市長とともに仕事をしました．現在の都市づくりに大きな影響を与えたのは飛鳥田一雄市長でした．衆議院議員や弁護士の経験があり，庶民派で気さくな人柄が人気で，「1万人市民集会」をはじめ市民の目線で行う市政運営がしっかりしていました．

飛鳥田氏が市長となったのは高度成長期に入る1963年の春でしたが，それ以前の市政運営は産業振興が主であり，市の構想計画といえば工業都市を目指す基盤施設整備を展開する「建設計画」でした．飛田氏は1963年9月に行われた施政方針演説で，こういった建設計画そして近代都市計画を批判し，総合的な構想に基づいた「都市づくり」を展開すべきであると主張しました．福祉計画などを包含した構想を考えていたのです．また，アーバンデザインを「都市設計」という言葉で触れており，構想を空間として示し実現する方法として紹介し，市民の理解と協力を得ることが不可欠としていました．また，市民の身近な生活環境における安全や安心を確保する「町づくり」にも言及していました．都市全体の構想から生活空間の構想に結びついていかなければならないという重層的な都市づくりへと進む自治体の始動期の考え方がうかがえます．

(3) 環境から都市を捉える

横浜の構想計画を助言したのは浅田孝[2]氏です．彼は，地形や気候などの自然空間から，建築，交通や供給処理施設の人工空間を「環境」として捉え，今日の循環型社会論や地球環境論，持続的開発といった環境学の先駆けとなったといえます．また政治や行政そして市民運動が，緊張関係をもち，適切な社会的力学を構築し，意思ある手で実体都市をつくろうと呼びかけた「環境開発論」を提示しました．浅田氏が発想し田村氏が具現化したのが，1965年に公表された横浜市の「六大事業」（「みなとみらい21」など）を含む「横浜の都市づくり」構想でした．1971年には，アーバンデザイン・チーム（都市デザイン行政組織）が設立され，本格的に活動を開始しました．これは，ニューヨーク市やサンフランシスコ市のアーバンデザイン・チームの始動とほぼ同年代です．

図5.1 横浜の都市づくり構想 1965（横浜市発行，原案 環境開発センター・浅田孝＋田村明）

アーバンデザイン・チームは政策の立案や実施にも参画しました．つまり，構想計画から事業や制度の設計までを担当していました．私は，現在も横浜市の構想計画の立案から政策や行政運営，協働などの仕組みに参与していますが，現実の場面で，空間を構想するための幅広い「知」の蓄積や統合が今ほど必要とされている時代はありません．

5.2 空間の構想計画とプロセス

新たな都市の目標や計画はどう考えていけばいいでしょうか．特に再生型の都市づくりは，どう展開していけばよいでしょうか．そのポイントは4点あります．

まず第一に，複雑化した問題を構造的に捉えなければなりません．第二に，成長型あるいは開発型の発想や方法から，縮減型や再生型のそれに変換することが必要です．第三には，市場経済主義一辺倒ではなく，構想計画や適切な制度や規制を通して，多様な都市の要素を効果的に再配置や再構築する必要があります．第四は，都市を再生し持続させる主体の存在です．計画をつくり，実現の方法を駆使して町を再生する，適切な評価を与え計画を見直し実施するという長いプロ

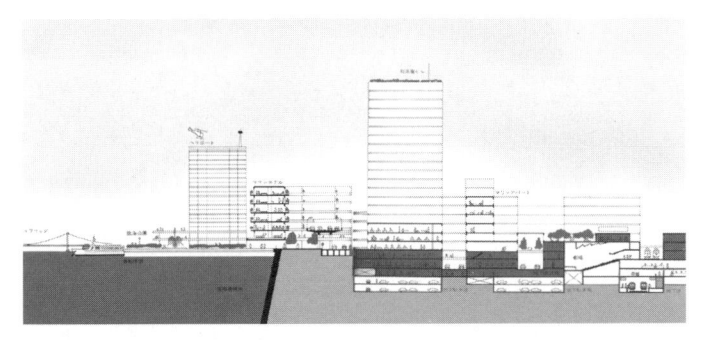

図 5.2 都心部の構想図（横浜の都市づくり構想 1965）

図 5.3 横浜市「開港広場」（基本計画 1986，北沢猛＋横浜市都市デザイン室）

セスを実行する主体の存在が重要となっています．

ここでは，各々の重要性ついて例をあげて順に論じたいと思います．

(1) 都市問題の構造的な解決

まずは複雑化した問題の構造化です．都市の持続性を阻んでいる現代の都市問題は，地球温暖化から交通問題，大気汚染や自然破壊，住環境，防災，安全など，多様でかつ深刻なものもあります．これらは相互に関係があり，それゆえに深刻となる複合的問題です．たとえば中心市街地の空洞化．全国の商店街が崩壊しており，早急に解決策を見出さなければならない深刻な問題です．国は中心市街地活性化のための法制度を整備し始め，都市計画法改正により郊外型大規模店舗の立地規制を始めました．しかし，問題は解消されないだろうと市民は気づいてい

図 5.4 会津喜多方の豊かな自然と市街地（北沢猛＋東京大学都市デザイン研究室，資源活用型のまちづくり調査研究，1999〜2007年）

ます．大型店立地だけが問題ではなく，個別の問題に個別に法制度を整備，それぞれに計画をつくり国庫補助事業で整備するという方式では対応できないということなのです．現に，バイパスを整備することで中心市街地の交通問題を改善しようとした結果が，郊外化と中心市街地の衰退です．問題の複雑化や相互関係，複合問題を見ずに，個別的解決を求めてきたことに問題の原因があります．

皆さんに，是非とも複合化する問題や複雑な要因の「構造」を解き明かしてほしいのです．解決策もまた構造的に考えることが大事です．生活の質的向上を目的として経済社会構造を転換する「構造改革」は大変広く使われる言葉になりました．民営化に象徴される行政改革と捉えられていますが，基本的な社会構造（政治経済を含め）から空間構造までを含めた再生と改革の構想があってしかるべきです．

（2） 再生の視点は生活の質

第二に，成長時代の開発建設型の発想や方法から，縮小あるいは縮減時代の再生型の視点や方法への転換です．

「再生」は時代の要請で生まれた言葉です．つまり成長社会から成熟社会に，さらに縮小社会に移行していく，この劇的な社会構造の転換に，「再生」という発想が重要な役割を果たすと考えられています．

社会福祉や医療，教育などの国を支えるシステムも，成長時代とは異なるものになります．教育環境が問題なら学校をつくればいい，交通渋滞には道路をつくればいいという量で解決してきたこれまでの成長社会に対して，次なる縮小社会では，複合問題を解き明かしながら，今ある資源をいかに有効に活用して対処し

ていくかという「再生の視点」から発想することとなります．たとえば，ごみは都市の宿命的な問題です．都市市民が増えればごみも増えるので，焼却のために数多くの清掃工場をつくってきたわけです．公共投資は経済成長による税収増で充当できましたが，縮小時代では清掃工場をつくるだけの公的資金がありません．また，環境への負荷が大きなごみ社会は持続性がありませんが，人口が減少してもごみの総量は減らないという予測もあり，今の生活や産業のあり方を前提としているとごみ問題には対応できないということになります．結論は決まっています．ごみの全体量を市民や企業それぞれが削減するしか道はないのです．地球環境を考えても結論は同じです．需要を生み続け，生産と開発と消費を続けていく都市は縮小時代には成立しないということなのです．

横浜市長の中田宏氏は，2002年5月の施政方針演説において，「環境行動都市」を宣言しました．生活の質を高めるためにも地球環境問題を含めて環境都市計画[3]が必要という認識を示したのです．「環境政策」は衆議院議員時代からの中田市長自身のライフワークであり，早々に具体的施策を進めました．

横浜市の人口は2015年頃に減少を始めますが，その間に現在の360万人から380万人まで増加し，ごみの総量が増えます．これに対して清掃工場の増築と新築での対応ではなく，リサイクルとリユース，リデュースを徹底していく，つまり市民との協働によって地道にかつ徹底的に実践してごみの発生を抑えていく方法を選びました．施策としては，ごみ総量の30％削減を目標とするG30運動を展開し，当初の目標を上まわり5年でほぼ30％の削減を達成しました．コンポスト設置助成などきめ細かな施策もあり，分別収集など多くは市民の高い意識や活動による効果です．市民が自らの手で，1 000億円に相当する新たな公共投資を削減した効果が生まれました．また，年間維持コスト，収集や焼却コストが30億円程度削減された成果はさらに大きなことでした．

横浜市の環境都市計画の次なる段階としては，都市づくり全体での取組みが必要であり，緑の増加（緑地確保や民地緑化，植樹），緑の保全（開発抑制，市街化調整区域のあり方，用途地域制の見直し，開発税），さらには効果的な環境負荷軽減技術の展開などを一体として進めるべきだと考えています．早急に議論を深め，「環境都市計画」の基本的な理念や方策を考えていきたいと思います．

(3) 制度疲労している空間の規制や事業

第三は，都市づくりの手法である空間を扱う道具，つまり事業や制度の効果的な運用や改善です．たとえば，大都市特有の問題である木造密集地には，狭隘道

路拡幅事業や不燃化事業などの「事業手法」と，少し時間がかかりますが，密集状態を再生産しないように制限もしくは誘導する「規制手法」があります．大きくいうと，空間に対しては事業と規制という二つの方法で対応してきたわけです．特に中心市街地衰退と市街地分散を防ぐためには，郊外への低密度な新規開発や公共的施設の分散を規制し，緑地や農地の転用を抑制していくという方法が重要です．

また，市民が構想計画を理解しても，規制として実行するにはまだ大変な問題があります．地主層や建設・開発業者などの反対もあります．政治的な抵抗も強いでしょう．また，市街地拡散の象徴でもある沿道型大型商業施設（ロードサイドショップ）がなぜ悪いかという消費経済から見た異議もまだあります．つまり，消費者（＝市民）の選択が施設や空間を決めるのであり，非効率な郊外の「拡散市街地」がもたらす環境負荷や田園風景の破壊，交流を生まない空間構造や社会構造も，消費者の選択の結果だとする立場です．神の見えざる手（＝自由競争や市場淘汰）に任せれば適切な環境に到達していくという理論ですから，これに反する「規制手法」は結果としてうまくいかないと考えられるのでしょう．しかし市場経済は，人間そのものではなく，人間が本来望む「豊かな生活」を手に入れるための単なる道具にすぎないという意識が欠如しています．消費あるいは経済自体が個々の人間から独立したシステム，あるいは超越した自然摂理，真理であるような錯覚が生まれて，いつのまにか独り歩きしてしまったということです．私は，市民が本来の生活を手にするためには，正しい規制を加える，抑制し誘導するといった行為が行われるべきであると考えています．過去の規制の甘さや理論のなさを指摘することはできますが，だからといって今の環境や空間をよしとする人はいないでしょう．

図 5.5　再生型の都市イメージ（北沢猛＋佐々木龍郎＋北山利彦＋東京大学都市デザイン研究室，中国西安市新都市計画国際競技設計：最優秀案）

次に，都市づくりの事業手法を考えてみましょう．成長時代につくられ普及し，現段階でも最も利用されている手法に「区画整理事業」や「市街地再開発事業」があります．区画整理事業は，道路が細く，敷地も不整形で家も建てにくく，災害にも弱いというような問題地区に適用されてきました．

土地を出し合い整備を行う方式ですが，成長型社会では，整備により地価が増進し面積が減っても地主さんは儲かったので，たとえば所有地の30％を「公共」に提供しても地主さんは納得しました．区画整理事業は地価が上がり続けることで有効となるわけです．

しかし，人口が減少し経済量も空間需要も縮小する社会では，東京都心などの一部地域を除いて地価は下がり，独立採算型の事業方式では成り立たなくなるでしょう．実際にバブル経済以後は地価下落により区画整理事業が破綻するところや中止されたものも増えています．その一方で，まだ基盤が整わず建て替えもできないような貧困地区は数多くありますから，区画整理的な事業手法は必要なのですが，現在の方式では通用しないわけです．したがって，都市づくりの構想計画をつくるという議論とともに，方法も考えなくてはいけません．ここでは詳細にはいいませんが，区画整理や再開発の問題点は，換地や権利変換という一見合理的な行為がこれまでの都市資源をすべてゼロにしてしまうところにあります．今後は農地や緑地を開発することはないでしょうから，リセット型でなくむしろ現在の資源を活用できる事業手法が必要であることは明らかです．地区の特性や個性を維持しながら，それを強化していく再生型の都市資源活用型の手法をつくらなくてはいけないということです．危機的な事態に直面して，私たちは新しい方法を研究開発していくことが求められています．

(4) 新しい都市の主体

第四は，都市を再生し持続させる主体の存在の重要性です．個々の人が都市や環境に対して働きかけるとき，たとえば自宅を計画する場合は，目的や方法，効果が予測できるのですが，コミュニティの計画となると，多くの議論が必要です．普段の付き合いがあっても，資金や労力が必要な計画となれば策定や合意形成には相当の手間がかかり，計画主体が誰になるかが課題です．横浜市全体では360万の市民全員で議論しているわけにはいきませんから，計画の合理的な主体やプロセスが課題です．

たとえば，近年の市民運動により，生活環境や生活空間を壊すような高層建築を規制しようという流れが生まれました．これにより東京都内でもおよそ30年

第 5 章　都市資源を活かす空間構想

ぶりに建物の高さ規制，高度地区指定による規制が復活してきています．しかし一方で，バブル経済時代の負の遺産として残された都市内空地をさばくため，不動産の流動化を「都市再生」と捉えた施策が続いています．たとえば，高度利用という名目で，集合住宅共用部（廊下や階段，ホールなど）が容積算定から外されるなどの形態規制緩和が相次いできました．同じ容積率の地区でも，新しいマンションは従前のマンションやオフィスに比べるとまったく違う大きさ（嵩＝バルク）になるという問題が生じてしまいます．

　自治体や地域には，こうした国が定めたルールの齟齬に対し，自らの目標に沿って明確な構想計画を立て，適切な規制を行う地域ルールの必要が生じます．事実，計画や規制を見直そうという動きは全国に多くあります．都市の計画，さらに近隣や界隈など生活空間の計画，地域やコミュニティを扱う狭域の計画，東京圏などの広域の計画についても，作成や見直しが必要となっています．

　狭域から広域に至るまで様々なレイヤーにおいて計画は必要ですが，これまで，身近な「生活空間計画」はごく限られたものしか立案されていませんし，都市域では法的な計画が種々つくられてきましたが，それぞれに法制度の対象が限定されており，空間の全体像が見えないもの，つまりは理念やビジョンがないものになっていました．

　EU 圏を見ていきますと，国を越えた空間計画が議論されてきました．EU 全体として「資源」を空間的に有効に使いながら，空間の構想計画と政策のレベル，戦略や実施まで体系が整理されつつあり，EU 委員会と国あるいは都市が連携して取り組んでいます．その先は，地球という唯一の空間を議論することになります．空間は，私たちが便宜的に町や都市，国などの線を引いているだけであって，実際は私たちの身体空間から地球空間まで，切れ目なくシームレスに繋がっています．しかし，「計画」にはどうしても切れ目ができてしまうわけで，都市計画はその都市だけを考えてきたのです．日本の場合，国の計画（最近は方針やガイドラインという形をとっている）が上位にあり，そこで枠組みや方法が決まるため，下位にある自治体の計画は，理念や目標が見えなくなるという計画の下請け構造があり，現在も相当程度生きています．地方分権が進み，ようやく都市自治体や地方が国と「対等の関係」になり，垂直的構造ではなく水平的構造になるということですが，実態は違うでしょう．自治体側は成長期 50 年にわたり自らの発想や理念で計画をした経験がなく，計画の本質が理解できない，あるいは考案し実施する能力が低下しています．広域から生活空間までの計画の関係，あるい

は，基幹的な道路や河川，海岸計画と都市や地域の計画の関係，多様な計画における水平的計画（あるいは計画調整）をどうやっていけばいいのでしょうか．計画を水平的相互に調整し合いながらうまく運営していく方法が課題です．

(5) 多層的な構想計画の策定主体

「地方自治体」は，限定されてはいますが自立した政治行政組織です．地方自治体の構成は，首長と行政組織，さらに政治組織としての地方議会によっていますが，無論最も重要な構成員は市民です．構想計画は現在のところ，行政組織が主たる計画主体で，議会の政策能力はまだ低く，上程される条例なども行政が提案するものが大半です．

近年は市民討議や市民参加などコンセンサス形成も浸透して，住民投票など直接民主主義を自治条例とする自治体も増えてきました．広域計画も首都圏の八都県市会議で実質的な議論が行われるようになり，神奈川県知事は「首都連合」を提案しています．その先に「地方政府」の可能性が見えてきます．現在，道州制が区域や権限，財源などをめぐって議論されていますが，その本質は政府としての位置が与えられるか否かです．私自身の経験から大都市は「都市政府」を認めるようにすべきだと考えています．ここでいう地方政府は，防衛外交を除く公共運営を，道州と特別都市に委ねるという意味での政府です．

(6) エリアプランと地域組織

次に，都市内の自治組織あるいは計画主体として最も重要になるのが「地域社会」です．解体しつつある地域社会，あるいはその組織を考える時代となっています．地域社会の再生は今求められている課題です．自立した地域組織は自分たちで判断し自分たちで町をつくり経営する力をもつ必要があります．

地域の計画主体が育つことも必要です．NPOや市民組織，まちづくり会社などの新しい地域組織が見られますが，地域組織が計画や経営を実行する場や制度が必要です．エリア・デザイン・マネジメントは，地域の人たちが自分たちの町を計画して，自分たちが楽しめる町とすることが最終的な目標です．適切な権限や財源の確保，訓練されたプランナーやマネージャーが必要です．アメリカの都市再生の主体として注目されたBID（Business Improvement District）は，財源として地区内での課税（負担金）の徴収が認められており，計画からプロモーションやマーケティング，さらには環境改善から職能訓練まで幅広い活動があります．また，専門家が雇用され強力な主体に成長してきました．わが国でも地域での計画や運営の主体は早急な検討が必要です．

図 5.6 柏の葉アーバンデザインセンター(UDCK)．東京大学と柏市，企業，地域組織が 2006 年に設置した．

図 5.7 UDCK で地域の構想計画が検討される．写真は，都市デザインスタジオ 2007 の公開講評会

5.3 地域遺産（ヘリテージ）の保存活用

現代のアーバンデザインそして様々な空間計画とその変容の話をしてきましたが，時代が求めるものが大きく変わっていることがおわかりいただけたかと思います．次は，空間の構想計画を立てる際の重要な視点として都市や地域の資源，つまりはヘリテージについてです．「地域遺産」といっておきますが，その存在を確認し保全活用することが空間計画の基本になると思います．

(1) 地域遺産の評価

都市と地域の資源である地域遺産[4]は，私たち人間が生み出し積み重ねてきたもので，文化だけではなく，生活や産業にとっても重要な役割があり，さらに将来市民の資源として上手に使い継承することが，持続的な都市再生に大きな貢献をすることになります．持続的な都市再生は，まず資源の現状を正確に把握することから始まりますが，日本ではまだ資源や遺産が十分に調査されておりません．

近年，「まるごと博物館」や「フィールドミュージアム」など地域活性化の方策として地域資源を探しリスト化する運動が広く展開されています．世田谷区が風景条例に基づき「地域風景資産」の選定を行っていますが，これは市民が自ら候補を探し議論して登録していくという方法を採用していますし，資産の保存や活用の計画も市民が策定するということになっています．今後は，日本全体で，地域遺産を認定するシステムを整備し，都市や地域の原点を確認して都市の再生

を進めるべきだと思います．なぜならば，地域遺産がもつ歴史的価値や文化的意味を評価することで，地域が何を目指すべきか，目標や価値などが見出されていくと考えられるからです．地域遺産の認定は，それぞれ地域性に沿った独自の視点で行うことで，世界遺産登録や文化財指定などのシステムとは基本的に違うものになるでしょう．

(2) 多様な地域遺産

多種多様な地域遺産を整理してみると，「空間資源」としては，河川や山岳，森林さらには里山などの自然的資源があり，歴史的建造物や歴史的町並みなどもわかりやすい遺産としてあげることができます．最近では，近代化遺産や産業遺産を国が登録，選定しようという動きもあります．また，棚田や伝統産業の工場が「文化的景観」として文化財指定されることがあり，景観や風景などを保全しようという運動や法制の整備が進み，日本建築学会では「生活景」という身近な空間の価値にも光をあてるような議論をしています．空間資源としても，評価の視点や対象が広がっています．

さらに，「人間資源」といえるものがあります．先ほどの歴史資産にも関わる資源ですが，人間活動や空間や物に置き換わらないソフトとしての資源です．祭りや工芸などの伝統的な文化，新しい技術や科学，芸術文化を含めた人的な資源もあるでしょう．

また「時間資源」もあります．私たちは「時間」を，有効なそして有限な資源として捉えたことがあまりないでしょう．あまり考えなくとも過ごせますし，考えても仕方がないという感覚がどこかにあります．しかしそうでしょうか．私た

図 5.8 鳥取県智頭町新田集落（集落を NPO 法人化して地域自治を進めている）

ちが豊かに生活を送ること．これが都市づくり，建築や社会基盤を含め，さらには産業や経済の活動も含めたものの，最終的な到達点であり，唯一で絶対的な到達目標です．

　豊かさとは何かについて，いろいろな議論があります．感覚的には「楽しさ」が一番近いものであり，これを周囲の環境や風景に感じ，また，人間の関係（家族や仲間やコミュニティ，組織）や活動（経済や社会的，文化的，芸術的なこと）に見出し，時間のなかで実感し味わうことです．それを豊かさだとか，暮らしやすさだとか，いろいろな言い方をしているのだと思います．

5.4　歴史を継承する構想

　空間計画の基本となるのは「地勢」と「歴史」です．都市資源や地域遺産のなかでも，「空間資源」を上手に保存活用する発想が基礎となります．また，そうした都市の空間的な文脈を理解する方法についても多くの知見があります．ここでは，歴史を知ることで，空間計画の発想自体を豊かなものにしていくこと，さらには歴史から，過去の計画についての経験を学び，新しい計画に対しての知見を得て，あるいは現実感をもつことができます．

　まず読むべきものとして，市史，町村史があります．面白いものではありませんが，計画の重要な資料となります．

　横浜市では歴史を空間から研究し再編集するという調査を行いました．横浜の中心部で歴史的にどう計画が積み重ねられ，空間が形成されてきたかという過程を描き出したものです．この都市形成史をもとに，私が小学校3〜4年生向けに絵本を書き，『ある都市の歴史―横浜330年』[5]という本にしました．先人たちも都市の改善や建設に挑戦を繰り返してきたわけです．まさに，構想を練り，計画をつくり，戦略をもって都市に挑戦してきたことがわかります．

(1)　横浜開港の都市計画

　1859年の開港に向けた横浜の都市計画を見ますと，かなりの技術水準にあったことがわかります．高度成長期にニュータウンを建設するようなもので，短期間に計画から実施までを行わなければならなかったため，都市計画と都市設計を同時に行ったのです．道路・橋梁や排水から港などの施設や奉行所などの公的施設，さらに日本人や外国人が商い住む地域を分離配置し，江戸時代までに蓄積した日本の都市計画である「町割り」を最大限に活用していました．上海租界など

5.4 歴史を継承する構想

に欧米が持ち込んだ植民地都市計画の情報もあったのでしょうが，基本は日本の技術でした．もともとあった横浜村を移転させ，現在の元町（当初は元村）となりましたが，この集落地と農地を利用してわずか1年という短期間で新しい都市を建設しました．ちなみに，横浜（村）という地名は，砂州があり長い浜があり，浜の横に村があったことに由来しています．

日本人町と外国人町（居留地）の間に奉行所や運上所（税関），イギリス領事館など公使館が置かれており，合理的な配置になっています．右端には弁天様が江戸時代から変わらない位置にありますが，弁天様に向かういわば参道は，その後の町の骨格をなす道路として計画されており，グリッドに配置されていく道路の基準線となっています．

砂州を断面で見ると弁天への参道は一番高いところに位置しており，水はけなどから考えても合理的だったことがわかります．古く

図5.9　開港前の横浜

図5.10　明治中期の横浜

図5.11　明治後期の横浜（図5.9〜図5.11は，『ある都市の歴史　横浜330年』企画構成・文 北沢猛，画 内山正）[5]

からの空間をうまく活かした計画だといえます．

　幕府の役人が開港都市を計画したときに元村は移転したのですから，全部をやりかえてもよかったわけですが，参道を使おうと計画したのは先人の知恵を借りたいということです．

(2) 時代を超える空間モデル

　日本人町は，伝統的な「町の割り」を空間的なモデルとして採用しました．たとえば110間四方の街区が基本となる格子状の街路パターンをとり，江戸町人地の町割りがそのまま踏襲されていました．本町通り付近の敷地分割を見ると間口が7間程度でしたが，江戸時代の日本橋などでも実際されていた間口規制と同じです．それから150年が経ちますが，開港時の都市計画と町割りは現在の空間構造に継承されています．

　しかし，短期間にできた開港場ですから，土蔵造りなどの耐火建築は少なく1866年の大火でほとんどが焼けてしまい，新しい構想計画が必要となりました．火災に強い町が目標となり，延焼遮断帯として広幅員街路と公園をつくるなどの総合的な都市計画が策定されたのが1868年．10年の歳月をかけ，町が再生されていきました．36m幅の緑豊かな道（現 日本大通），その先に日本最初の近代公園（横浜公園）ができ，港側の正面には税関が新築されました．街路のアイストップに公園と公共建築．空間デザインもよく考えられています．この街路整備には「区画整理」の原形となる手法が使われ，土地所有者（借地者）が一部土地を提供して道路の築造にあてたのです．

　災害は都市づくりに大きな転換をもたらす機会になります．震災復興計画では，壊れた建物の瓦礫の捨場を「山下公園」という臨海公園として再生しました．明治時代から海岸線に沿って市民が散策できる場をつくる構想があったのですが，震災復興に合わせて数十年あたためてきた構想が結実したものでした．この臨海公園は，横浜市の都市づくりに継承され，空間モデルとして定着しました．

(3) 環境開発への転換

　横浜大空襲の被災も深刻でしたが，戦災復興も思うように進まないまま，高度成長期の都市膨張に突入してしまったのが横浜です．住宅開発に見合う基盤施設も学校や公園という生活支援施設もありませんでした．都心部も，造船所や貨物ヤード，埠頭と隣接し，大都市の都心としては狭く発展性もないなど問題が山積みとなっていました．そのようななか，1965年に横浜市の都市づくり構想が策定されました．重要な構想として都心部強化事業があり，狙いは「みなとみらい

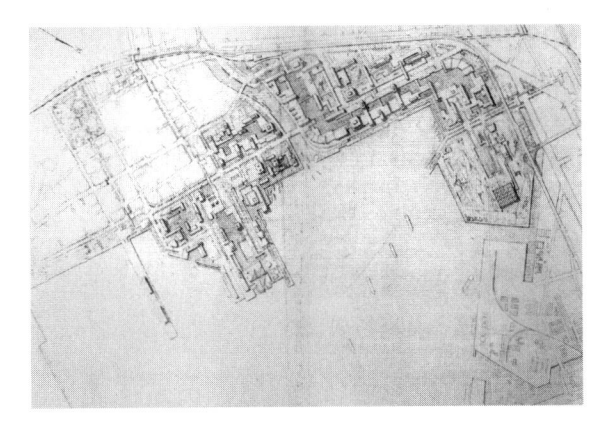

図 5.12 横浜の都心部構想 1964（横浜市将来計画に関する基礎報告書，1964）

21」を含む都心再生です．現在でもこの構想を基本として都市づくりが進んでいます．構想を作成したのは，先述の浅田孝というプランナーでした．飛鳥田横浜市長が市政へのアドバイスを求め，浅田氏が作成した「横浜市将来構想に関する基礎調査報告書」（1964 年 12 月 5 日，株式会社環境開発センター）には，都市構造の分析や東海道に連担するメガロポリスと横浜のもつ可能性や方向性などを示した後に，都市を再編成していくプロジェクトを構想しています．その後これらは「六大事業」構想として整理されました．

都心再生構想である「都心部強化事業」には，商工会議所のイニシアティブで行う旨が書かれています．当時の行政計画には実施主体は明示されず，行政が行うことが前提か，主体がなく絵に描いた餅も多かったなか，商工会議所という民間の主体を想定すること自体が新しい発想でした．横浜の企業が集まった団体が計画を進め，最終的には「特殊財団」を設立して事業を行うとしています．今日的には特定目的会社が投資を募るような発想でした．その後市が中心となり構想を進めてきましたが，民間投資の誘導を行うまちづくり会社（㈱みなとみらい21）が設立されました．都市づくりのための会社組織に資金や人材を集約して事業を進める発想が当時からあり，1965 年の構想には現実化のための組織論も書かれており，単なる設計図や空間イメージではなかったと評価できます．

(4) **構想再編への挑戦——東京計画 1960 と京都計画 1964**

東京大学に都市工学科が設立されたのはこの少し後ですが，現在の都市デザイン研究室の前身である都市設計研究室を率いた丹下健三先生は，都市構造や空間

モデルの革新を研究し，その象徴として「東京計画 1960」を発表しました．成長，拡張する都市を再構成する新しい構造を提案したものでした．脊髄のように見える道路交通施設や供給処理施設，つまりは動脈や静脈，情報網という神経系，それらが都市の成長や需要に応じ伸び，あるいは縮小も可能なフレキシビリティの高い都市構造を考えたものです．人間や生物の生態構造がモデルになっています．東京計画は開発至上主義に見えてしまうのですが，そうではなく人や物や情報の流れに対応できる都市構造を考案したものです．これ自体にリアリティがあるとは思えませんが，構造や技術を試したということでしょう．

関西では京都大学の西山夘三先生が，1964 年に京都計画を発表しています．京都旧市街地の真ん中，中枢神経系のように道路や交通機関を集約したプランです．しかし大きな違いは，都市の形，京都の伝統空間，日本の伝統的な空間モデルを基本にしていることです．保存地区も明示されています．歴史的に蓄積された空間構成を有効な資源として評価しています．西山先生の優れた理念です．

5.5　空間の新しい発想

（1）　多層多重構造

都市は大きく変わっています．社会経済構造から人々の生活スタイルまで大きな変化があります．空き家が目立つ都市や地域も増え，人口減少や活力の停滞さらには荒廃が進む危惧があり，安全を維持できないアメリカの都市現象も起こりかねません．一方，文化や教育，環境などに魅力がある地域では，若い人や所得が比較的高い人が集まり，さらに地域が改善されていく好循環に入っていきます．

住む場所と働く場所という空間構造も大きく変わる可能性があります．高度経済成長期には「職住分離」が基本理念であり，分離が効率的であると考えたわけですが，遠距離通勤や交通問題などから実際は効率的とはいえない空間構造となっています．この空間構造に対する再編シナリオは幾つか描けると思いますが，一つに「ネットワーク構造」があります．都心と副都心，地域中心というヒエラルキー構造の転換です．東京はまさにヒエラルキー構造で，経済活動つまり雇用などの都市活動も都心から郊外にいくに従って減少していきます．これに対しネットワーク型構造は，東京圏全体に様々な活動の焦点があり，それぞれはコンパクトな都市生活圏を構成しながらも，これらが連携し活力を維持する，効果的効率的な空間構想を描こうというものです．

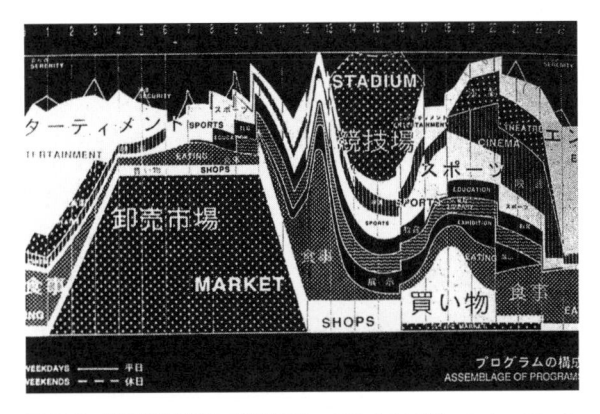

図 5.13 時間空間計画（横浜市アーバンリング展　レム・コールハースの提案より）

そうした新しい空間構造を具体的に描こうとした意欲が，1992年の横浜都市デザインフォーラムに現れています．アーバンデザインの新しい構想計画を練るために世界から提案を集めた「アーバンリング展」を開催しました．横浜港の内港エリア（ほぼ山手線の大きさ）に広げられた自由な構想．特に多層多重という発想で空間構造を再編するのが基本的な考え方です．時間空間を多層的に使うという構想は，建築家レム・コールハースから生まれました．横浜市中央卸売市場の巨大な空間を利用して，時間を構想計画したのです．空間には限界があるが，時間には限界がない，という意図であると思います．「タイム・シェアリング」とでもいえばわかりやすいかもしれません．時間軸（24時間）のそれぞれのアクティビティ比を大まかに計り示した図を描きました．市場ですと午前3時から4時に活動のピークがあり，午前8時には活動がなくなり店が閉まり始めます．彼は，残された時間空間をうまく使う構想計画を立てたのです．

(2) 空間を構想する人たち

ところで，都市資源や地域遺産のなかでも，人間資源はどう活かされるでしょうか．人間の生み出す活動そのものが文化であり都市であるともいえます．また，都市を形づくるのも人間の活動です．以前，アメリカの都心再生について調べた際，成功した再生事例においては，構想計画を担う人たちが都市の行政組織や地域組織と関係を保ちながら，自由にかつ効果的に活動できる環境が最も重要であるという結論でした．

特に印象に残ったのは，ミネアポリスのツインシティであるセントポール市の

都心再生です．穀倉地帯の中心で，鉄道網と舟運の結節地として発展しましたが，戦後は道路網が整備され物流システムが変わり，都心のロアタウン地区は完全に放棄された地域となりました．

アメリカでは都心地区は 1960 年代から地域荒廃が始まり，1970 年代以降は，工場やオフィス，研究開発がリサーチパークを郊外に形成するなど，都心にあった商業やオフィス，文化，さらには物流や生産などの施設のすべてが郊外化していきました．セントポール郊外にも，ザ・アメリカンモールという最大級のスーパーセンターがあります．大人も子供も 1 日中楽しめるようにできていますが，収容されている感じがします．商品は多いのですが豊かであるとは思えません．感覚を麻痺させているような疲れを感じる風景でした．

(3) アーバンビレッジ構想

1980 年に作成されたロアタウン地区の構想図には，数値目標も含め明確な目標が書かれています．多様な住宅の供給，就業の確保，歴史的建造物の保存再生，芸術の振興，環境負荷の軽減などについて 10 年程度の目標値があり，構想図自体は参考にすぎません．

この都心再生構想の理念である「アーバンビレッジ」とは，都市の中に村のような親密な関係を生み出す構想で，様々な機能や文化複合した空間構造であり，それまでの資源を活用する空間構成をとり，全米でも評価されている空間モデルとなっています．ロアタウン地区の再生構想は，アメリカでも早い段階で取り組まれた事例です．

構想作成から 20 年間にわたり都心再生を牽引してきたのは，ウエミング・ルーというプランナー・アーバンデザイナーです．父親は中国の有名な建築家で，台北市や北京市の政策顧問も長くしていました．かつて，隣のミネアポリス市でニコレットモールというトランジットモール（設計はローレンス・ハルプリン）を成功させ，ダラス市の都市計画部長にヘッドハンティングされた人物です．セントポール市長に招聘され，ロアタウン・リデベロップメント・コーポレーション（LRC）という再生機構の理事長に就任しました．

LRC は都市再生の計画組織であり調整組織です．エリア・マネジメント組織とは性格が異なりますが，地区の構想や計画を関係者と議論してつくっていきます．アーバンビレッジ構想のほかにもサイバー・ビレッジ構想などが成果を上げています．地区の価値を高めることが目的であり，より多くの投資家から資金を集め事業者を募ってきました．最終的な目標は，住む人や活動する企業や文化活

5.5 空間の新しい発想

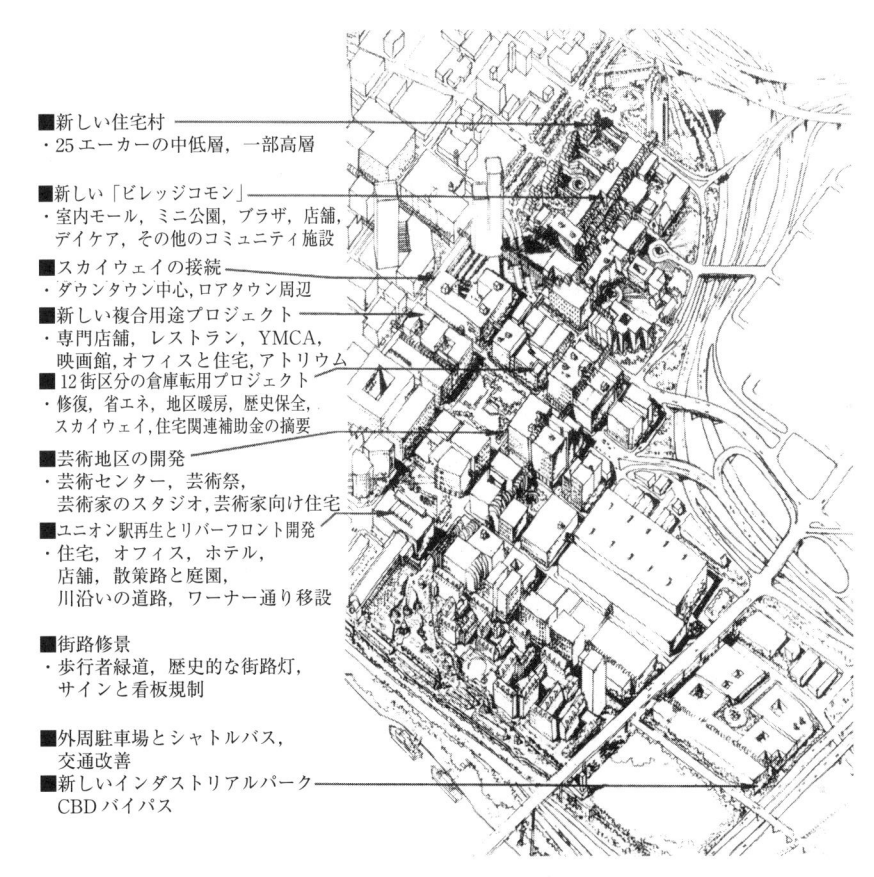

■新しい住宅村
・25エーカーの中低層，一部高層
■新しい「ビレッジコモン」
・室内モール，ミニ公園，プラザ，店舗，
 デイケア，その他のコミュニティ施設
■スカイウェイの接続
・ダウンタウン中心，ロアタウン周辺
■新しい複合用途プロジェクト
・専門店舗，レストラン，YMCA，
 映画館，オフィスと住宅，アトリウム
■12街区分の倉庫転用プロジェクト
・修復，省エネ，地区暖房，歴史保全，
 スカイウェイ，住宅関連補助金の摘要
■芸術地区の開発
・芸術センター，芸術祭，
 芸術家のスタジオ，芸術家向け住宅
■ユニオン駅再生とリバーフロント開発
・住宅，オフィス，ホテル，
 店舗，散策路と庭園，
 川沿いの道路，ワーナー通り移設
■街路修景
・歩行者緑道，歴史的な街路灯，
 サインと看板規制
■外周駐車場とシャトルバス，
 交通改善
■新しいインダストリアルパーク
 CBDバイパス

図5.14 アーバンビレッジ構想（セントポール市ロアタウン地区）．地区内の事業の進捗に合わせて，この絵は更新される（©Lowertown Redevelopment Corporation）（『都市のデザインマネジメント』[1]）

動が集まることであり，そのためのマーケティングやセミナーの開催など地道な取組みを行ってきました．

(4) デザインレビューと空間の質

また，LRCが重視しているのはデザインの質を高めることです．LRCはスリーエムという大企業の財団から1000万ドルの寄付により設置された組織なので行政権限はありませんが，先ほどの構想をもとにデザインガイドラインをもち，行政のチェックの前にデザインレビューや設計へのアドバイスも行います．

行政との信頼関係＝パートナーシップが重要な力となっています．民間事業者

も地区の価値を高めた結果，自らの事業にメリットがあればLRCとパートナーシップを結びます．すべての点で行政と合意しているのではなく，地区内へのスタジアム（野球場）建設計画に対してはLRCが強く反対し，行政や市長と対立するということもありました．「あくまでも地区の価値を考えた判断」とウエミング・ルー氏は話していました．民間企業とも厳しくやりあう場面があります．私が横浜市のアーバンデザイナーとして，民間のデベロッパーと調整をするときにもよくあった話です．厳しい対立が政治的な議論やより多くの関心となり，その議論の蓄積で，逆に新しい方向が見出せることがあります．

(5) デザインを誘導する

LRCには権力や資金力などの武器は何もないわけですが，市長やスリーエムをはじめとする企業，投資家，連邦政府などとの人的なネットワークが形成されていることが武器でもあります．また政策的融資という誘導手法を使っています．つまりギャップ・ファイナンシングであり，開発事業全体の数パーセントから多くとも十数パーセントの融資です．しかし，これが開発事業のレベルや事業性の保証ともなり，企業にとっても意義あるものとなっています．

LRCは行政組織ではありませんが，目標や活動から公共的組織，つまり「公共体」といえるでしょう．自治体の新しい形ともいえます．先ほど，都市の計画や実行のための多面的なレベルでの主体という議論をしましたが，日本ではこれから育っていく地域組織や自治組織あるいはエリア・マネジメント組織といわれる公共体です．地域を限定した公共体に期待されるのは「都市資源を公共のために有効に活用すること」だと思います．資金や人材，企業やNPOや行政などの組織も含めた資源をどう使うかということです．

たとえば，LRCは古い倉庫建築などを再生してアーティストに貸して文化芸術活動の育成に1980年代初頭から取り組んできました．アーティスト住宅（公的補助がある住宅事業）は全米で活動するアート支援NPOが実施しています．すでに大きな成果を上げており，500人のアーティストがロアタウン地区に居住し活動しています．全米でも最もアーティストの居住密度が高い地区となっているそうです．アーティストが住み始めて町が楽しくなり，荒廃から抜け出たといっても過言ではありません．行政の担う「公共」より柔軟な判断ができていますが，それを支える住民と市民組織，住民活動団体や弁護士や会計士などの専門家の集団の存在があります．何よりも驚かされるのは，ウエミング・ルー氏が町を歩くと住民が声をかけてくることです．立ち話で最近の情報などを交換し，レス

トランではサービスに注文をつけるなど，町を観察し改善を主導していることが住民にも理解されているのです．

(6) 創造的な都市を構想する

私が横浜市で仕掛けている都市構想があります．中田宏横浜市長とともに考えてきた構想で，一つは「創造都市構想」です．芸術などクリエイティブな活動を都市に育て，都市の文化と空間を再生していく構想です．

クリエイターが集まることによって，新しい活力や文化が生まれ，関連して創造的産業分野（映像や演劇，娯楽，出版，メディア，観光など）が育つという視野をもっています．横浜トリエンナーレや芸術家の育成プログラムなどが動き出していますが，その基礎となるのは人を惹きつける空間や風景です．そのため，文化＝産業＝空間の三位一体の構想となっています．

具体的な空間の再編については「ナショナル・アート・パーク計画」を提示しています．港の古くなった埠頭や倉庫，歴史的な空間や建物を再利用しようというものです．大桟橋国際ターミナルの付け根には，150年前の港空間がほぼ完全に奇跡的に残されています．「象の鼻」と呼ばれる地区で現在計画が進められていますが，日本文化の先端や独自性を示していく場ができると期待しています．

横浜の再生には港などの空間的資源によることも大きいのですが，それ以上に人的資源であると考えるようになりました．非成長時代は，都市資源や地域資源を見直すことが重要です．空間資源，時間資源，そして人的資源．特に人的資源が横浜には重要で，創造的な人材が育ち集まり，企業や行政，地域，大学とうまく協働できれば，新しい芸術文化や産業，生活が生まれると確信しています．

図 5.15　創造都市構想を推進する実験施設である"BankART 1929"（写真提供：BankART 1929）

学生の皆さんにも，新しい都市を構想し，現在の都市を再生していく力になってほしいと思います．

■文献
1) ジョナサン・バーネット著，六鹿正治訳：アーバン・デザインの手法，鹿島出版会，1977
   アラン・ジェイコブス著，簑原　敬他訳：都市計画局長の戦い―都市デザインと市民参加，学芸出版社，1997
   北沢　猛編著：都市のデザインマネジメント―新しい公共体，学芸出版社，2002
2) 浅田　孝：環境開発論，鹿島出版会，1969
   浅田孝の特集号，都市計画家，第14号，日本都市計画家協会，1997
3) 日端　康・北沢　猛編著：明日の都市づくり―実践的ビジョン，慶応義塾大学出版会，2002
4) 北沢　猛：地域遺産＝ヘリテージは地域再生の源泉である，季刊まちづくり，第15号，pp.14-19，2007
5) 企画構成・文 北沢　猛，画 内山　正：ある都市の歴史　横浜330年，福音館書店，1986（2003年に復刻）

第6章 木造建築の耐震を考える

生産技術研究所 **腰原 幹雄**

6.1 木造建築の多様性

6.2 木造住宅の構法

6.3 震災と耐震技術の発展

6.4 木造建築の耐震設計

6.5 文化財としての木造建築

6.6 木造建物をどのように守るか

改修のため解体中の伝統木造建築（法隆寺金堂）（昭和31年『法隆寺国宝保存工事報告書第十四冊　国宝法隆寺金堂修理工事報告附図』，文化庁）

第 6 章 木造建築の耐震を考える

日本では，大昔から木材を用いて建築物を建て続けてきました．その結果，現在多種多様な木造建築が存在します．また，木造建築は，単に建築物としてだけでなく文化財としての価値ももっています．日常的に生活する木造戸建住宅，文化財としての伝統木造建築，体育館・美術館などの公共建築，多様なストックとしての木造建築は，どのように守っていくべきなのでしょうか．

6.1　木造建築の多様性

木造建築にはいろいろな種類がありますが，時間の新旧，規模の大小で分類すると，おおむね図 6.1 のようになっています．

まず時間の古い領域に「伝統木造」と呼ばれる世界があり，今の戸建ての木造住宅や，集成材でつくられるような大規模木造建築にはない「歴史性」といった価値観が評価されています．

鉄筋コンクリート造，鉄骨造などでは古いものを構造的に評価しようということはあまりなく，どちらかというと新しい技術を開発していくというイメージがありますが，伝統木造の場合，古い構法を構造的に評価しようという動きがあります．また規模ですが，農家，町家といった住宅レベル（民家）の小規模なものから，東大寺や法隆寺，それから建築構造物ではありませんが，錦帯橋のような木橋という大規模なものまで様々です．

次に，時間や規模のスケールから見てみます．規模の小さいものだと，戸建住

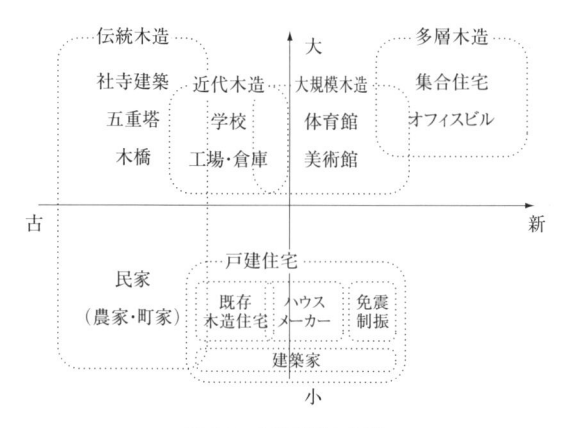

図 6.1　木造建築の分類

宅の領域があります．なかでも既存木造住宅は兵庫県南部地震などで耐震性の問題が大きく注目されました．また，ハウスメーカーが1社で年間1万～2万棟と建てているプレハブ構法や，免震・制震を用いた建物も，この領域に含まれています．また，時間が新しくて規模の大きいものには，大規模木造の領域があります．ここには昭和50年代に集成材建築が流行した頃に建てられた体育館や美術館など平面的に大きい建物が含まれています．特に2000年の建築基準法改正で，木造でも耐火建築物が建てられるようになり，平面的に広いものだけではなく，集合住宅やオフィスビルといった高層木造建築（多層木造）も建てられるようになってきました．

このように，歴史と規模の違ういろいろな建物をまとめて「木造建築」といっているわけですが，それぞれが固有の構造的な問題を抱えています．この章では，それぞれがもつ固有の問題と，それをどう解決していけばいいかについて，説明していきたいと思います．

6.2　木造住宅の構法

(1)　現代の木造住宅の構法

まず，木造住宅の構法から見ていきましょう．すでに建っている木造建物の大部分は戸建の木造住宅なのですが，これらのつくり方は，大きく分けて，在来構法，ツーバイフォー工法，プレハブ構法の三つがあります（図6.2）．

在来構法というのは，在来，つまり「前々から使っていた」構法という意味です．別の名前を「軸組構法」ともいいます．軸とは，一言でいえば「柱」があるという意味です．逆にいうと，あとの二つの構法には，柱らしい柱がありません．在来構法ないし軸組構法は，大工さんが建てるごくありふれた木造住宅のつくり方です．

それに対して，ツーバイフォー工法というものがあります．今から200年ほど前の1820年代，アメリカの開拓時代に手軽につくれる工法として自然発生的に開発されたものです．それが現在では，かなりしっかりしたマニュアルに従って建てられるようになりました．これに使われる木材の寸法がおよそ2インチ×4インチだったので，「2×4」（ツーバイフォー）と呼ばれているのです．もともとは2インチ×4インチですが，実際に規格されているのはおよそ4cm×8cm，正確には38mm×79mmです．これが昭和40年代に北米から日本に導入され

第6章 木造建築の耐震を考える

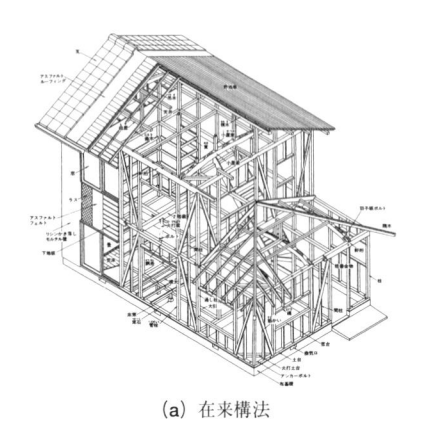

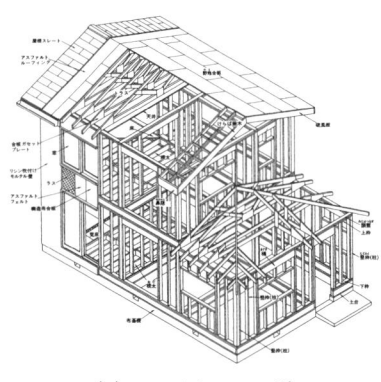

(a) 在来構法

(b) ツーバイフォー工法

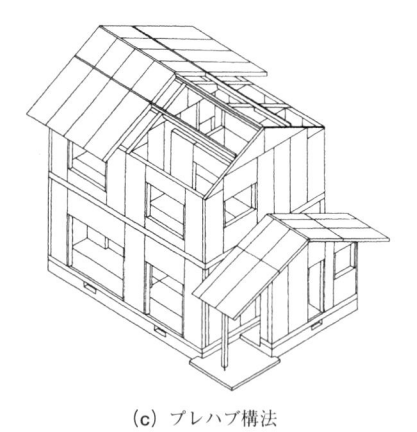

(c) プレハブ構法

図 6.2 [1]

ました.直接のきっかけは,日本で大工さんが建てる木造建築は高い,もっと安くできる,つまり効率的なつくり方を導入すべきだということでした.これが1974年に日本でも一般的な工法として認められます.行政的な手続きとしてツーバイフォーはこうつくりなさい,という告示ができました.それに従ってつくれば特別難しい手続きをせずとも建てられることになり,日本式の名前も枠組壁工法となりました.このネーミングは非常によくできていると思います.ツーバイフォー材で枠をつくって,枠だけだとスカスカですから,そこに合板を張る,ということです.

最後に,プレハブ構法です.プレハブ住宅にはいろいろなものがあって,テレビのコマーシャルにもしばしば出てきますが,そのなかには,鉄筋コンクリート造のプレハブ,鉄骨造のプレハブ,それから木造のプレハブがあります.ここでは木造のプレハブをあげます.現在,実際に建てられている木造のプレハブは例外的なものもありますが,ほぼすべて木質パネル構法と呼べるものです.木を様々に加工してパネル化したものを現場に運んで組み立てるという構法です.

現在では,在来構法,ツーバイフォー工法,プレハブ構法の三つのつくり方が,一般の人が住宅を新築しよう,木造にしようと思ったときの選択肢です.これらから選ぶ,というわけで,このシェアか

らいうとまだ在来構法が多いのですが，ツーバイフォーやプレハブも，一般の人がごく普通に選んで注文住宅としてつくることができます．

(2) 伝統構法

ストックの問題を考えるためには，実際に建っているものという意味で，現代の木造住宅の構法に対して，日本の昔からのつくり方，伝統構法を考えなければなりません．伝統構法とは，広くいうと寺や神社のつくり方のことで，伝統構法でできた住宅のことを特に民家と呼んでいます．茅葺の家など文化財になっているような家が代表です．ただ，伝統構法で家が新築されることはなくなっていますので，伝統構法の民家を災害から守るのは非常に重要な問題ではありますが，マクロな視点に立って防災上の問題を考えると，これ以外の在来構法，ツーバイフォー，プレハブで建っている建物を，地震，風，水害から守ることのほうが大きなウェイトを占めることになります．

6.3 震災と耐震技術の発展

ストックですから，当然歴史の積み重ねのなかで今に残っているもの，というほどの意味で，おのずと歴史が関連するのですが，そういった面以外に，建物を新築するときに構造上こうつくりなさい，ああつくりなさいという多くの規定が非常に細かくあります．それらは頭の中やデスクワークだけでできたのではなく，極端にいえば9割がたは過去に起きた地震でこういう被害が生じたので今後はこうするというように，震災の教訓を受けて様々な規定ができているのです．そう

表6.1 明治以降の主な被害地震・台風[2]

年	地震・台風	マグニチュード	建物被害	死者
1891	濃尾地震	8.0	220 000	7 273
1923	関東地震	7.9	254 000	142 000
1934	室戸台風	—	93 000	2 702
1948	福井地震	7.1	48 000	3 769
1964	新潟地震	7.5	9 000	26
1968	十勝沖地震	7.9	4 000	52
1978	宮城県沖地震	7.4	7 000	28
1995	兵庫県南部地震	7.2	240 000	6 433
2004	新潟県中越地震	6.8	17 000	65

いう意味で，鉄筋コンクリート造についても，多少は鉄骨造についてもいえますが，特に木造の耐震を考えるときは，明治以降に日本で起きた強烈な地震（表6.1）でどのような災害を受けたかが，今のつくり方，あるいは建っている建物の耐震性に非常に密接な関係があります．

(1) 濃尾地震

濃尾地震は，1891（明治 24）年，今から百十数年前に岐阜県から愛知県にかけて大断層が走った地震で，マグニチュードが 8 クラスであったと推定されています．東海地震，東南海，南海，あるいは関東地震などはすべて海溝型といって日本の太平洋岸の少し外れたところに震源域があるのに対し，この濃尾地震は岐阜県から愛知県にかけた陸地の直下で起きました．おそらく日本の歴史上陸地の直下で起きた最大級の地震であったと見られています．

1891 年ですから，明治が始まってすでに四半世紀が経っています．私たちの大学の工学部は工部大学校の流れを引き継いでいるのですが，1 期生の辰野金吾先生など造家学科を卒業した人をはじめとして，西洋近代科学に立脚した建築教育を受けた人たちが，この濃尾地震の調査，視察に行っています．今のように，建築なら構造，計画，デザイン，環境といった専門に分化する前のことですから，辰野先生のように建築家として歴史に名が残る人も地震の被害を調べに現地に行っているのです．

その結果として，辰野先生の提案やコンドル先生の講演内容が今に残っています．これは一言でいうと，日本の木造建築は耐震的でなく，耐震性を上げなさいという内容です．具体的には，これから耐震的にするためには「筋かい」を入れて，これが外れないように，留め方はいろいろあるけれども，ボールトその他の金物でしっかり接合部を留めなさい，といっています．当時「ボールト」と書いていますが，今の言葉では「ボルト」です．とにかくこの柱や筋かいが抜けないように留めなさい，ということを，1891 年にコンドル先生や辰野先生が現地を視察して提案しました．それから 104 年経った年，今から 12 年前の 1995 年に兵庫県南部地震が起きました．その直後，私も含め研究者や様々な建築関係の人が被害調査に行き，その結果，筋かいとは限らないけれど，とにかく地震力に抵抗する要素をしっかり入れて，その接合部が外れないように金物，ボルト，鉄板，釘，その他でしっかり留めつけなさい，と指摘したのです．なぜ 100 年以上も経って，耐震に関してまったく同じことをいわなければならないのか．これは，このような防災面の進歩，つまりストックの改善がいかに遅いかを表しているとい

えます.

　1891年の濃尾地震は，日本で初めて木造住宅や木造建築を耐震的にしようという具体的あるいは組織的な動きが起きた，そういう地震です.

(2) 関東地震と市街地建築物法

　その後もしばしば地震がありましたが，ここでは関東大震災をもたらした関東地震についてお話しします（図6.3）．これは日本の大災害を代表するもので，関東，特に東京が大災害を被りました．このときの犠牲者の数は14万人といわれています．今の東京の区部にほぼ相当する旧東京市では，この14万人のうちの約6万人が亡くなったのですが，このうち建物の下敷きになった人は数千人，残りの人は火事で亡くなっています．失われた建物も火災によるものが非常に多かったのが関東大震災の特徴です．9月1日12時1分という，ちょうど昼食どきに起こった地震なので，昼ごはんの準備をしていた当時の裸火のコンロの上に建物が倒壊して，発火し燃え広がって火災になりました．このように，地震のときには建物が倒壊して人が死ぬだけではなく，関東地震のように火事が起きて1桁以上犠牲者の数が増えることもあり得るのです.

　この地震のときには，市街地建築物法という法律がありました．この「市街地」は日本全国一律ではなく，まず東京のある限られた部分，その次に大阪のどこそこと，だんだん広げていったものです．関東地震の翌年の1924年に初めて耐震規定が設けられました．ある一定以上の規模の木造には適当に筋かいを入れることという規定ができ，それから鉄筋コンクリートその他のビルに対しては，設計震度を0.1とする，としています．これが，日本で法令上耐震規定がつくられた

図6.3 関東大震災の被害（『鎌倉震災誌』）[3]

最初とされています.

　現在，0.1に対応する規定は0.2に引き上げられています．2倍厳しくなったように見えます．構造設計のやり方を振り返ると，まずある荷重においてどういう応力が生じるかと計算をして，その応力ないし応力度が許容応力，もしくは許容応力度より低ければ大丈夫というチェックの仕方をします．実は，この市街地建築物法ができた1924年当時の許容応力度に対して，その材料によっても違いますが，ごく大雑把にいうと，この表示と現在とでは許容応力度が2倍に引き上げられています．したがって，建物を設計するときの震度，つまり地震の力のほうを2倍にしていますが，許容応力とここまで力がかかっていいというのも2倍にしていますから，比較すれば結局，同じレベルの耐震性を要求していることになります．そういう意味で，1924年に決めた設計震度0.1という値はまだ生きています．

　この値は，今のような耐震，地震，あるいは地震応答といった基礎的な情報がほとんどないときに，いわば「えいやっ」と決めたものですが，その見通しがいかに正しかったかを表しています．ちなみに，これは佐野利器という日本の耐震工学，世界の耐震工学を築いた先生がまず論文の中で提案して，その後市街地建築物法に取り入れられています．そのときの値が0.1です．つまり先見の明があったということでもあり，同時にこの耐震設計がいかに変わりにくいかを表しています．

(3) 福井地震と壁量計算

　福井地震は，耐震関係者の間でもあまり話題に上らないのですが，1948年に福井で起こった地震です（図6.4）．マグニチュードは，阪神・淡路大震災を引き起こした兵庫県南部地震とほぼ同じでした．終戦から3年しか経っていないのですが，この地震に関しては非常に調査が行き届いています．亡くなった人は3 800人ぐらいで，犠牲者のほとんどが建物の下敷きによるものといわれ，火事で死んだ人は非常に少ないことになっています．阪神大震災では，感電死の方も増えて，死者は6 000人を超えましたが，地震で直接亡くなった人は5 300人ほどといわれています．こう比べてみると，福井地震の犠牲者は3 800人，阪神のときの犠牲者は5 300人，オーダーはだいたい同じです．阪神大震災のときは，最初死亡者10人と報道されたものが，80人，何百人，1 300人とどんどん増えていき，6 400人になったのですが，福井地震の犠牲者3 800人を超えるまではマスコミ，新聞，テレビも福井地震を引き合いに出していました．これを超えた

図 6.4　福井地震の被害（写真提供：福井新聞社）

途端，マスコミからはまったく消えてしまいました．

　しかし，福井地震と現在の木造住宅の耐震規定，あるいは耐震性はきわめて密接な関係があります．被害を受けた木造住宅について調査をした結果，壁が多いものほど被害が少ないという統計的なデータが出たのです．つまり，壁がたくさんあるようにつくれば地震の被害は小さくなることが，福井地震で実証されたわけです．もちろんそれと，その前の昭和 10 年代ぐらいから筋かいを使うとどのくらいの地震に耐えるか，実験室内での研究はある程度蓄積がありました．そこで，これから建てる木造住宅は壁が多いようにつくるべきだということになりました．ここで壁といっているのは耐力壁です．筋かいの入った壁や合板を張った壁，こういうもので建物は地震力に抵抗するのです．

　このようなことが再確認されて，1950 年に建築基準法ができました．これは，実質的な市街地建築物法というのが，いわば衣替えして新たにできた法律です．このとき木造の建物に関しては，壁率＝床面積 $1 m^2$ 当たりどれだけの長さの壁がなければいけないか，という壁率の規定ができました．つまり，柱だけの建物は許されなくなったので，伝統構法による寺や神社でも，柱しかないような建物は駄目となってしまったのです．福井地震は，現在の普通の住宅を設計するときに筋かいか合板をはじめとする面材を張った壁をつけることを法律で強制するきっかけになった地震災害です．阪神大震災の犠牲者数が上まわったために霞んでしまいましたが，福井地震は日本の木造住宅の耐震性を考えるのに決定的な役割を果たしたといえます．

（4） 新耐震基準と兵庫県南部地震

その後，新潟地震，十勝沖地震，宮城県沖地震があり，1981年に新耐震基準ができました．1950年の建築基準法のときにすでに耐震基準法があったわけですが，1981年に建築基準法の中に書かれている耐震関係の規定が大改正されま

表6.2 阪神・淡路大震災による木造の被害パターン

構法	在　来　構　法			その他	
年代	昭30	昭和50		(昭和40〜)	
各部構法 屋根	葺き土＋瓦	葺き土＋瓦	(葺き土)＋瓦，スレート	2×4	プレハブ
壁	竹小舞土塗り壁 漆喰，下見板仕上げ 筋かいなしが多い	竹小舞土塗り壁 木ずり＋モルタル塗 筋かいありが多い	木ずり＋モルタル塗 サイディング張り＋(断熱材) ほとんど筋かいあり		
用途					
戸建住宅	倒壊きわめて多数	倒壊多数	倒壊したものあり	大きな被害は少ない	
公庫型			大きな被害は少ない		
狭小戸建住宅		戸建式文化住宅（ミニ開発） 大傾斜多数			
共同住宅	平屋の長家（長田地区）倒壊きわめて多数	アパート式文化住宅	倒壊きわめて多数	大きな被害は少ない	
店舗併用住宅	倒壊きわめて多数（2F増築のものも多い）	倒壊・大傾斜多数			

図6.5　兵庫県南部地震の被害

した．大改正の結果である構造計算，構造設計，耐震設計の仕方を，新耐震基準と呼んでいます．

1995年に兵庫県南部地震，阪神・淡路大震災が起こりましたが（表6.2，図6.5），新耐震基準そのものは，現在も本質的には何も改正されないままです．新耐震基準より前の建物は被害が大きいのに対し，新耐震基準以降の建物は統計的な被害が少ないことから，新耐震基準を守っていれば兵庫県南部地震のような，震度7という強烈な揺れにも何とか耐えるだろう，ということになっているからです．そういう意味では，新耐震基準は先見の明があった，もしくは先手を打ったと，いうことになります．

ここまでの話で，木造住宅という膨大なストックの耐震性を考えるにあたって，現在の耐震規定についてではなく，江戸時代は無視するにしても，濃尾地震以降の長い歴史のなかで木造住宅が，被害を受け，研究が進み，法律に取り入れることを繰り返しながら今に至っていることがわかってもらえたかと思います．そういう意味でも，過去の歴史を振り返ることは非常に大事なのです．

6.4　木造建築の耐震設計

(1)　木造建築の耐震設計法

こうした歴史を経て，現在の木造建築の耐震設計法が確立されてきたのですが，現在の木造建築の耐震設計法は，おおまかには表6.3のようになっています．

このうち，木造建築のストックの大部分を占める木造戸建住宅では，壁量計算を用いて耐震設計が行われています．この壁量計算は木造住宅特有の設計法になっています．この壁量計算は，式(1)を満足するように建物に壁を配置しなさいというものです．

木造住宅の壁量計算

$$p \times A \leqq \Sigma\ (q \times l) \tag{1}$$

ここに，p：必要壁率（cm/m²）（表6.4）

　　　　A：床面積（m²）

　　　　q：壁倍率（表6.5）

　　　　l：壁長さ（cm）

　　　　Σ：各方向ごとの耐震壁について足す

式(1)の左辺は，必要壁率と床面積を乗じたもので，その建物の必要壁量を示

表6.3　木造建築の耐震設計法

建物の種類，構法		主な耐震要素	耐震設計法
伝統木造建築	社寺建築	柱，貫，壁（土壁など）	限界耐力計算など
	民家		
戸建住宅	軸組構法	壁 （筋かい，面材など）	壁量計算
	枠組壁工法		
	プレハブ工法		
	ラーメン構法	ラーメンフレーム	許容応力度計算
大規模木造		ラーメンフレーム，トラスなど	保有水平耐力計算など
多層木造		ラーメンフレーム，壁など	限界耐力計算 時刻歴応答計算など

表6.4　必要壁率（床面積1 m² 当たり cm）

屋根仕上げ　　階	平屋建て	2階建て		3階建て		
		1階	2階	1階	2階	3階
軽い屋根	11	29	15	46	34	18
重い屋根	15	33	21	50	39	24

表6.5　主な壁の壁倍率

壁仕様		壁倍率	壁仕様		壁倍率
土壁		0.5	構造用合板（7.5厚以上）	N50 釘@150	2.5
筋かい	1.5 × 9.0 cm	1.0	OSB（構造用パネル）	N50 釘@150	2.5
	3.0 × 9.0 cm	1.5	石膏ボード（12厚以上）	GN40 釘@150	1.0
	4.5 × 9.0 cm	2.0	シージングボード（12厚以上）	SN40@100	1.0
	9.0 × 9.0 cm	3.0			

します．右辺は，各方向ごとの耐震壁について壁倍率と壁長さを乗じたもので，建物の存在壁量を示します．つまり，必要壁量に対して存在壁量を大きくすればよいということになります．

　必要壁量は，必要壁率と床面積によって決まりますが，必要壁率は，建物の重さ，検討する階に応じて，表6.4のように定められています．つまり，重い建物，大きい建物ほど必要壁量が大きくなるようになっています．

　存在壁量は，壁倍率と壁長さによって決まりますが，壁倍率は，その壁の種類，

留めつけ方に合わせて表6.5のように定められており，どのくらいの性能の壁がどれだけの長さあるかで計算することができます．ただし，これらの壁の性能を十分に発揮するためには，壁がとりつく柱と横架材を緊結することが必要になります．この接合部の設計には，N値計算法という方法があり，柱の左右にとりつく壁の仕様，上下階の上限から接合耐力が計算され，引き寄せ金物，山形プレートなどの金物を決定します．

このように設計する木造住宅に配置すべき壁の仕様と長さを計算しますが，建物全体で偏心が生じないように，こうした壁をバランスよく配置する必要があります．木造住宅では，偏心率の計算だけでなく，四分割法という設計法があります．建物を四分割して，その両端部分の壁の充足率（存在壁量／必要壁量）を比較して大きく差がなければよいというものです．

壁量計算・四分割法などの簡便な設計法が用いられるのは，木造住宅が一般に構造設計者でなく，建築設計者あるいは大工によって構造設計がなされているためです．

(2) 既存木造住宅の耐震診断

新築の木造住宅の耐震設計は，地震災害が起こるたびに見直され現在の設計法にたどり着いています．ストックとしての木造住宅を考えると，必ずしもすべての建物が現在の耐震設計法で設計されているわけではありません．

日本の木造戸建住宅のストック総数は2003年現在で2450万戸あり，これに毎年約50万戸ずつ新築されています．このうち，耐震性が乏しいと推定されているものは1000万戸ほどです．この数は，1981年の新耐震設計法が導入される以前の木造の建物の88％の耐震性が不十分である，ということに基づいています．つまり，新耐震設計法では要求性能が高いのですが，それ以前につくっていたものは耐震性が概して低いのです．しかし，なかには余裕のあるものもあるので，88％の耐震性が不十分として推計しています．ただ，単にこれを鵜呑みにして，1000万戸だけが耐震性が乏しい，他は全然大丈夫と思ったり，1981年以降はみな丈夫，それ以前のものは8割が駄目と思うのはあまりにも短絡的です．これは一つの目安だと思って下さい．

このストックの耐震性を向上させる手法として，耐震診断と耐震補強があります．木造住宅の耐震診断法で現在使われているものに直接結びつく最初のものは，1977年に東海地震対策の一環として静岡県でつくったものです．この前年，当時東大におられた石橋克彦先生という地震学者が，東海地震が近々起こるという

警告を発して，それを静岡県が受け止めて地震対策を始め，この頃に静岡県版をつくりました．その後，1974年に全国版ともいうべき日本建築防災協会版ができ，1985年に改訂されています．2004年に大改訂されたのが日本建築防災協会版の『木造住宅の耐震診断と補強方法』[1]で，最新のものです．

これは，現在の建築基準法に耐震診断法，補強設計法を合わせるために改訂されたもので，新築の木造住宅の耐震設計法と同等にしようというものです．耐震診断は式(2)のように地震時の必要耐力に対する建物の保有する耐力を比較することにより表6.6のように判定するものです．建物の保有する耐力は，新築の建物同様に壁量計算，柱接合部のN値計算，偏心検討の四分割法と同等な方法で算定します（式(3)）．

木造住宅の耐震診断と補強方法のよる診断

$$\text{上部構造評点} = P_d / Q_r \tag{2}$$

ここに，P_d：保有する耐力（kN）

$$P_d = P \times E \times D \tag{3}$$

ここに，P：強さ（kN）

$P = P_w + P_e$

P_w：壁の耐力　$P_w = \Sigma(C \times l \times f)$

Σ：各方向ごとの耐震壁をすべて足す

C：壁強さ倍率（kN/m）

l：壁長（m）

f：柱接合部による低減

P_e：その他の耐力要素の耐力（kN）

E：耐震要素の配置による低減

D：劣化による低減

Q_r：必要耐力（kN）

ただし，耐震診断・補強では，新築の設計法では余力としてみなしているような雑壁，垂れ壁，腰壁なども耐震要素として拾い出しています．これは，実際に存在する要素はすべて評価して，本当の性能をはじき出そうというものです．この点で，壁量計算と耐震診断法は少し異なります．

また，既存木造住宅の耐震性の問題点は，これまで話したように，法規の変化を含めた構法の変化です．地震被害が起きるたびに木造住宅の壁量計算に用いられる必要壁率は表6.7のように見直されています．このほかにも，壁倍率も見直

表 6.6 耐震診断評点

上部構造評点	判定
1.5 以上	倒壊しない
1.0 以上〜1.5 未満	一応倒壊しない
0.7 以上〜1.0 未満	倒壊する可能性がある
0.7 未満	倒壊する可能性が高い

表 6.7　必要壁率の変遷（重い屋根の建物の場合）　　(cm/m²)

階 屋根仕上げ	平屋建て	2 階建て		3 階建て		
		1 階	2 階	1 階	2 階	3 階
1950 年	12	16	12	20	16	12
1959 年	15	24	15	33	24	15
1981 年	15	33	21	50	39	24
2000 年	15	33	21	50	39	24

されているので一概にはいえませんが，古い建物は，たとえ当時の建築基準法を満足していたとしても，現在の耐震基準には不十分なものが多いということになります．こうした建物を既存不適格建築と呼びます．

もう一つ，既存木造住宅の耐震性で問題になるのが木材の劣化・腐朽です（図 6.6）．木造住宅で用いられる木材

図 6.6　柱脚・土台の劣化

は，その材料の特性上，シロアリなどによる蟻害，腐朽菌による腐朽は避けられません．健全な材料であれば，法隆寺などでも実績があるように 1 000 年近く経っても経年変化により構造強度が急激に低下することはありません．しかし，蟻害と腐朽は，急激に構造性能を低下させます．接合部の劣化・腐朽は接合部の性能を急激に低下させ，壁の性能も低下させてしまうため，耐震診断では，式 (3) に劣化を評価する項 D があります．

(3) 既存木造住宅の耐震補強

図 6.7 はある実験の様子です．築 30〜40 年の実際に建っていた木造住宅を振動台上に移築して実験しています．ほとんど同じ建物で，一方はそのまま，もう

第6章　木造建築の耐震を考える

(a) 実験前

(b) 実験後

図 6.7　在来構法住宅の振動台実験（左：耐震補強建物，右：無補強）

一方は耐震補強をしています．大きく揺れ始めて，10秒，12秒後にはつぶれています．耐震補強したほうは大きく傾きますが，倒壊は何とか免れています．耐震補強の効果が証明できた一例です．

　この実験でわかるように，揺れが大きくなってから倒壊に至るまで，10秒しかかかりません．福井地震のとき約3 800人の人が亡くなったという話をしました．そして，兵庫県南部地震のときにも5 000人近い人が建物の下敷きになって亡くなりました．神戸の地震は，明け方の5時46分という薄暗いときに起こり，目を覚ましても逃げられないまま建物に押しつぶされたと思っている人が多いでしょう．しかし，福井地震が起きたのは午後3時50分です．ほとんどの人が起きて活動していた時間で，多くの人が1階にいたはずです．それでも3 800人に近い人が建物の下敷きになったということは，建物が倒壊するような強烈な地震が起こったときはたぶん逃げ出せないということです．つぶれることが予告されていれば逃げ出せますが，突然揺れがきたときなど，10秒はすぐに経ってしま

います．それから，震度7に相当する地震のときはたぶん普通には歩けません．這わないと進めませんが，這うと10秒はすぐに経ってしまいます．そういう意味で，地震が起きたとき，耐震性が乏しい建物からは逃げ出せばよいという考え方はきわめて甘いと思います．やはり建物をある程度耐震的にしてつぶれないようにしておかなければ，災害犠牲者の数は決して減らないでしょう．

6.5 文化財としての木造建築

最後に，古い木造建築のうちの伝統木造建築について見てみます．これは，単なるストックとしてだけでなく文化財としての視点も重要になります．

伝統木造建築といってもいろいろあり，一言でいうことはできません．東大寺大仏殿，法隆寺五重塔，それから町家や農家など日本古来の建物です．法隆寺は，1300年以上前に木造建築として建てられ，現代までその姿を保っていますし，町家や農家は，地方では観光資源や文化財として残され，町並み保存をしていくことが重要とされています．こうした伝統的な木造建築が1300年ももってきたとはいえ，地震に対して必ずしも強いとは限りません．こうした建物の構造性能を知るには，まず構造の仕組みを知らなくてはなりません．伝統木造建築は，鉄筋コンクリート造や鉄骨造のように，もともと構造的な性能を重視されてできたわけではないので，簡単に性能を評価できなかったのですが，こうした伝統木造建築のそれぞれの構造要素を少しずつ解明しようと，これまで研究が続けられてきました．

（1） 伝統木造の構造

社寺のような伝統木造建築の断面，たとえば柱の断面を見てみましょう．伝統的木造建築の特徴は，柱が現在の木造住宅のように3寸（9 cm）や4寸（12 cm）といった細いものではなくて，30 cmφとか45 cmφ，あるいは1 m近い太いものが用いられることです．また木造建築では，貫（ぬき）のような横架材がうまく柱と取り付くことによってフレームを形成します．それから伝統木造だと土壁とか板壁といった壁があります．これは耐震壁ともいわれるように，当然耐震的な要素としては重要な役割を果たします．それで基本的には柱梁というフレームと壁ができるわけですが，その上に屋根がのっていて，この屋根が小屋組によって形成されています．特に伝統木造の場合には，軒が深く出ていますが，これに関わる特別な要素として屋根とこうしたフレームの間の組物，斗栱（ときょう）と呼ばれる部材がありま

す．これは装飾なのか，あるいは構造的な性能があるのか，なかなか評価が難しいところですが，こういうものも実験的にどう評価していくべきか，という研究が進んでいます．

(2) 伝統木造の耐震性

図 6.8 は鎌倉にある円覚寺の舎利殿です．関東大震災で倒壊してしまいました．現在の姿とは少し違いますが，この形として今も建っていて，なおかつ国宝になっています．ここまで壊れてしまったものを元に戻しても国宝として残っている，という意味を考えてみて下さい．鎌倉の 164 のお寺と神社にある 600 近いこうした社寺建築が，関東地震のときにどういう被害を受けたか調査しました（図 6.9）．黒丸が倒壊したもので，ほとんどの建物が黒丸になっています．

図 6.10 は，社寺建築の被害と，当時の住宅の被害です．この頃の住宅は，今と比べれば圧倒的に耐震性能の低い建物です．横軸に住宅の被害率，縦軸に社寺建築の被害率を書いてあります．これは地区別に書いたものですが，おおむね相関関係があります．比較してみると，住宅の被害に比べて社寺の被害が大きい，つまりこの当時の社寺建築は，当時の住宅の耐震性能と同じか，あるいはそれ以下だった可能性があるということです．そこまで悪くいわないとしても，決して耐震性の優れたものではなかったのも事実です．

こういった建物をこれからも長く使っていくためには，耐震性を含めた修理や，補強，補修をしていかなければなりません．法隆寺も，1 300 年間何もせずに残っているのではなく，こうしたメンテナンスの結果として残っているのです．

図 6.8　関東大震災直後の円覚寺舎利殿（『鎌倉震災誌』）[3]

6.5 文化財としての木造建築

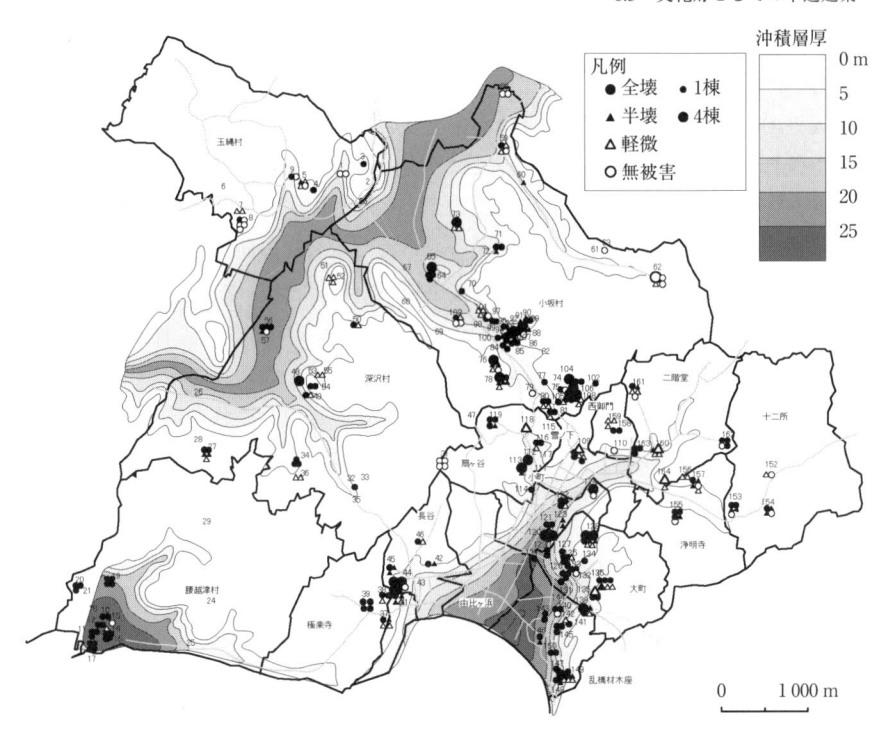

図 6.9 関東大震災での鎌倉の社寺建築の被害分布

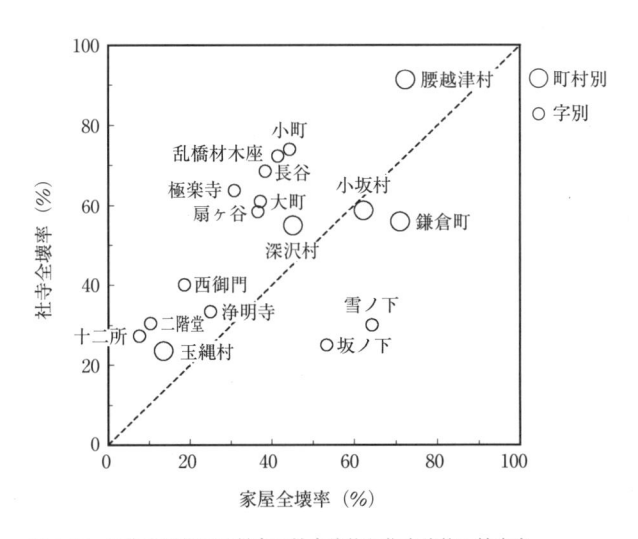

図 6.10 関東大震災での鎌倉の社寺建築と住宅建築の被害率

(3) 伝統木造の補強例

〈東大寺大仏殿〉

東大寺の大仏殿は日本で最大級の木造建物の一つです．当然，伝統構法で建てられた建物ですが，大仏殿の小屋裏には，実はこのように鉄骨のトラスが入っています（図6.11）．この鉄骨補強方法には賛否両論ありますが，大仏殿としての空間・機能を守りながら安全性を確保するために，当時の研究者，大工が知恵を出し合った結果，考えられる最良の方法を用いた結果と思います．

伝統木造の補強にあたっては，何を残すのか，見えないところで補強するのか，あるいは見えないところでもどういう補強をしたらいいのか，あるいは見えてもいいから綺麗な補強をするのか，こういった補強の思想をこれから考えていかなければなりません．

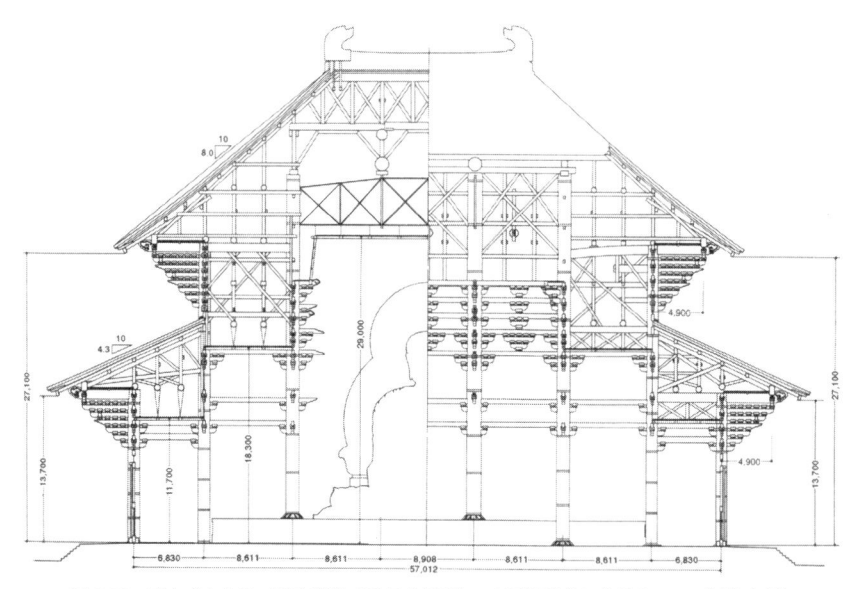

図 6.11 東大寺大仏殿（奈良県教育委員会提供）．小屋組部分に鉄骨トラス（図左上側）

〈関家住宅主屋〉

図6.12は横浜にある住宅で，解体修理をしました．2,3年前に補強設計をした建物なので，技術が進歩して，垂れ壁，腰壁，あるいは土壁が，ある程度，評価できるようになっていました．それによってこの主屋は，構造用合板とか丸鋼ブレースを使わず，垂壁，土壁といった伝統木造本来の耐震要素をきちんと評価

することによって，新たな耐震要素を加えなくてもよいという評価ができるようになりました．実際この建物は横浜にあって，関東大震災をくぐり抜けてきた建物で，ある意味実績がありました．その建物にさらに土壁，垂れ壁を評価すると，やはり現代の基準で考えても何とかなりそうだということになりました．このように技術が進歩すると，補強方法も合板やブレースだけではなくて，いろいろな要素を評価できるようになる可能性はもっているといえます．ただ残念ながら，やはり全部がすごいわけではなくて，部分的には先ほどの貫が抜け出さないようにとか，屋根の部材の取付け方法を少し丈夫にしていかなくてはいけない，それから床組はきちんと付ける，また足元，礎石が動かないように，というような補強をしています．

図 6.12　関家住宅主屋

6.6　木造建物をどのように守るか

　木造住宅などのストックは，もちろん安全性第一で補強方法を考えていかなければいけません．耐震診断・耐震補強を普及させなければいけない，ということでもあります．
　一方で，伝統木造のような文化財になると，話はそう単純ではありません．文化財でなくても伝統木造建築は，町のシンボル的な建物として町おこしの起点になることもあります．つまり建物を保存するときは，いろいろな価値観のなかで，

どの価値観を重要視するかによって，保存の仕方，あるいは補修，改修の仕方が変わってきます．もちろん，今述べたこの構造は，保存するなら安全にしなければいけません．耐震性能も耐久性もなければいけないというのは当たり前です．しかしその構造の補強方法にはいろいろあり，文化財でも出てきたように，なるべく見せない，あるいはなるべくオリジナルの材を傷つけない，といった補強方法もあるかもしれませんし，あるいは丸の内のビル街にあるように，外壁だけ保存すればいい，という保存の仕方があるかもしれません．構造的な問題，そして歴史的に見てその建物は一体どこに価値があるか，ということで，保存しなければいけない部位あるいは形体，構法があるはずです．また建物である以上使えなければいけない，という機能の問題もあります．せっかく保存をしても中がきちんと使えないなら，保存する意味があるかどうか，となってしまいます．あるいはコストの問題もあるかもしれません．

建築を保存するときに，いろいろな価値観があるということを考えなければなりません．考えた価値観のうち，どういうランク，本当は順位があるわけではないはずですが，どういう価値観を一番重要と考え建物の補強，補修あるいは保存がされているのか，考えてみて下さい．

なお本章では，坂本功先生（元 東京大学大学院工学系研究科建築学専攻教授）に資料提供いただきました．厚く御礼申し上げます．

■文献

1) 日本建築学会：構造用教材，丸善，1995
2) 国立天文台編：理科年表平成19年，丸善，2006
3) 清川采吉編：鎌倉震災誌，鎌倉町，1930
4) 国土交通省住宅局建築指導課監修：木造住宅の耐震診断と補強方法―木造住宅の耐震精密診断と補強方法（改訂版），日本建築防災協会，2004
5) 文化財建造物保存技術協会：重要文化財関家住宅主屋・書院及び表門保存修理工事報告書，2005

第7章 鉄骨造建築の耐震性に関する課題を考える

工学系研究科建築学専攻 **桑村 仁**

7.1 わが国の鉄骨造建築物

7.2 鉄骨造建築物の安全性

7.3 今後の耐震技術

7.4 耐震改修

甚大な被害をもたらした1995年の阪神・淡路大震災では，日本で初めて建築鉄骨の脆性破壊が確認された．写真は鉄骨の脆性破壊を実大実験で再現し，破壊のプロセスを観察したときの様子である（実験のビデオより）．

第7章　鉄骨造建築の耐震性に関する課題を考える

　力学的性能に優れた鋼材は様々な構造物の基幹材料です．しかし鋼材は，設計と溶接施工との技術的連携が大切で，それがなければ満足のいく鋼構造物はつくれません．特に，地震災害の多いわが国で耐震構造物として成立するには，この三者の総合性が重要です．ここでは，過去の地震被害の教訓をもとに現在の鋼構造物の耐震技術を総括し，さらに性能設計など今後の鋼構造の行方を展望してみました．

7.1　わが国の鉄骨造建築物

（1）　経済成長とともに発展した鉄骨造建築物

　まず，鉄骨構造が，わが国の建築のなかでどういうシェアを占めているのか説明します．図7.1 は横軸が西暦の時間軸，縦軸がわが国の新築建物の着工床面積です．戦後しばらく復興期があって，1960 年頃から建築の着工床面積は急激に伸びていますが，なかでも鉄骨構造の伸びが非常に大きい．これは，戦争中軍艦，戦車，大砲に使われていた鉄が，戦後民間の市民生活のなかにどんどん浸透していく過程で，鉄骨造の建物が急速な伸びを見せたということです．

　大きく鉄骨造，鉄筋コンクリート造，木造に分けると，現在は，鉄骨造が全体の約 40％です．木造も大体 40％で，鉄筋コンクリート造が 20％くらいになっています[1]．鉄骨造の比率がわが国は非常に高いのです．こういう国は世界には

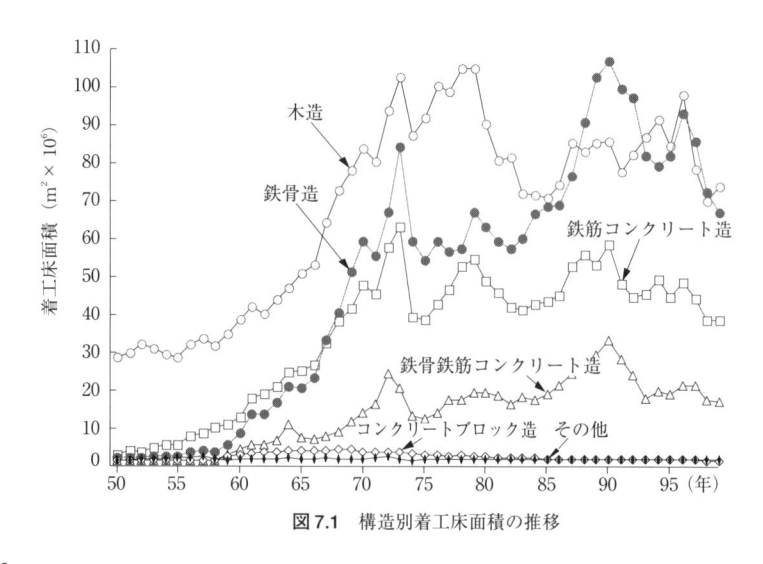

図 7.1　構造別着工床面積の推移

ありません.

なぜわが国の建築分野で鉄骨がこれほど普及しているのかというと，明治維新以後の官営八幡製鉄所からスタートした鉄鋼産業の育成という国策があったからでした．それが誘引した鉄の利用技術の発展がこれを支えているのですが，もう一つ大事なのは，わが国が世界有数の地震国であると

図 7.2 三井本館（東京都日本橋）
（写真提供：三井不動産㈱広報部）

いうことです．すなわち，地震に強い建物は，強靱な材料である鉄でつくるのがいい，という考えが昔からあったからです．鉄は木材やコンクリートよりも高価です．にもかかわらず，鉄を使うことのできる経済的な国力がある．それがこの鉄骨構造を支えているといえます．

その原点は，1929(昭和4)年に竣工した三井本館（図7.2）にあると思います．関東大震災が1923（大正12）年に起こり，大きな被害が発生したのですが，これはそのときの教訓により建てられた建物です．外見上鉄骨構造のようには見えませんが，中には1万トンの鉄骨が入っています．地震力をすべて鉄骨でもたせて，周辺のコンクリートの被覆で火を防ぐ耐火構造にしているのです．「絶対に耐震耐火たるを要す」というのが，当時からの設計思想でした．この建物は1998年に重要文化財に指定されています．

(2) 鉄骨造建築物の地震被害

次に，鉄骨の地震被害について説明します．地震は，未だ私たちの理解・知識が十分ではなく，計り知れない巨大な猛威をふるい続けています．したがって，鉄骨といえども，地震被害を免れることはできていない状況です．最も大きな被害を受けたのは，1995年の兵庫県南部地震のときでした[2]．この地震による地震動はいくつかの箇所で観測されて，非常に大きな揺れであったことが知られており，それが大きな被害の原因であったことは当然なのですが，そこに目を奪われていたのでは耐震技術が発展しません．耐震技術という観点から被害を分析してみる必要があります．

第7章　鉄骨造建築の耐震性に関する課題を考える

そういう目で見るとき，被害の原因と対策を，今わかっているものとまだわかっていないものに分けて考えるのがよいと思います．現在の耐震技術からすると，愚かなことをしてしまった，だからこういう被害を受けてしまった，というものが非常に多く見られます[1),3)]．それをいくつか紹介しましょう．

図7.3は，4階建ての鉄骨のアパートが1995年兵庫県南部地震で倒壊した例です．1階と2階の部分が，原型をとどめないほどつぶれて，多数の死者を出しました．この建物は，短辺方向で断面を見ると，図7.3(b)のような構造になっています．筋かいは地震によって発生する水平力を効果的に受け持つので，非常に重要な役割をするのですが，筋かいが破壊してしまっています．それと同時に，柱の根元の柱脚部分も破断しています．その状況が図7.3(c)です．ガセットプレートにボルトで接続されていた筋かいは外れてなくなっています．それだけなら

(a) 全景

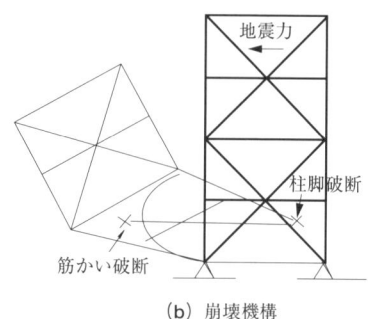

(b) 崩壊機構

(c) 筋かいの破断

(d) 柱脚の破断

図7.3　4階建て鉄骨造アパートの倒壊

この建物は何とかなったかもしれないのですが，さらにその後柱脚の部分が引き離されています．図7.3(d)は柱がついていたベースプレートです．ベースプレートはアンカーボルトによって基礎コンクリートに定着されているのですが，この痕跡が物語っているように，柱をベースプレートと全周すみ肉溶接していたわけです．そのすみ肉溶接（接合される板と板の隅に沿って三角形状の断面をした溶接金属を置いて接合する方法またはその部分）の強度がまったく足りなかった．だから，筋かいが切れた後，ここが分離して，柱が浮き上がる事態が生じ，それがおそらく致命傷になって，この建物が崩壊してしまったのでしょう．

いわゆる1981年の新耐震設計法という建築基準法の改正にともなって，新しい耐震設計の規定ができましたが，この建物はそれ以前に設計された建物で，接合部に対する配慮が不十分です．もう少し具体的，技術的にいえば，この筋かいの接合部は，いわゆる保有耐力接合になっていなければならなかった．すなわち接合部の破断耐力が，筋かいの降伏耐力よりも大きくなければならなかったのです．そうすれば，接合部が破壊する前に，筋かいが十分伸びて，地震のエネルギーを吸収することができたはずです．

柱脚のように重要なところに，こんな脚長の短いすみ肉溶接をしていたのでは，上部からの力を基礎に伝えることはできません．もう少しすみ肉のサイズを大きくしておくか，あるいは完全溶込み溶接（応力を伝える継目の厚さが母材の厚さより小さくならないように継目全体に溶接金属を充填する方法またはその部分）にしておく必要があったわけです．現在の法律で見れば，この建物は既存不適格です．

図7.4(a)は，2方向ワンスパンの4階建ての建物が転倒崩壊してしまった恐ろしい光景です．2階の角形中空断面の柱の溶接強度が不十分で外れてしまったのです．もう一つの柱も同様に外れてしまって，上部がそのまま転倒して，地面のほうに落ちていく．ですから3階の床の下が見えているわけです．

外れてしまった鉄骨柱の溶接は図7.4(c)のようになっていて，ダイアフラム（隔壁板）を介して，上の柱と下の柱を溶接しているわけですが，ここの強度がまったく足りないという状況です．こういう重要なところは，ここに見られるようなすみ肉溶接ではなく，完全溶込み溶接にしておき，柱の応力をフルに伝えることができるような溶接構造にしておく必要があったのです．

図7.5 (a) は駐車場の建物が大破したものですが，接合部のディテールデザインがまったくなっていない．筋かいが柱と接続されています．そのときに，ガセ

第7章　鉄骨造建築の耐震性に関する課題を考える

(a) 2階柱上下端の破断

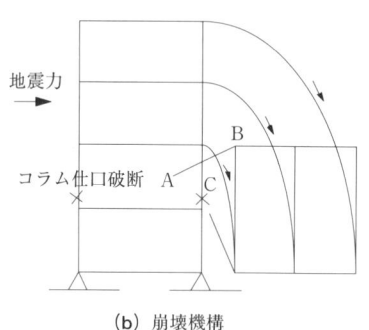

(b) 崩壊機構

(c) コラム仕口の破断

図7.4　柱の溶接破断による転倒

(a) 全景

(b) 筋かい端溶接部の破断

図7.5　駐車場建物の大破

(a) 全景　　　　　　　(b) 鉄骨の脆性破壊
図 7.6　メガストラクチャー形式の建物

ットプレートという板にこの筋かいをボルト接合し，ガセットプレートを柱に溶接しているのですが，柱のウェブの真ん中に溶接してしまった．そうすると，ウェブを面外に引っ張る力が発生して，引きちぎられて，孔があいてしまった．力学的に力の流れを考えると，弱い構造であるのは明白です．力が作用する方向のフランジの部分に力が流れていくように，ディテールデザインをしなければならなかったわけです．このようにちょっとした弱点があれば，集中攻撃を受けることになるのです．これが地震の被害でよく見られる形態です．ですから建物に弱点をつくらない入念な配慮が必要なのです．

一方，まだよくわかっていない被害として脆性破壊があります．二つの例を紹介しましょう．図 7.6 は高層住宅で，メガストラクチャーといわれる形式の構造になっています．兵庫県南部地震のときに，その柱に脆性破壊が起こりました．脆性破壊は構造物全体の崩壊につながることが，船舶や橋梁でよく知られているので，新聞紙上でもいろいろとりあげられました．

そして，技術者がもっと注目したのは，建築鉄骨で今や大半を占めているラーメン形式の骨組に脆性破壊が起きたことです．しかも，これは 1～2 棟だけでなくて，100 棟ぐらい報告されました．その典型的な例が図 7.7 で，梁と柱が接合されている部分に脆性破壊が起こっています．

よく見ると，塗装がはげており，大きなひずみが発生した，すなわち降伏した状態で脆性破壊が起こったことを意味しています．なぜ脆性破壊であることがわ

第7章 鉄骨造建築の耐震性に関する課題を考える

(a) 梁端溶接部の脆性破断　　　　(b) 脆性破壊の破面

図7.7　ラーメン骨組の梁の脆性破壊

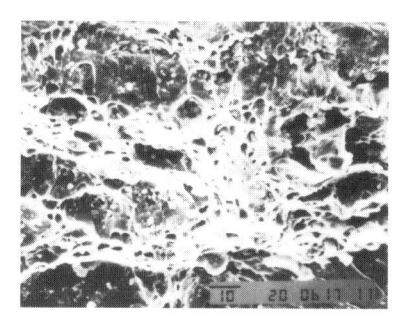

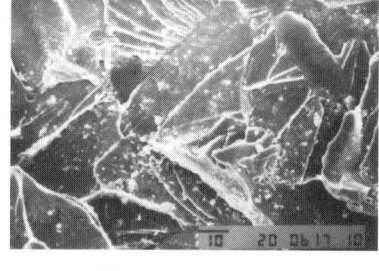

図7.8　ディンプルパターン　　　図7.9　リバーパターン

かるかというと，この建物は解体するということだったので，サンプルをもらい，私の研究室で調査をしたからです．ここのサンプルはH形鋼の梁が使われていて，破面を肉眼で観察すると，いわゆるシェブロンパターン（破壊の進行方向に生じる激しい凹凸模様）という脆性破面特有の破面が見られました．

図7.7(b)のように破面の模様が末広がりに広がっていって，その根元をたどれば，破壊の起点がわかります．破壊の起点をもう少し丁寧に電子顕微鏡で1 000倍ぐらいに拡大すると，破壊の起点には図7.8のように延性破面であることを表すディンプルパターン（小さなくぼみが網目状に広がった模様）が見られます．そこから破壊が進行している部分を見ると，図7.9のようなリバーパターン（金属の結晶粒を次々に引き裂きながら破壊が進行してできる川の流れに似た模様）といわれる脆性破壊が進行したことを表す破面が観察されます．

これは，脆性破壊がいわゆる溶接欠陥とか，何か最初に初期欠陥があって，そこから起きたのではないことを表しています．脆性破壊の引き金になったのは，地震によって延性亀裂が入り，それが地震で揺れてある程度の深さに成長したときに，その先端から脆性破壊が一気に突っ走っていくというメカニズムであった

ことを物語っています．実験室でも再現実験を行い，まったく同じ破壊の形態が確認されました．

延性亀裂が入らないように工夫すれば，まず脆性破壊は起きません．これについては研究がかなり進んで，延性亀裂が発生する条件式が方程式で表されるところまできましたが[4]，その延性亀裂が脆性破壊に転化して，一気に脆性破壊が進行してしまう条件については，まだよくわかっていません．このあたりが今後の課題だと思います．

もう一つ，先ほどの高層アパートもそうでしたが，100棟余り報告された梁の端部の脆性破壊は，いずれも致命的と思われました．脆性破壊した梁の端部は，もはやラーメンとして曲げモーメントを伝達することができません．恐ろしく致命的な破壊が起こっているにもかかわらず，倒れた建物は1棟もなかったのです．それはとても幸いだったわけですが，その原因はまだよくわかっていません．いろいろな見解は示されているものの，まだ理論的に証明されていないし，実験的にもまだ十分確認されていません．

建築構造物は，ある意味で巨大なシステムで，非常にたくさんのエレメントで構成された，いわば複雑系になっています．しかし，そのなかの一つ，あるいは複数のエレメントが破壊したときに，全体のシステムは破壊しないメカニズム，いわゆるフェイルセーフについてはまだよくわかっていないというのが実情です．フェイルセーフの力学は航空など他分野では非常に進んでいるようですが，地震入力というかなり不確定要因を含んだ建物のシステムとしてのフェイルセーフの機構については，今後の重要な課題になると思われます．

7.2 鉄骨造建築物の安全性

このように鉄骨造建築物は強靱な材料を使っているにもかかわらず，地震の被害をなかなかゼロにできません．これは，地震という自然の猛威を私たちが十分に理解していないからです．今までの経験を積み重ねながら，鉄骨造建築物の地震に対する安全性はどんどん向上していますが，それを振り返り，現状がどうなっているか説明しようと思います．

地震に強い鉄骨造建築物をつくるためには，三つの条件が必要です．材料，施工，設計です．まず，材料がよくないと駄目です．次に施工．特に溶接が不適切では話にならない．先ほど不適切な溶接がたくさん出てきましたけれども，溶接

の品質管理はきわめて重要です．それから構造設計の質が大事です．ディテールデザインもさることながら，骨組の組み方も含めて，後で触れますが，設計者の技量も非常に重要です．これら三つが全部そろっていないと，建物にどこか弱点を生じてしまって，地震のときはそこが集中攻撃を受けることになるのです．

(1) 材料

まず材料ですが，建築鉄骨にはいわゆる構造用鋼材が使われます．そのほとんどが日本工業規格（JIS）で規定されており，そのなかで特筆すべきものが一つあります．1994年に制定された比較的新しい鋼材で「建築構造用圧延鋼材（JIS G 3136）」というものです．これは，建築鉄骨の耐震性能を向上させるために制定された，世界には類のない鋼材です．この建築構造用圧延鋼材は，SN鋼と略称され，規格は表7.1のようになっています．

まず，この鋼材の記号にある400あるいは490という数字は引張強さの規格最小値を表しています．末尾についているA，B，Cという記号が実は重要で，これはその強度のなかで，さらに品質を分類，グレード分けしたものであり，BグレードとCグレードが重要です．いずれも降伏比（引張強さで降伏強さを割ったもの）と降伏点のばらつきの範囲が規定されているからです．薄い板はあまり重要なところに使われないので降伏比は規定されていませんが，板厚が12 mm

表7.1 建築構造用圧延鋼材の力学的性質の規定値（JIS G 3136）

種類の記号	降伏点または0.2%オフセット耐力（N/mm²） 厚さ t（mm）				引張強さ（N/mm²）	降伏比（%） 厚さ t（mm）				伸び（%）			厚さ方向の絞り（%） 厚さ t（mm）	0℃シャルピー吸収エネルギー（J）
										1A号	1A号	4号		4号試験片圧延方向
										厚さ t（mm）				
	$6 \leq t < 12$	$12 \leq t < 16$	16	$16 < t \leq 40$	$40 < t \leq 100$		$6 \leq t < 12$	$12 \leq t < 16$	16	$16 < t \leq 40$	$40 < t \leq 100$	$6 < t \leq 16$	$16 < t \leq 50$	$40 < t \leq 100$	$16 \leq t \leq 100$	
SN400A	235以上				215以上	400以上510以下	制限なし					17以上	21以上	23以上	制限なし	制限なし
SN400B	235以上	235以上355以下			215以上		制限なし	80以下				18以上	22以上	24以上	3個の平均25以上，最低15以上	27 J以上
SN400C	/	235以上355以下			335以下		/	80以下							3個の平均25以上，最低15以上	
SN490B	325以上	325以上445以下			295以上	490以上610以下	制限なし	80以下				17以上	21以上	23以上	制限なし	
SN490C	/	325以上445以下			415以下		/	80以下							3個の平均25以上，最低15以上	

以上，Cグレードだと 16 mm 以上については，降伏比が 80 %以下でなければなりません．

降伏点は，従来はいくら以上という規定しかありませんでした．これはいわゆる許容応力度設計するときは，降伏点の手前までしか使いませんから，降伏点がある値以上あれば大丈夫だという発想だったからです．ところが，SN 鋼は上限を規定しています．たとえば SN400B で見ますと 235 N/mm² 以上，ここまでは従来どおりなのですが，355 N/mm² 以下でなければいけない．上限と下限の幅は 120 N/mm² とやや大きいとはいえ，上限も与えているのです．こういう降伏比の制限，それから降伏点の幅に制限を与えた鋼材は世界にも例がなく，わが国特有のものです．

この制定に至る前には，長い長い苦労話があるのですが，それは省略して，なぜこういう規格をつくる必要があったのかを説明したいと思います．図 7.10 は，ビームあるいはビームカラムの数値解析ですけれども，ビーム（梁）というのは曲げモーメントが作用するわけです．ラーメンの柱に代表されるビームカラムになりますと，圧縮軸力 P が同時に作用します．このような状況で，地震のときには曲げモーメントがぐっと増えていくわけです．そうすると降伏し，その後，すぐに破壊してしまったのでは，耐震性において不適格な鋼材ということになってしまいます．粘り強くなければいけないわけです．横軸は曲げモーメントを与えることによって，いくら回転するかを θ_P という弾性限の回転角で基準化して表しています．縦軸は曲げモーメントで，これは全塑性モーメントで基準化しています．

グラフは降伏比が低い場合（77 %），それから高い場合（93 %）の数値解析の結果です．たとえば梁のように軸力比がゼロ

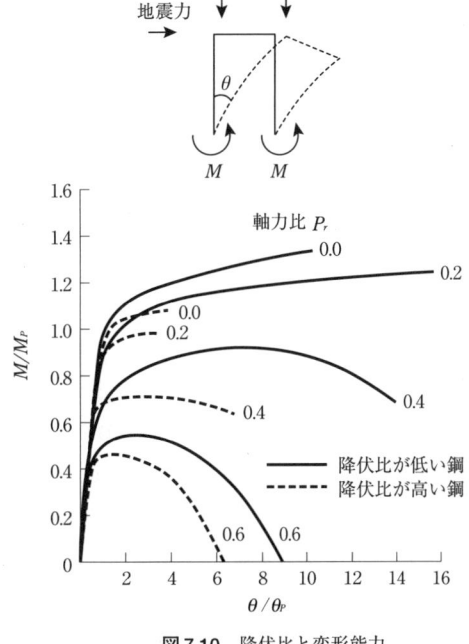

図 7.10 降伏比と変形能力

だと，降伏比が高い場合には，降伏比が低い場合の半分以下の変形で破壊してしまうというわけです．柱の場合，軸力比は多くは0.2から0.4の間にありますが，そのあたりで見ても，降伏比が低いもののほうがはるかに変形能力が優れていることがわかります．たとえば，高張力鋼は降伏比が非常に高いですね．ですから建築では耐震のことを考えて，あまり高強度の鋼材を使うことはためらい，制限をしています．脆いからです．

地震の脅威は計りがたいものがありますから，弾性限は軽々と突破されてしまいます．その後塑性変形をすることによって，地震の入力エネルギーを吸収して，地震が去るのをじっと耐え忍ぶ構造でなければならない．ですから，材料の降伏比を押さえた鋼材を使って，柱とか梁の一つ一つの部材の変形能力を確保しておく必要があるわけです．

それから，もう一つは降伏点の制御です．先ほどいったように，SN鋼はBグレードとCグレードで降伏点の下限だけではなくて，世界で初めて上限まで設定したわけです．これが何を意味するのか，図7.11で説明されています．横軸が鋼材の板の厚さで，縦軸が降伏点（YP）です．このプロットが従来の構造用鋼材の実態で，とてもばらついているということなのです．従来の鋼材は，降伏点がいくら以上あればよいという規定だったから，青天井だったわけです．上はいくら強度が高くてもいいということだったから，当然といえば当然です．それを，下限と上限を決めて，ある範囲に収めてほしいというわけです．ここで構造制御と密接な関係が出てきます．

図7.12は構造物の崩壊メカニズムと変形能力の関係を表したものです[4]．ラーメン骨組に地震の水平力が加わると，いろいろなところに塑性ヒンジ（全塑性モーメントを維持したまま回転する節）ができて，最終的に崩壊するのですが，その塑性ヒンジが柱にできるか，梁にできるかによって，様相が相当に変わってきます．たとえば図7.12に三つのパターンがありますけれども，タイプ1というのは，1階の部分の柱に塑性ヒンジができて，1階が層崩壊をしています．こういうものは非常に脆い．図7.12の荷重と変形の関係を見るとわかるように，横軸が建物頂部の水平変位 δ で，縦軸が基準となる荷重の何倍の荷重をかけているかという意味のロードファクターですが，最大耐力に到達した後，タイプ1はあっという間に崩壊する．

一方タイプ3は，いわゆる梁崩壊型の骨組といわれるもので，塑性ヒンジが梁の端部にできています．そのため局部的な崩壊は起きずに，建物全体が横移動す

7.2 鉄骨造建築物の安全性

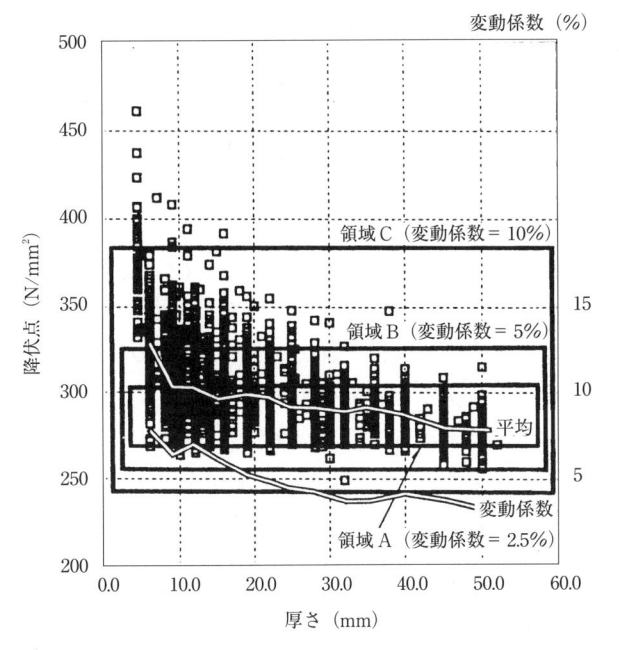

図7.11 降伏点応力度の分布

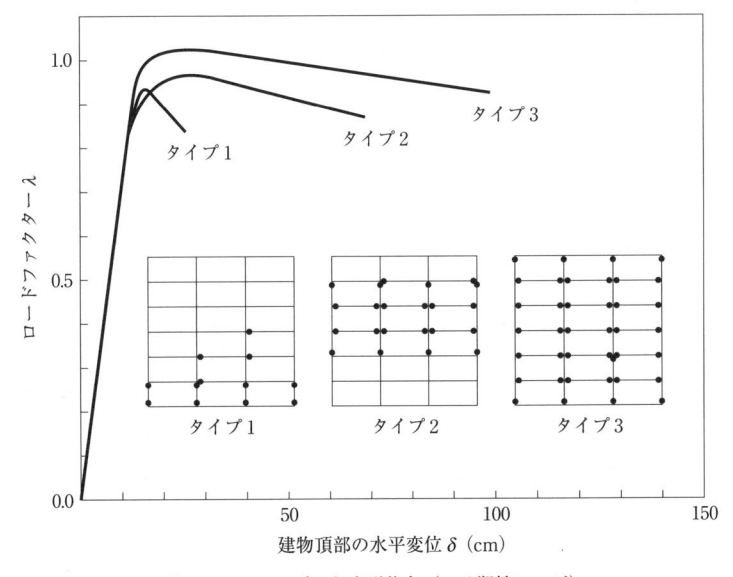

図7.12 メカニズムと変形能力（●は塑性ヒンジ）

るというメカニズムです．このようになると，塑性ヒンジの数が非常にたくさんできますから，エネルギーの吸収能力が圧倒的に高くなる．それは何に現れるかというと，荷重と変形の関係で，先ほどのタイプ1に比べると明らかに粘り強い，耐力を維持したままずっと変形することができる性質を示すわけです．ですから，こういう崩壊メカニズムを制御する設計手法が，今ではとられています．

この制御設計では，所定の曲げモーメントに達したら，そこで確実に塑性ヒンジができないといけないわけです．そのときに降伏点の上限を規定しなかったら，そこに塑性ヒンジができるはずなのに，いつまでたってもできないことになってしまいます．そうすると構造制御はできない．そういうことから，降伏点の制御，上限も設けようということになったわけです．

図7.13は，200ほどの建物をコンピューター中で仮想的につくり，その建物の柱や梁の材料の降伏点に，図7.11のレンジA，B，Cというばらつき範囲をもった乱数を与えて，崩壊するときのメカニズムを調べたモンテカルロシミュレーションの結果です[5]．崩壊するメカニズムに何階分の崩壊層が含まれるかが大事です．6階建ての建物でシミュレーションをしたのですが，Nが6というのが全層崩壊で，一番粘り強い．Nが1というのは，どこか単層の局部的な崩壊で一番脆いわけです．

図7.13のように降伏点のCOV（変動係数：Coefficient of Variation）を小さくしてやると，どんどん右側のほうにシフトしていきます．すなわち設計者が考えている全体崩壊機構が生じ，局所崩壊が起きないような粘り強い建物となる傾向が，統計的に明らかに見られるということです．

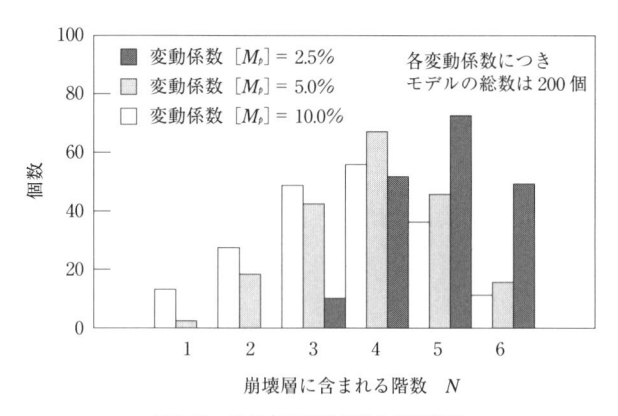

図7.13 降伏点の変動係数と崩壊機構

以上のようなことで，降伏比を80％以下，降伏点のばらつきの範囲を規定したSN鋼という，世界に例のないこの鋼材は，わが国が地震で被害を受けたことに対する教訓から生まれた新しい鋼材であるわけです．

(2) 施工（溶接・接合部）

さて次は溶接です．先ほどの被害の例でも説明しましたが，材料がよくても溶接がいい加減で，強度が確保されていないと，話になりません．わが国ではそれだけでなく，溶接という熱的な入力がある状態で，材質の変化まで考えています．いくらよい鋼材を使っても，溶接の熱によって脆くなってしまうと，せっかくいい材料を使った意味がなくなるのです．それから，溶接した部分はかなり複雑なディテールになります．ディテールが複雑になればなるほど，そこは応力集中やひずみ集中が起きるところとなり，弱点をつくってしまいます．その二つについて配慮しています．

まず溶接入熱ですが，図7.14の横軸は溶接の入熱量です．入熱量はJ/cm，1cmの溶接で何ジュール投入するかというような単位で表します．それから縦軸が0℃シャルピー吸収エネルギーです．これはシャルピー衝撃試験を0℃で行ったときに，そのサンプルがいくらのエネルギーを吸収したかということです．ジュール［J］の単位で表します．すなわち，このシャルピー吸収エネルギーが高いものほど粘り強い材料であり，脆性破壊が起こりにくいことを表すわけです．

建築鉄骨で用いられる溶接にはいろいろな種類があります．手溶接，人がマニュアルで行う溶接です．それからCO_2溶接．溶接をするときにはアークを大気から遮断する必要があり，そのときに二酸化炭素を使います．そのほかサブマージアーク溶接，エレクトロガス溶接，エレクトロスラグ溶接があります．詳細は省略しますが，この順番で入熱量が大きくなっていきます．

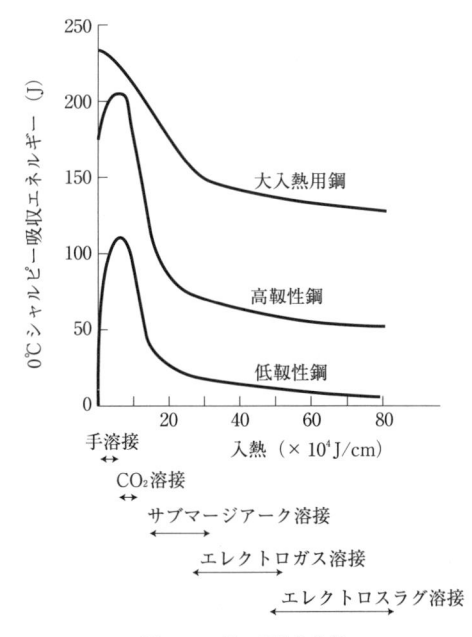

図7.14 ボンド脆化曲線

入熱量が大きくなると，0℃シャルピー吸収エネルギーが低下します．そういうことも考えて，大入熱対策用の鋼材も開発されていますけれども，いずれにせよ，入熱が大きくなると破壊靱性が低下することがわかります．熱影響部が脆性破壊の危険にさらされる可能性が高くなってくるということです．これは避けがたいことで，先ほどもいいましたように，塑性ヒンジができて，そこがエネルギー吸収源になることを期待するようなところで脆性破壊が起こるとよくない．だから，そういうところでは，大入熱溶接を控えるよう，溶接の品質管理を行っています．

実際は，鉄骨造構造物の生産性を考えると，大入熱溶接で行いたい．大入熱溶接でやると，一つの溶接ビードすなわちワンパスだけで板と板がくっついてしまいます．ものすごい熱量を投入しますから，そのときに溶ける鋼の量は非常に多くなるわけです．だから分厚い板もあっという間にくっつきます．ところが手溶接とか CO_2 溶接とかで行うと，何回も何回も時間をかけてやらないといけない．ですから，作業効率は非常に悪くなります．だから，本当は大入熱溶接を行い生産効率を上げたいけれども，それをやると，図 7.13 にあるように脆化するわけです[1]．耐震上は性能，品質が低下します．このへんのバランスをよく見極めながら，鉄骨の溶接をすることが大切です．おそらくここまで配慮している国は，ほかにないと思います．

それから接合ディテールも，いろいろな工夫がなされています．かつては図 7.15 のようなディテールが使われていました．これは柱と梁がぶつかるところで，地震の水平力がきたときに一番大きな曲げモーメントが発生し，その曲げモーメントがもたらす引張応力度で，梁のフランジが破壊することが起こる重要なところです．ですから，ここが弱点にならないようにしておくことはきわめて重要なのです．

柱に梁を溶接するために，梁のウェブの部分がじゃまになるので，スカラップという孔をあけていました．そうすると，スカラップのルートから破壊が一番よく起こるわけです．図 7.16 のように，ここをいろいろ工夫して，スカラップのルートのところが露出しないようにしようとか，少し丸みを与えて応力集中が少なくなるようにしようとか，スカラップは完全にふさいで溶接施工しようとか，試行錯誤して，かなり性能がアップしてきました．柱と梁の仕口のディテールで，こういう工夫をしているところは，ほかの国ではなかろうと思います．このように溶接施工でも，あまり効率を重んじると品質が下がるので，生産性と耐震性は，

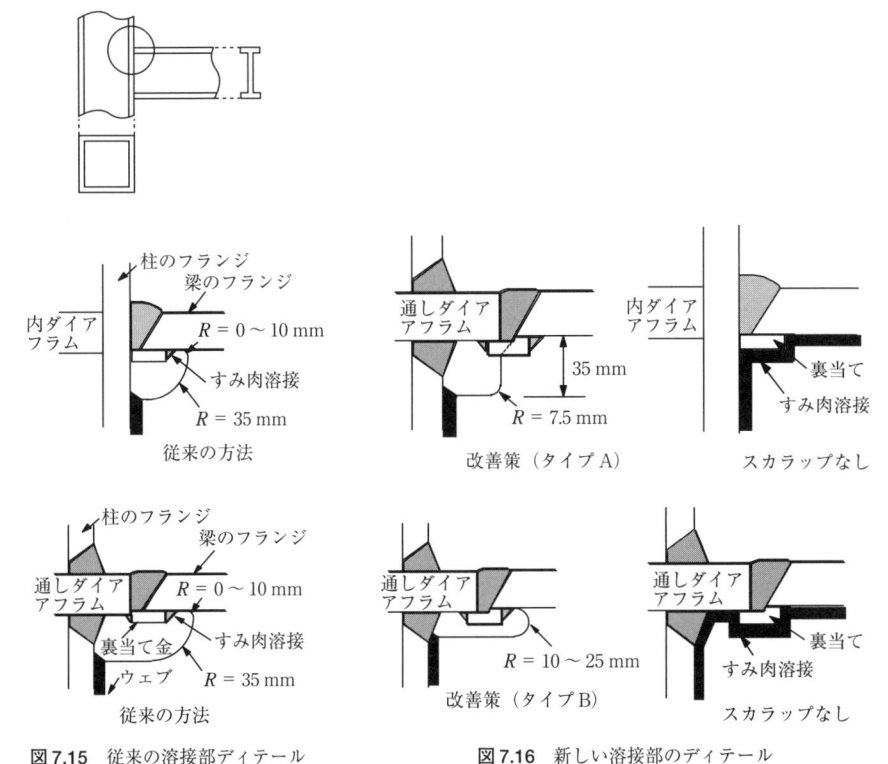

図7.15 従来の溶接部ディテール

図7.16 新しい溶接部のディテール

いつもせめぎ合いながら技術開発されているということです.

(3) 設計

地震に対する鉄骨の安全性は，設計によるところが非常に大きい．一番のポイントは，地震による大きなエネルギー入力を上手に吸収させてやるということです．その技が設計者にかかっているのです．最近では，構造制御のコンセプトがかなり浸透してきました．これは地震を受けたときに，建物はどのように壊れるかを考えて設計するということです．

その最も代表的なものが，先ほど少し説明した，図7.17の梁降伏先行型耐震構造といわれるものです．梁の端部に塑性ヒンジを生じさせ，建物全体が地震に抵抗するメカニズムになるように設計するものです．途中の柱を降伏させると，そこが層崩壊を起こしてよくないので，脚部だけ柱が降伏するというような設計です．こういう構造制御をするためには，先ほどもいいましたように，材料の適

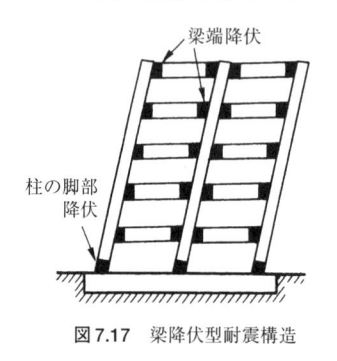

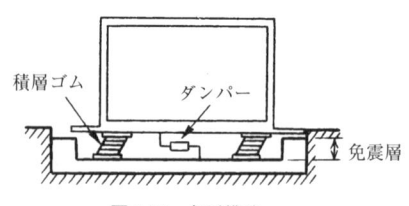

第7章　鉄骨造建築の耐震性に関する課題を考える

図7.17　梁降伏型耐震構造

図7.18　免震構造

切な選択が非常に重要になってくるわけです．所定のところで，ちゃんと塑性ヒンジが生まれるように，強度をコントロールしておかなければならないのです．

最近では，免震・制震構造がだいぶ普及してきました．図7.18のような免震構造は，通常は建物の基礎の下に積層ゴムを入れます．これだけだと変位が大きく出てしまうので，ダンパーも併用した免震層として，地震のエネルギーをある意味ではここで遮断してしまうのです．

ところがこれでは，建物の基礎があって，さらに免震層を支える基礎があるというように基礎構造がダブルになり，建設費用がかさんでしまう．さらに建物が非常に長周期になるので，長周期地震動がきたときに，ひょっとしたら共振を起こしてしまうのではなかろうかという懸念も最近指摘されています．そういう面は今後のいろいろな研究開発のテーマになっていくと思われます．

この免震構造は，上部構造がわりと堅い鉄筋コンクリート構造物とか，あるいは最近では住宅にも多いようです．一方，建物全体が比較的柔らかい鉄骨造建築物では，別のスタイルのものが普及しています．それは図7.19の第一層免震構造といわれるものです．これは従来の免震構造が，基礎がダブル構造になって，建設費がかかってしまうので，1階部分を免震層にしてしまってはどうかというものです．この1階の部分に，地震エネルギーを吸収するダンパーを装着して，エネルギーを吸収させ，第一層をいわば免震層にするわけです．

あるいは，図7.20のような連層のブレースにダンパーを装着して，これでエネルギーを吸収させる制震構造です．鉄骨造建築物ではわりと効果的といわれています．もちろんこのダンパーは，地震の繰り返しのひずみ履歴で破壊してはいけないので，十分な塑性変形，エネルギー吸収の能力をもっていなければいけません．こういう材料の開発が非常に進んだことと，地震応答解析の技術が最近非

図7.19　第一層免震構造

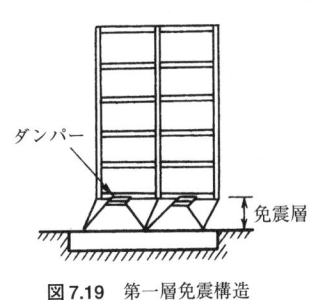

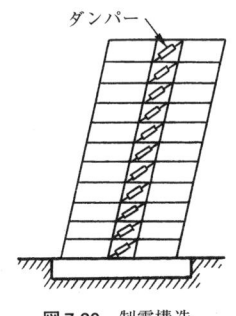

図7.20　制震構造

常に進歩したことが，こういう免震・制震構造を実現する土台や技術的な基礎になっているのです．

さて，ここまでは鉄骨の耐震技術の歩みを概観しましたので，ここからは今後の耐震技術がどうなっていくのか，お話ししようと思います．

7.3　今後の耐震技術

(1)　新しい耐震設計の気運

これまでの耐震技術は安全性一点張りでした．大地震のときに人の命を救うことが大事であり，建物は崩壊してはいけない，いわゆる安全性至上主義です．そういう道を，これまでの耐震技術は歩んできました．

ところが，1990年頃から別の視点が生まれてきています．きっかけは1989年のロマプリータ地震です．これはサンフランシスコ湾で起こった地震で，マグニチュードは7.1とそれほど大きな地震ではなく，死傷者もほとんど出ませんでした．建物の倒壊がほとんどなかったのです．安全性を確保するという意味で耐震設計の技術は勝利したわけです．

ところが，このとき建物（やインフラ）の被害により非常に大きな経済的損失が発生してしまいました．70億ドルといわれています．そのとき，安全性についてはある程度勝利を収めたから（私自身は必ずしもそう思っていないのですが），今度は経済的損失を最小化する方向で耐震技術を考えていかなければいけないのでは，という発想が生まれたのです．

そういう視点で，この地震の被害をきっかけに，カリフォルニア構造技術者協会 SEAOC（Structural Engineers Association of California）という組織が，

155

1992年に「ビジョン2000委員会」を編成しました．人命保護だけではなく，財産の保全という面で新しい耐震技術をつくっていくことを検討し始めたのです．

この委員会は，1995年に最終報告書[5]を出しており，設計だけでなく，施工や維持管理なども含めた総合的な耐震技術をまとめています．そこで彼らが用いたのは，性能設計，パフォーマンス・ベースト・デザインというものでした．建物のパフォーマンスには何種類かあり，安全である，人の命を守れるのは，そのパフォーマンスの一つであって，それ以外にもいろいろなパフォーマンスがあり，そのなかで彼らが一番重視したのが，ストックの保全，財産の保全というパフォーマンスでした．そういったものも含めて，性能設計をつくっていこうという最終報告書をまとめたのです．

1994年に，同じくカリフォルニアで，ノースリッジ地震というマグニチュード6.7の地震が起きました．このときは経済的な損失が総額200億ドルといわれています．ノースリッジ地震も，このSEAOCの性能設計の方向に拍車をかけました．

ノースリッジ地震は，1995年1月17日兵庫県南部地震のちょうど1年前の1994年1月17日に起こったのですが，日本と同様に鉄骨の脆性破壊が発生していました．彼らは日本より1年前に鉄骨の脆性破壊を実際の地震で経験したのです．彼らも非常に驚き，カリフォルニアを中心にチームをつくり，FEMAからの研究助成でSAC Joint Ventureというのができました．ここで，この脆性破壊に対する対策も含めたかたちで，耐震性能設計の報告書[6]が出されました．このあたりに安全性＋ストック保全，財産保護という視点をもった性能設計法への，一つの大きな流れの出発点が見られます．

わが国はどうかといいますと，当時の建設省が総合技術開発プロジェクトを1995年にスタートさせて，性能設計の検討を3年間行いました．1995年の兵庫県南部地震はマグニチュード7.2で，6 000人を超える死者を出しました．そして，10兆円もの物的損害も発生したのです．アメリカとある意味では歩調を合わせる形で，性能設計の検討をしようということになったのです．同時に，1996年に日米首脳会談（橋本・クリントン会談）が行われて，住宅の市場開放が外圧として出てきたのです．住宅が主ですが，性能設計の必要性も外圧としてかかってきたので，ある意味でやらざるを得なくなったわけです．

この総合技術開発プロジェクトの成果[7]は，基本的には先ほどのSEAOCの「ビジョン2000委員会」の流れを汲んでいて，2000年に施行された改正建築基

準法の性能に基づく性能規定型の設計法が改正建築基準法の一つのベースになっています．

このように，性能設計法がスタートしたのは，安全性がある程度満足できるようになったので，ストックの保全のほうまでフォローできるようにしようということなのですが，実はこの性能設計法にはもっと大きな意義があります．それは，今まで設計者だけが理解していた建物の性能を，設計者と建築主・建物の使用者がともに理解する，そういう意義をもつ設計法であるいわれています．

これは，ある意味では当然です．性能設計法が，人命保護という国あるいは行政が決めた安全性のレベルだけを満足しておく従来の方法から，財産の保全というところまでフォローしようとすると，当然従来のものよりも建設費が余計にかかります．それを建築主，消費者に説明できなければいけないわけです．ですから結局，性能設計法というのは，費用対効果の説明責任が設計者に発生することを自動的に意味します．ということで，性能設計法は，ある意味では設計法の革命的な流れを生みつつあるともいえます．

(2) 性能設計法のスキーム

そこで，設計者と消費者・建築主が，建物の性能の理解を共有するインターフェースは何かということですが，それが表7.2の性能マトリックスといわれるものです[8]．これは，横軸が荷重外力のレベル，縦軸が性能のレベルになっています．このレベルを何段階に分けるかは，いろいろなケースがありますけれども，ここではそれぞれレベル1から4の4段階ずつに分けています．この荷重外力は地震の大きさだと思っていただければよいでしょう．レベル1は地震が小さい．レベル4だと地震が非常に大きい．発生頻度で見ると，頻度が高い・低い，あるいは再現期間で見ると短い・長いといった，いろいろな表現が可能です．いずれにせよ，レベル1からレベル2，3，4になるにつれて，荷重外力，地震力が大きくなることを意味します．

それから，アウトプットは性能レベルになっています．レベル1はほ

第7章　鉄骨造建築の耐震性に関する課題を考える

とんど損傷がない，レベル4はかなり大きな損傷を受けてしまう，というものです．通常の目標性能は図の白丸です．地震が大きくなれば被害のレベルも大きくなりますので，損傷度が大きくなり，プロットした丸は必ず右下がりになります．ところが，図の二重丸とか星印にすると，建物の性能が上がるわけです．かなり大きな地震でも，損傷のレベルはきわめて小さいというのが星印です．こういうことは当然，技術的に可能ですが，それはすなわちコストもともなうわけです．

今までは国が決めた白丸のレベルだけでみんな設計していたのですが，建物によっては非常に重要なものもあるし，公共性がきわめて高いものもある．それから地震災害のときに，いろいろな救援活動の拠点にならなければならないような建物は重要ですから，そういったものは性能を上げていく必要がある．そういうことができるようにしたいということです．設計者と使用者・施主が，どこを狙ってこの建物をつくるか最初に相談するときに用いるのが，この性能マトリックスなのです．

問題は，この性能レベルをどうランク分けすればよいかです．レベル1，2，3，4は，国によって，あるいは構造の形式によって，考え方が微妙に違っています．表7.3は日本建築学会で4年間ほど検討した結果です．わが国において，建築鉄骨はこういう性能表示が一番よいだろうということで，一応最終的な案になったものです．レベルは1，2，3，4，5とあります．5は崩壊になっていますので，これは通常は許容されません．レベル1は機能維持，レベル2が無損傷，レベル3が修復可能，レベル4が人命保護です．今までの耐震設計は，安全であることというレベル4を最重点課題として取り組んでいたのです．この性能表示の特徴は，それだけでなくて，機能維持，無損傷，修復可能をさらに付け加えたのです．

この性能表示には三つの原則があります．先ほどもいいましたように，設計者とユーザーが，お互いに理解しなければならないので，この性能の表示は意味がなければなりません．誰に意味がなければいけないかというと，使用者にです．ですから，設計者が勝手にレベルをつけても，この建物を買う人，あるいは建物を使う人にとって，その性能に意味がなければいけない．それが一つです．

それから2番目は，同定が容易であるということです．たとえば無損傷となるように性能設計しますといったときに，それは何を意味するのかと．コンクリートのひび割れは無損傷かと，なかなか微妙なところがありますね．損傷が起きているかいないか，きちんと説明できなければいけない．そういうのが2番目です．

3番目は，工学量を使って，たとえば変位，応力，ひずみなどの工学量を使っ

7.3 今後の耐震技術

表 7.3 性能表示[8]

性能レベル	評価対象別の被害状態					その他所見
	建物全体	構造体	非構造部材	建築設備	収容物	
レベル1 機能維持 Functional (機能限界)	快適性や居住性、作業性が維持され、平常どおりの生活や作業が可能。	損傷や劣化は生じない。	損傷や劣化は生じない。感覚的障害をもたらすたわみや振動は生じない。	平常どおり稼働する。	完全に保護される。	使用者に不便は生じない。無被害。
レベル2 無損傷 Undamaged (損傷限界)	軽微な損傷が起きても基本機能は維持され、平常どおりの生活や作業が可能。	軽微な損傷が起きても応力集中部に局所的な降伏が生じる以外は目立った損傷や劣化は生じない。変形は弾性範囲におさまり、残留変形はほとんどなく、点検やときには修理が必要。補修は不要。	小さな亀裂や剥離が生じても、雨漏りや建具の開閉時の不具合等は生じない。軽微な損傷の部位のみは修繕できる。	緊急停止が起きることがあるが、直ちに再開できる。スプリンクラーなどの非常用設備の誤作動は生じない。	軽小な備品類に移動や落下、転倒が生じることがあるが、甚大な価値の滅損、危険性は完全に生じない。	一時的に使用者が不便を感じるが、経済的損失はほとんどない。直ちに使用可（緑札）。
レベル3 修復可能 Repairable (修復限界)	明白な損傷が観察され、建物の価値は減損するが、技術的および経済的に修復可能で、建物の性能はほぼ元に復旧し再使用が可能。軽傷者が出ることがある。	変形は弾性範囲を突破し、降伏や座屈、破壊が部分的に発生する。構造の残存耐力は低下している。	中程度から甚大な損傷を受けるが、部分的に取り替えるも含めて修復が可能。落下の危険は大きくない。	多くの設備が機能停止状態となるが、専門技術者の点検整備により修復する。応じて修理により回復する。その間は使用できない。	収容物の多くが移動や落下、転倒により損害を受けるが、貴重品や危険物は保護される。	損傷を受けたままの状態で建物を使用できるか否かの判断に専門家の知識を要する（黄札）。
レベル4 人命保護 Life Safe (安全限界)	甚大な損傷を受け、降伏や座屈、破壊が広範囲に発生するが、床や屋根の崩落は起きないので人命は保護される。負傷者が出ることがある。	甚大な損傷を受け、降伏や座屈、破壊が広範囲に発生するが、鉛直荷重を支持する能力が残っている。	広範囲にわたって甚大な損傷を受け、落下による致命的な危険はない。避難路に障害が生じることがあるが、自力脱出あるいは救助活動は可能。	人命保護に関わる非常用システムは稼働するが、他の多くの設備は機能不全に陥る。人命に関わるような転倒や破壊は起きない。	多くのものが重大な被害を受け、周辺への波及が大きい危険物は保護される。	立ち入り禁止となる（赤札）。
レベル5 崩壊 Collapse	建物の一部あるいは全体が崩壊し、人命が直接危険にさらされる。	鉛直荷重を支持する能力をほとんど完全に失う。	広範囲に破損や脱落を起きる。落下物による危険が大きい。避難路に脱出や救助活動が困難になる。	ほとんどすべての設備が停止し、多くは全損となる。	多くのものが重大な被害を受け、危険物が周辺に流出し拡散する危険がある。	危険物を収容せずまた無人の建物のような特殊な場合を除き社会的に許容されない。

159

て，そのレベルに収まっていることを数理的に表現できなければいけないということです．そうでないと，設計者が主観で勝手に決めることになるので，客観性がなくなってしまいます．

これら meaningful である（意味がある），identifiable である（同定できる），quantifiable である（定量化できる），という三つの条件が必要です．一応これらの条件を考えて，このようなレベルを日本建築学会では設定しました．

（3） 修復性能

この性能レベルのなかで特筆すべきものは，明らかにレベル3で，修復可能というものです．これは今までにない概念です．地震の被害を受けたときに，無損傷にする，人命を保護するという視点は今までもありました．建築基準法でいう一次設計，二次設計と称するものですが，実はその中間の状態になる，損傷を受けた部分を補修して，再利用できるのかできないのか，それが大事なのです．これはストック保全上もきわめて重要です．

解体するか，再使用するかは，その建物を使っている人のビジネスチャンスを奪うか奪わないかという面でもきわめて重要なわけです．ですから，経済的な損失という面で，修復可能か，可能でないかは，経済活動にも非常に大きな影響を及ぼしてきます．

これを設計段階で入れようということですが，実は設計者はこれを嫌がります．設計規範をうまくつくることがなかなか難しいからです．保障することが非常に難しいのです．しかし使用者から見れば，これは最大の関心事です．

兵庫県南部地震で被災した建物で，解体しないで修復して再利用したものも結構あるのです．そのときの修復コストに関するデータを，もう一度掘り起こして再整理し，修復限界がどこにあるかを見つけました[9]．地震が去った後，建物がどういう状況になっているか．工学量で表すと残留変形，平たい言葉でいえば，地震が去った後建物がいくら傾いているか，これで決まります．建物全体の傾き角は 1/200，ある特別な層だけが大きく傾いていたとすると，それが 1/90 以下であれば，現在の技術で修復，再利用できます．もちろんそれは修復コストも含めてです．修復コストが解体新築コストよりも高くなってしまうと，それは解体するでしょう．ですから，技術とコストの両方のバランスから見て，建物の残留変形がこの数値に収まっていれば，修復再利用のほうが有効だということです．

ただ問題は，設計の時点で残留変形はどうやって予測できるのかという問題です．これが今残されている最大の難問で，この残留変形の予測技術がないと，設

計者が修復限界設計の採用に踏み切る勇気はないと思いますので，このへんが今後の大きな課題です．

いずれにせよ，今後の耐震技術は，もちろんこれは鉄骨だけではなく，鉄筋コンクリート構造も，木造も，こういう性能設計，性能指向型の設計のほうに移行していきます．そのなかで，建物の価値を設計者と建築主・利用者が共有する．それによって建物に投じる費用と建物の性能とのバランスが計られていく時代がくるのだろうと思います．

7.4 耐震改修

図 7.21 は，2006 年度に改修された東京大学工学部 11 号館です．最後に私が付け加えておきたいのは，わが国のような地震国では，不備な既存建物が多いということです．耐震技術がどんどん進歩していきますから，10 年前あるいは 20 年前につくられた建物は，現在の要求性能から見れば性能が劣ると認識しておかなければなりません．ですからそういう建物は，現代の技術でできるだけ補強，耐震改修をしていく必要があります．それが都市のストックにとって非常に重要であることは，明らかです．

11 号館の耐震改修にあたっては，私たち建築学専攻の構造のグループ，それから社会基盤学専攻の構造のグループの先生方が力を合わせて，世界屈指の耐震

(a) 外観　　　　　　　　　　　(b) 鉄骨ブレースによる補強

図 7.21　東京大学工学部 11 号館

技術を使って，さらに最先端の解析技術を駆使して，この建物の応答解析を行いました[10]．これは今から三十数年前に建てられた鉄筋コンクリート構造の建物ですけれども，そのときの状況も考えて，建物が本来もっている性能を綿密に調査して，最も合理的な耐震補強を提案するに至ったわけです．その提案どおりに，11号館は改修工事が進められ，耐震改修の模範的な手法をこの都市再生COEプログラムの中で実行したことを付言しておきたいと思います．

　強度や弾性・塑性などの力学的性能に優れた鋼材は応用範囲の広い汎用材料で，様々な産業分野の要求に応じて改良が進められ，その利用は拡大してきました．この状況は今後も続くでしょうが，求められる性能がますます多元的になっています．たとえば，環境負荷低減や循環利用など人間社会の持続的発展に関わる要求性能が顕在化しており，そのような社会の未来像に適合する鋼構造の実現に向けた研究開発が大切になってきたといえるでしょう．

■文献
1) 桑村　仁：鋼構造の性能と設計，共立出版，2002
2) 日本建築学会：阪神・淡路大震災調査報告　建築編-3（鉄骨造建築物），丸善，1997
3) 東京大学工学部建築学科桑村研究室：1995年兵庫県南部地震被害調査報告書—構造物の被害，1995
4) Kuwamura, H. et al : Control of Random Yield-Strength for Mechanism-Based Seismic Design, Journal of Structural Engineering, ASCE, Vol.116, No.1, pp.98-110, 1990
5) Structural Engineers Association of California (SEAOC), Vision 2000 Committee : "Vision 2000-Performance Based Seismic Engineering of Buildings", Sacramento, CA, 1995
6) SAC Joint Venture : Recommended Seismic Design Criteria for New Steel Moment-Frame Buildings, FEMA-350, Chap.2 General Requirements, Chap.4 Performance Evaluation, 2000
7) 建設省大臣官房技術調査室監修・建築研究振興協会編：建築構造における性能指向型設計法のコンセプト—仕様から性能へ，技報堂出版，2000
8) 桑村　仁，他：鋼構造躯体の性能表示—鋼構造建築物の性能設計に関する研究その1，日本建築学会構造系論文集，No.562, pp.175-182, 2002
9) 岩田善裕，他：鋼構造建築物の修復限界—鋼構造建築物の性能設計に関する研究その2，日本建築学会構造系論文集，No.588, pp.165-172, 2005
10) 東京大学大学院工学系研究科建築学専攻：工学部11号館耐震改修検討報告書（21世紀COEプログラム「都市空間の持続再生学の創出」ケーススタディ），2005

第8章 コンクリート構造物の耐震性を予測する

工学系研究科社会基盤学専攻 **前川 宏一**

8.1 構造物の地震応答シミュレーション

8.2 耐震設計・耐震診断への応用

8.3 耐震補強の技術

8.4 構成材料の劣化と耐震性

8.5 耐震設計された構造物の施工と品質確保

私たちの生活を支えるコンクリート構造物の数々．その建設から破壊に至るすべての過程が研究対象である．

第8章 コンクリート構造物の耐震性を予測する

コンクリート構造物の耐震設計や既存構造物の耐震診断の分野では，過去15年間に大きな変革と前進がありました．それは地震時および完成した後の構造物とそれを構成する材料の劣化を克明に追跡するシミュレーション技術の発展と，その実用化です．ここでは，実構造物の例をあげながら，シミュレーション技術のニーズと活用，さらに今後の可能性について述べます．また，技術システム実現の場，施工における品質確保の重要性について，議論したいと思います．

8.1 構造物の地震応答シミュレーション

(1) 材料特性のモデル化と統合

耐震設計には長い技術の歴史があります．高度な解析が可能な計算機環境が整備されていない時代には，ルールとして定められたプロセスのもとで諸元が決定されました．結果として構造物の耐震性が期待できる，とするものです．標準的な構造であれば，既往の地震被害等の経験もふまえて十分に耐震的な設計が可能でした．

しかし今日では，想定を超える地震に対しても人命と財産の保護に配慮し（フェイルセーフ），復旧に要する経費や時間も，事前に判断したうえで諸元を決め

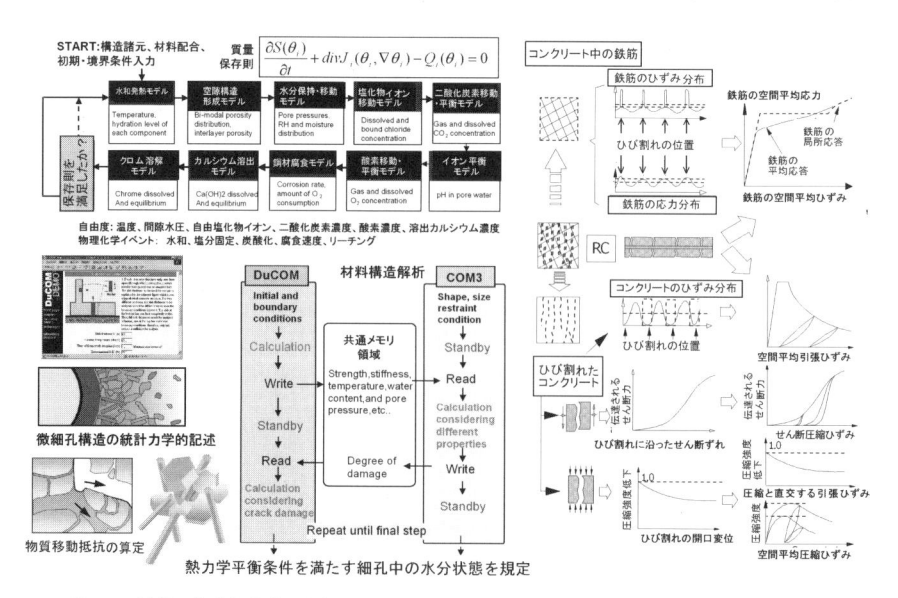

図 8.1 材料の力学的挙動と熱力学的状態を総合して構造応答を予測するシステム設計[1]~[3]

ることが求められています．設計のプロセス以上に，構造諸元や材料の設計値から達成される耐震性能の照査・確認が不可欠となってきました．これが応答シミュレーションを求める背景を形成している，ともいえます．

既存構造物の耐震診断では，劣化や損傷を考慮したうえで耐震性を判定しなければならない場合が増えてきました．維持管理の時代に入り，持続可能な都市機能を維持していくうえで，材料科学的な知見も耐震問題と連結していくことが今後，増えてきます．微細な空隙を有し，かつひび割れを前提とするコンクリートの材料科学の蓄積は豊富であり，耐久設計の方向でその知識が活用されつつあります．さらに，耐震問題にも材料と構造の知識体系が統合化されることで，大きな前進が今後なされるのではないかと期待します．図8.1に一つの試みを示します[3]．

(2) 非線形を扱う技術の検証

数値シミュレーションは高度に非線形な問題を対象とするので，様々な角度から予測結果を現実と照らして検証することが不可欠です．図8.2は応力とひずみ

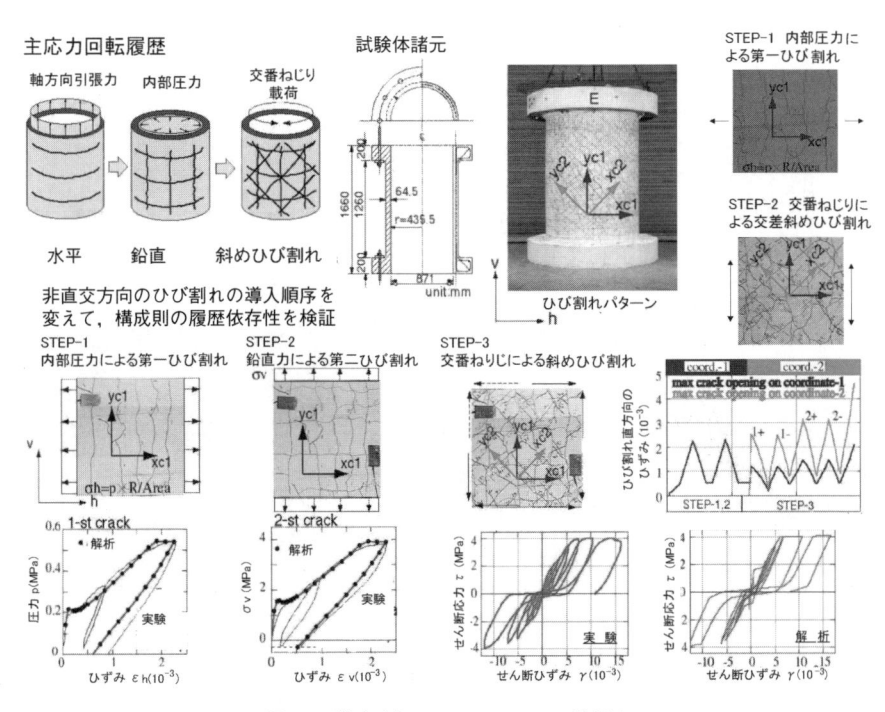

図8.2 構造要素レベルでのシステム検証[1]

第 8 章　コンクリート構造物の耐震性を予測する

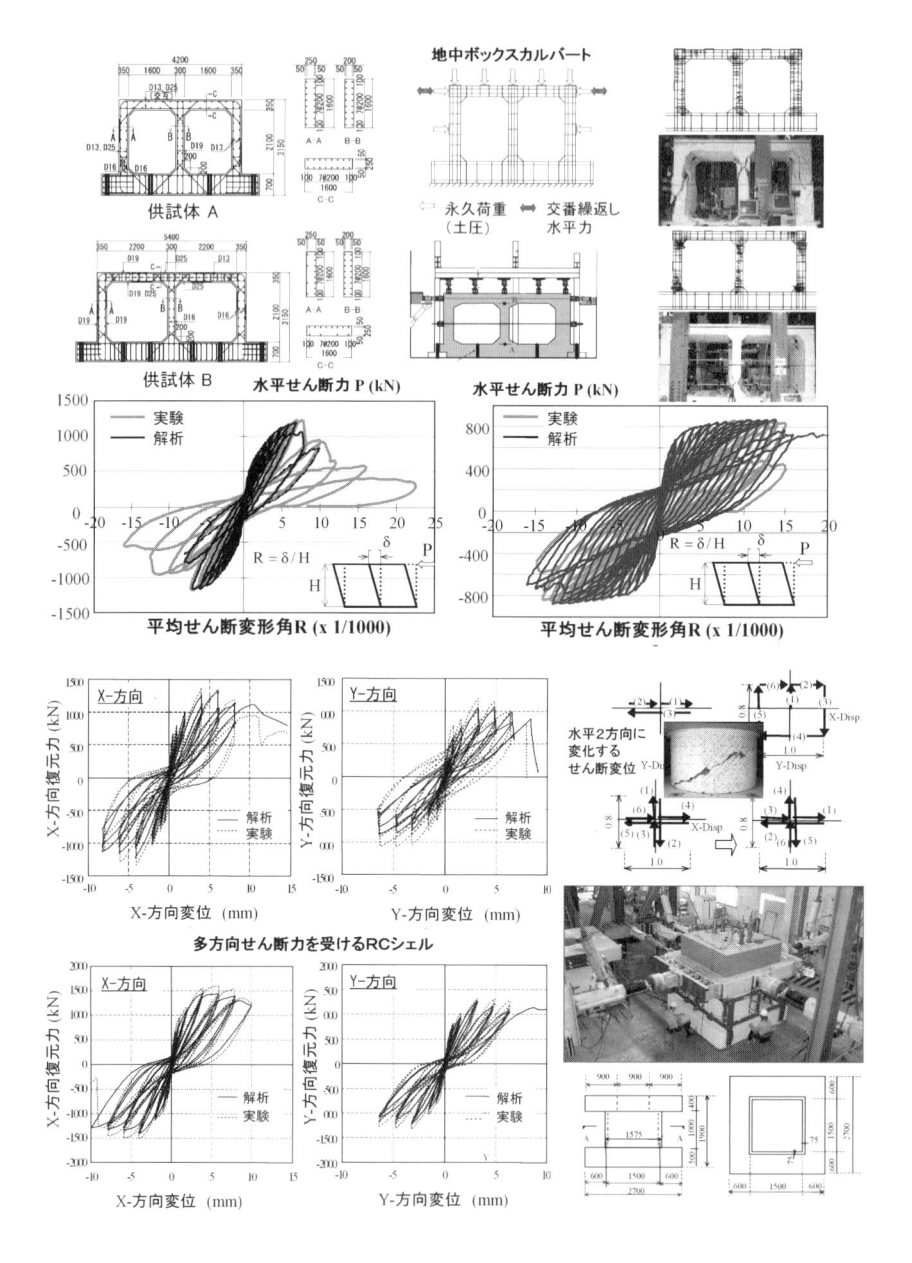

図 8.3　複雑な荷重経路のもとでの構造部材レベルでのシステム検証[4], [5]

8.1 構造物の地震応答シミュレーション

の分布が均一に近い要素レベルでの検証事例です．

　ここでは，仮定した材料力学モデルの機能性や応力-ひずみ経路に対する適合性などを確認します．この段階での検証は，以後のすべてに関わるので特に重要です．検証に耐える実験事実が蓄積されたのは1980年以降のことです．これらの地道な実験研究が今日のシミュレーション技術を強く支えているのです．さらに，応力-ひずみの場が均一でない構造部材のレベルで精度と適用性を検証しなければなりません．図8.3は柱-梁-シェル部材のレベルで検証を行った事例です．

　このレベルでは，材料中に発生した非線形事象（特にひび割れや鋼材の降伏）が，部材レベルの応答に正しく反映されているかを検証します．特に斜めせん断ひび割れは重点ポイントです．ひび割れの開口と「ずれ」に対して仮定される非線形モデルの良し悪しが，ここでチェックされます．また，鋼材が降伏した後の降伏領域の拡大と部材の応答は，付着のモデル化と繰り返しによる影響をどのように考慮しているかに関与しており，様々に仮定した材料モデルが間接的に，かつコンクリート構造の耐震性能と関連づけて検証されます．入力される荷重に対する適用性も，この段階で重要な検証ポイントです．多角的な部材による検証を

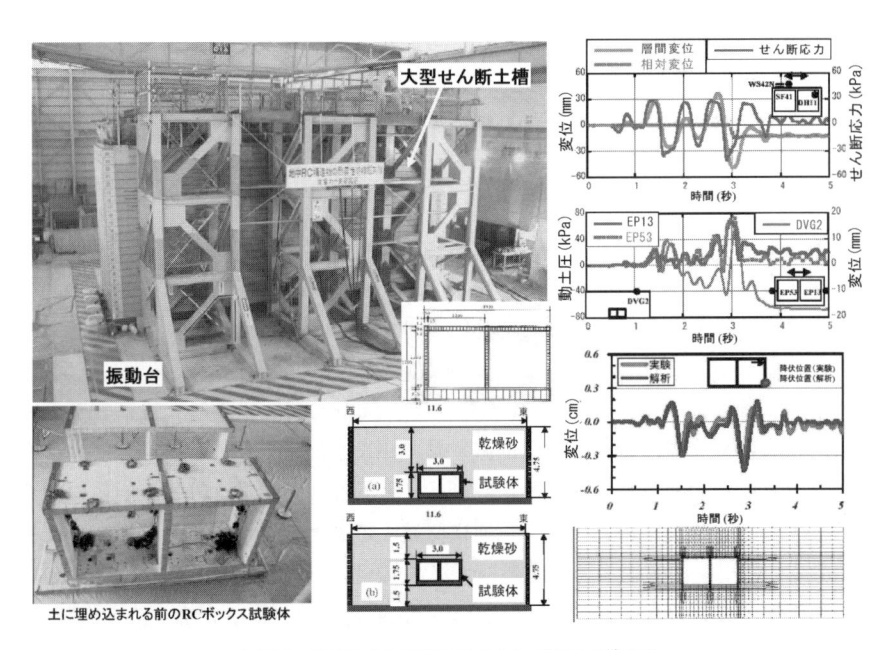

図8.4　地盤を含む構造システムレベルでの検証[6]

通じて，材料モデルの不十分な点や適用範囲の限界なども明確になります．この段階の検証から，設計安全係数が決定されるのです．三次元数値シミュレーションの実務設計への応用は緒についたばかりですが，発注者側の技術者あるいは第三者機関が安全係数を定め，設計受注者が数値解析を用いる形態となっています．

部材の集合体として，構造物レベルでの検証が最後に求められます（図8.4）．ここでは，部材間の接合部の応答や地盤-構造系の相互作用などが検証され，数値解析システム全体の「体力」といったものの評価に供されます．

8.2 耐震設計・耐震診断への応用

本節では，8.1で述べた構造物と構成材料の動的応答シミュレーションの応用事例について紹介します．耐震設計では，決定された諸元や材料の配置に対して，構造物の振る舞いを計算上で建設前に模擬し，設計条件や要求性能を満足しているか否かを判断します．これから建設する予定のものの応答なので，材料強度や寸法・形は，あくまで設計想定値として入力します．一方，既設構造物の耐震診断に適用する場合には，材料強度も寸法も現実に確定しているので，それに最も近いと思われる推定値を入力し，応答結果を見て耐震性の判断を下します．

(1) 新設構造物の耐震設計

多層階の建築物や橋梁のような骨組構造物では，すでに部材レベルでの非線形応答をモデル化して構造物全体の挙動が計算され，それに基づき耐震性能の照査と判断が行われています．今日，非線形応答解析も日常の業務となりました．三次元構造形状をそのまま数値解析に反映させて耐震性能の検証を行うことの負荷も，軽くなってきました．LNG地下タンクの耐震設計では，数値シミュレーションを直接的に取り入れた枠組みが，いち早く整備されました（図8.5）．

所定の耐震性能を満足させつつ，建設経費の合理的な縮減が実現しています．30年前と比較すると，設計地震荷重が阪神・淡路大震災以後に大幅に引き上げられたにも関わらず，総コストは削減されています．地盤と構造の非線形相互作用が考慮可能なので，ひび割れや鉄筋降伏にともなってコンクリート躯体の剛性が低下すると，地震時の動土圧も急速に低減することが設計で自然に反映されます．かつて動土圧は構造挙動に関わらず一定，と扱われたのとは大きな違いです．地震の影響を受けにくく，地下水圧によるせん断破壊のリスクが高い巨大底版も，せん断破壊の寸法効果に関する知見が設計に活かされ，必要にして十分な安全性

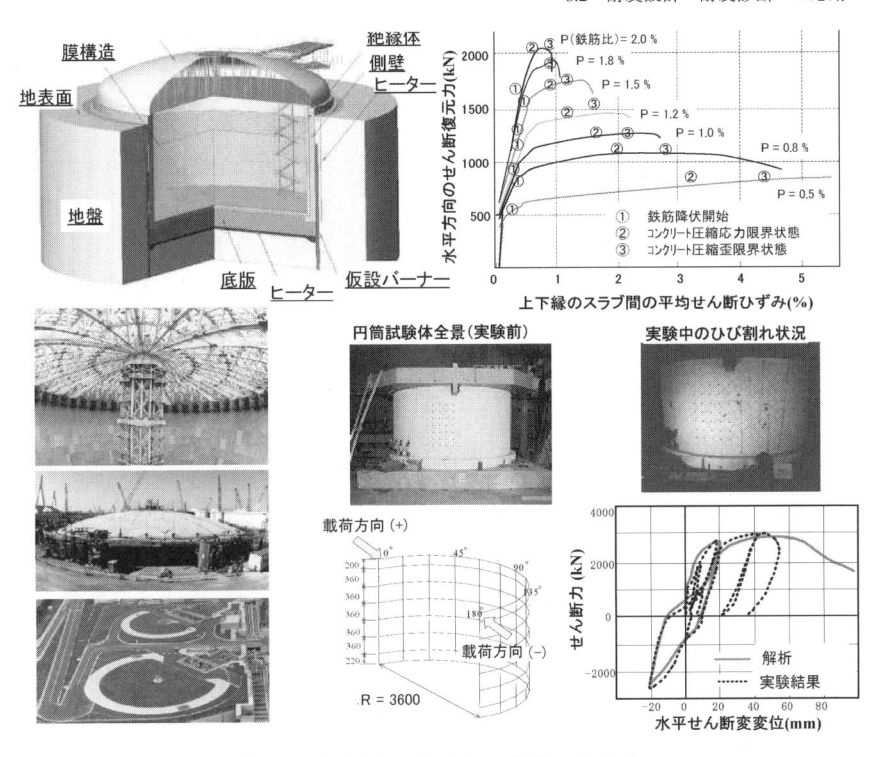

図 8.5 地下式 LNG 貯蔵タンク設計への応用 [7]

が確保されるようになり，トータルでコスト縮減が可能 [8] となってきました．性能を犠牲にしたコストダウンではなく，知恵によって勝ち得たものなのです．

図 8.6 は，周辺地盤と橋梁下部構造を一体とした動的応答解析です．時事刻々と杭や地盤材料の状態が算定され，応答変位のみならず，想定地震によってもたらされる材料損傷の程度と位置がわかります．この情報を用いて復旧の難易度や経費が推定されます．このとき，構造物をより強化することも考えられますが，周辺地盤を地盤改良等によって補強することで，周辺盛土と構造損傷を全体として低く抑える，といった選択を検討することもできるのです．

(2) 既設構造物の耐震診断

既設構造物の補強は一般に多くの社会的，財政的困難をともないます．新設構造設計ではわずかな経費増で安全余裕を付与できますが，既設対応ではぎりぎりでも地震に耐え得るのであればコストを鑑みてそのまま使いたい，という場面は少なくありません．切実な状況ゆえに，構造・材料の統合応答シミュレーション

第 8 章 コンクリート構造物の耐震性を予測する

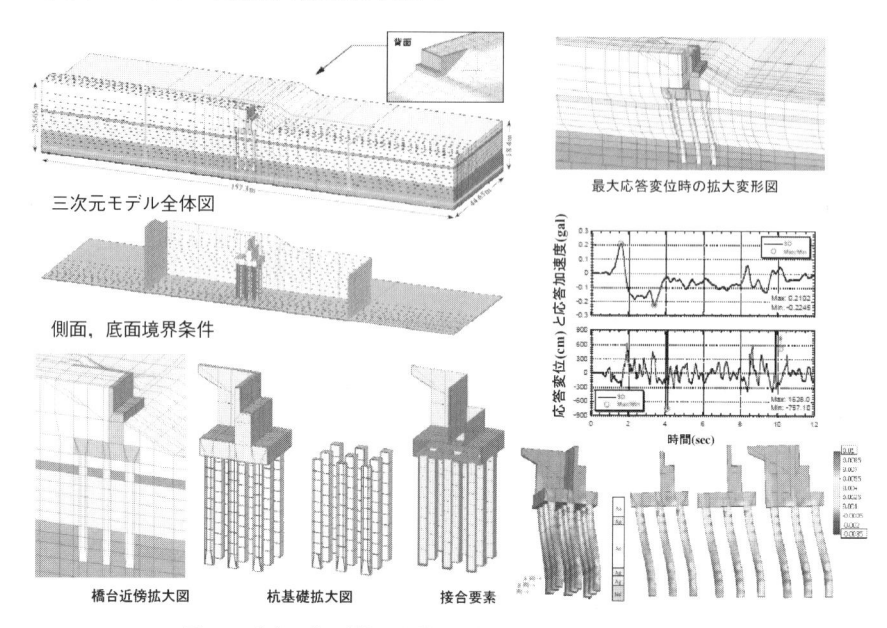

図 8.6 地盤－杭－橋梁下部構造一体システムの応答解析事例[9]

技術が既設構造物の耐震診断と，耐震補強の効果の判定に応用された実績が多いのです．阪神・淡路大震災以後，都市を形成する基盤施設や建築物の耐震補強が大きく前進したことは嬉しいことです．一方，依然として技術的に補強が困難なコンクリート構造物が近い将来の補強工事を待っている，という現実も存在します．

図 8.7 は，大型橋梁橋脚の耐震診断に応答シミュレーション技術が適用された事例[10] を示します．建設当時，コンクリート部材のせん断破壊強度に寸法効果が現れることは反映されておらず，最新の技術でチェックした結果，せん断破壊が疑われました．詳細な応答解析から，架設用に用いられた鉄骨が実はせん断に対しても効果があり，これを考慮すればそれほど酷くはありません．鉄骨と RC 部分の壁の効果をすべて取り入れるには，既往の設計式では対応できません．

そこで，数値解析によって損傷モードや耐力，靱性などが判定されました．併せて中規模寸法の実験が実施され，数値解析システムの精度と安全余裕を評価して，補強方法の検討，具体的には補強プランの実効性について解析と実験とを組み合わせて検討がなされ，対応案が検討されました．

図 8.8 は地盤と地下構造物と陸上構造物が合体している事例です．この種の事

8.2 耐震設計・耐震診断への応用

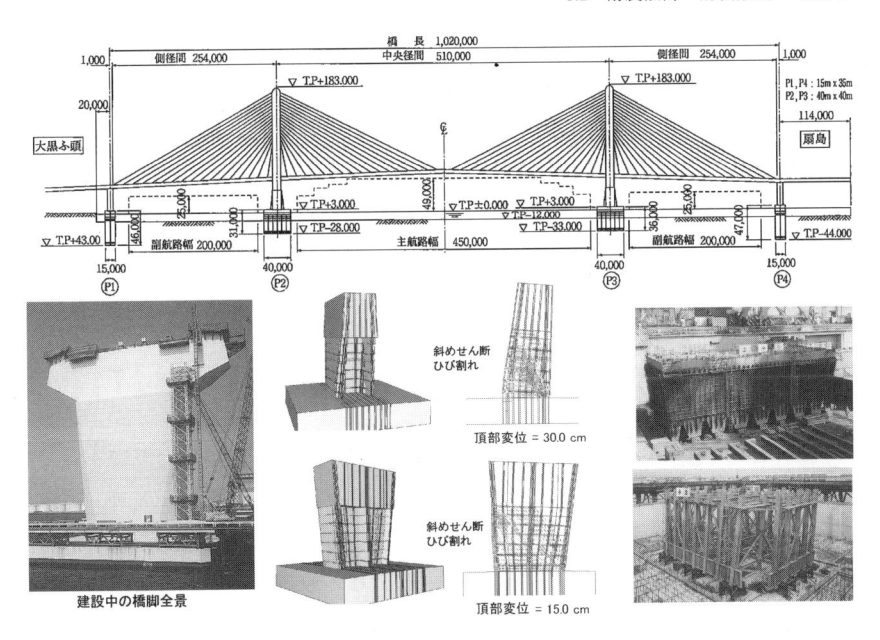

図 8.7 大型橋梁橋脚の耐震性能評価事例 [10]

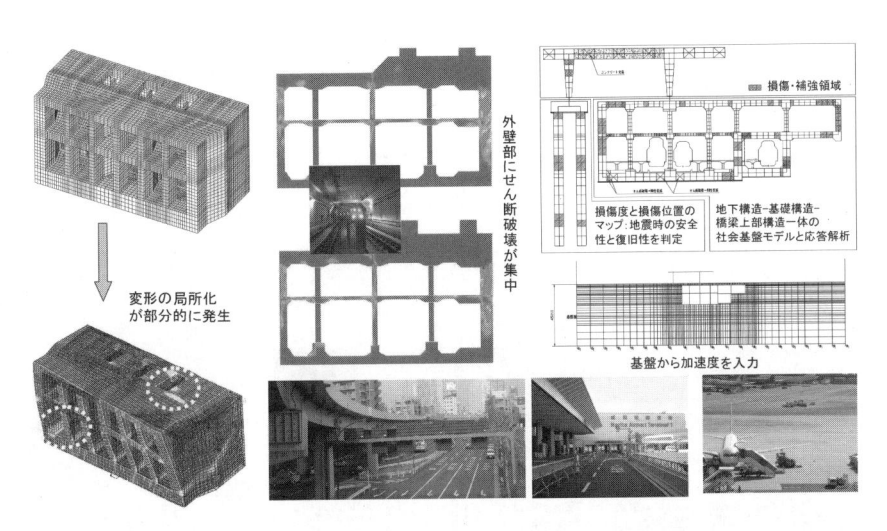

図 8.8 地下構造物と陸上構造物が一体化した社会基盤の耐震性能評価 [11]

例は都市部に稀ですが見られます．地下鉄と都市道路が近接しているケースや，河川水利施設と交通基盤が一体化している例もあります．この耐震性を評価する

171

には，構造物個々を対象として診断することは不可能で，全体系の応答と振る舞い，損傷の在りかと程度を分析するのが有効です．たとえば，陸上部分の構造のみを補強した結果，地下部分の構造に大きな損傷が誘導されてしまい，廻り巡って陸上構造物の足元がすくわれることもあり得ます．互いのことを考慮して，総合的な診断と補強プランが不可欠です．それなくしては，補強に要する経費を共同負担するにも，負担率を決められません．このようなケースでは形状も複雑となります．統合システムは最も有効な診断技術といえるでしょう．

過去に例を多くもたない対象については，材料と構造の知識体系をフルに動員することでリスクを担保するしかありません．今後も都市再生の軸にこの種の問題はからんでくると思われます．

図8.9は，鉄道基盤施設の周辺にある設備と本体構造物が相互に影響を及ぼし合った結果，本体構造物に甚大な損傷が発生した事例を示します．阪神・淡路大震災以後に定められた設計規準類で建設された鉄道施設の一部が，中越地震の洗礼を受けました．設計で仮定したシナリオどおり，曲げ破壊先行型に構造応答は推移し，耐震性能を著しく損なうせん断破壊は回避されました．地震後，数時間を経て徐行運転がなされ，地震後の復旧性も見事に実証されました．

しかし，耐震性照査で合格のコンクリート構造物がせん断破壊してしまった事例がごく少数ですが見つかりました．融雪のための水タンクや電源施設が主構造

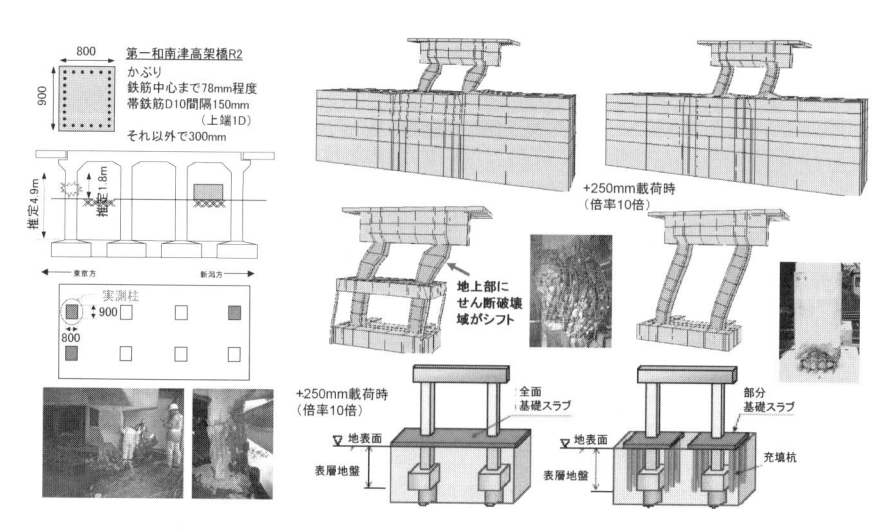

図8.9 地盤－構造物－周辺機器の相互作用と被害分析事例 [12], [13]

物の近傍にあり，それを支持する床がさらに杭によって支持されていました．実はこの床と本体が接触し，地盤を通じて相互に影響を及ぼし合った結果，本来ならば破壊が回避されたものが，損壊が地上部分の部材に集中してしまい，機能が失われました．設計上，想定外のことですが，過密な都市部では同種の事象が発生しても不思議ではありません．ただし，技術者はこの事実をむしろプラス側に受け取っています．周辺機器設備と本体構造物を意識的に連結することで，逆に損傷部位を制御し，弱点を地上部に追い込んだうえで，そこを補強してやれば低コストでシステムを補強することだって可能だからです．統合応答シミュレーション技術はこのような状況分析にも使うことができます．

8.3 耐震補強の技術

耐震性能をチェックし，不十分となれば構造あるいは構造部材に手を入れるか，境界条件を変えるなどによって，耐震性能を向上させる補強へと進みます．これまで，数多くの補強方法が提案され，実用に供されています．新設設計・施工と比較しても，施工環境の制約，時間の制約，コストの制約などは，重く技術者の肩にのしかかっています．図 8.10，図 8.11 に骨組構造物の耐震補強工法の事例をとりあげました．柱の補強原理の一つに横補強材の配置があります．柱の周辺

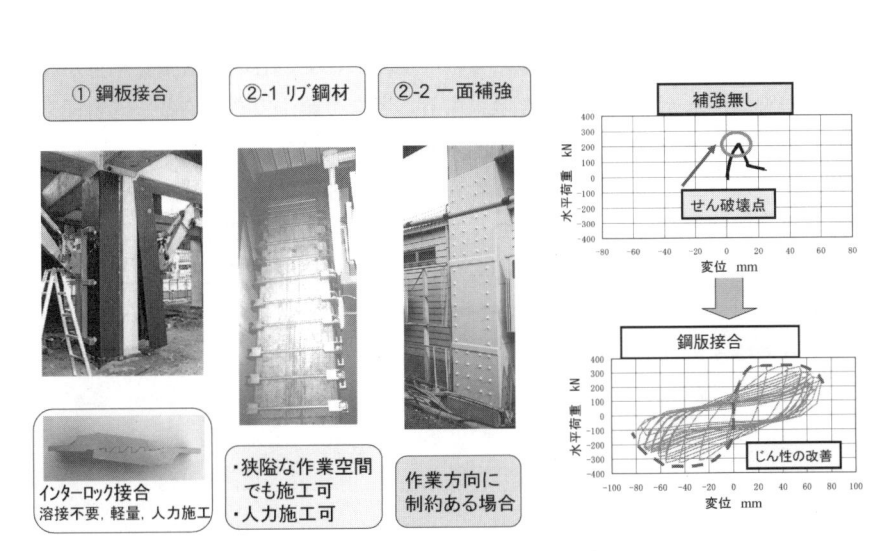

図 8.10 柱の耐震補強工法と補強効果の評価 [14], [15]

第 8 章　コンクリート構造物の耐震性を予測する

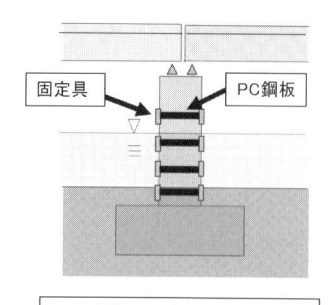

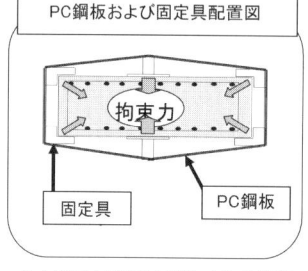

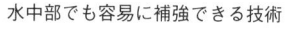

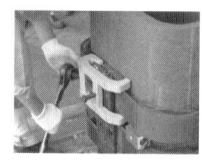

図 8.11　補強技術に求められる様々な要件

に鋼材を配置し，せん断耐力を向上させることで，柱の軸力保持機能を地震時にも確保しようとするものです．さらに，塑性ヒンジ領域のコンクリートの逸散を横方向からの拘束によって引きとめ，軸力を受けるコアコンクリートを部材内にしっかりと置きとめることを狙ったものです．ここで，容易に横補強鋼材が設置でき，かつ狭隘な空間でも重機を搬入することなく施工できること，人力でも無理なく施工できること等が開発のポイントとなっています．

　さらに，部材を一面からのみ補強することで，性能を回復させようとするものもあります．柱の反対側に居住空間などがあり，やむなく建物や橋梁の外側からのみ補強しようとする場合がこれにあたります．私権や管理義務が複雑にからむケースもあって，都市再生には時として，技術的にも厳しい対応に応える必要が出てくるのです．

8.4 構成材料の劣化と耐震性

(1) コンクリート複合材料のモデル化

コンクリートが微細な空隙の集合体であることは，物質透過性や鋼材を腐食から守る性質に深く関与し，長期耐久性を論ずる場合に，この性質は本質的な役割を演じます．もちろん耐震問題に関わるような固体としての力学的な特性も決定づけますが，一般にはコンクリートの力学的な特性値を用いることで，耐震設計は可能です．特段，微細な構造システムに踏み込む必要はありません．細孔中の物質の熱力学的な状態量や物質移動は，材料強度などの特性値にすでに反映されているとしてよいでしょう．

しかし，鋼材の腐食劣化を受けてしまった既設構造物の耐震性を算定して補強プランを建てる場合や，劣化の進行が懸念される構造物の将来の耐震性能を今の時点で評価して，適切な対応案を策定する場面に直面するようになってきました．たとえば，腐食損傷が見られる構造物が有すると思われる余寿命を算定し，はた

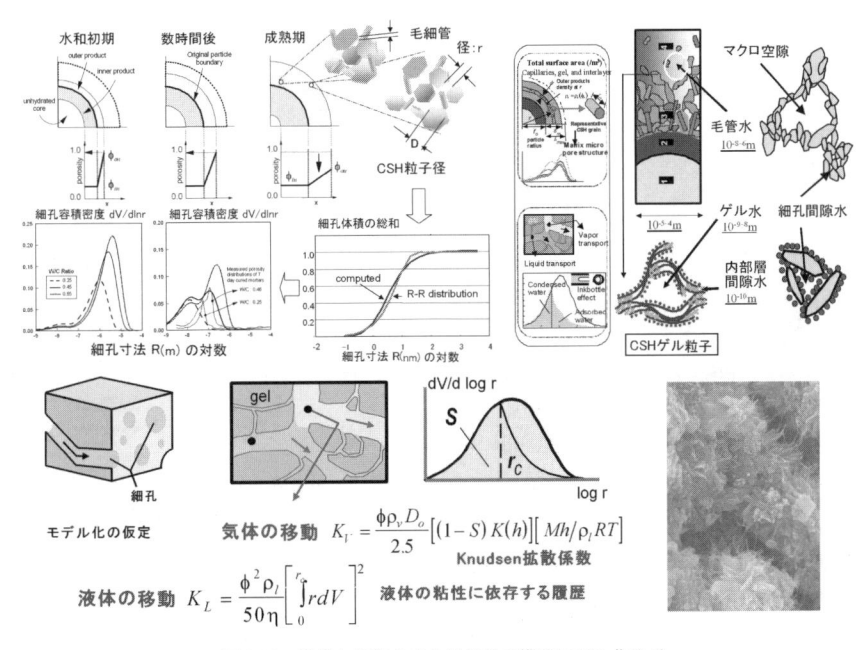

図 8.12 微細な空隙を有する材料の構造モデル化[2), 3)]

第8章　コンクリート構造物の耐震性を予測する

して現段階で予防的な補強に資金を投じるのが有効なのか，耐震性能が許容限度すれすれになった段階で資金を投ずるのが妥当なのか，あるいは今，撤去して新設したほうが資産として見た場合に有利なのかは，管理者にとっても悩ましい問題です．維持管理時代における新たな，そして切実な耐震問題として捉えることができます．

図8.1と図8.12は，セメント系多孔体を統計力学的に数量化し，そこに展開する物質の移動や熱力学的状態量を規定するプラットフォームの概略図を示したものです．これらはマルチスケール解析とも呼ばれるものでもあり，異なる寸法の世界で展開する事象を数量化しつつ，大きいスケールとそれを形成しているより小さいスケールでの事象間の連携を明らかにして，微細な世界とマクロな世界での振る舞いを同時進行的に解析するものです．その意味でいえば，図8.1に示す地震動的応答解析の基本フレームと同じです．領域がより微細な世界にまで広がったものです．

これらによって算出されるセメントの発熱量，鋼材の腐食度と，それに対応する物質の体積変化が耐震問題に関係します．地震を受ける時点で導入されるひび

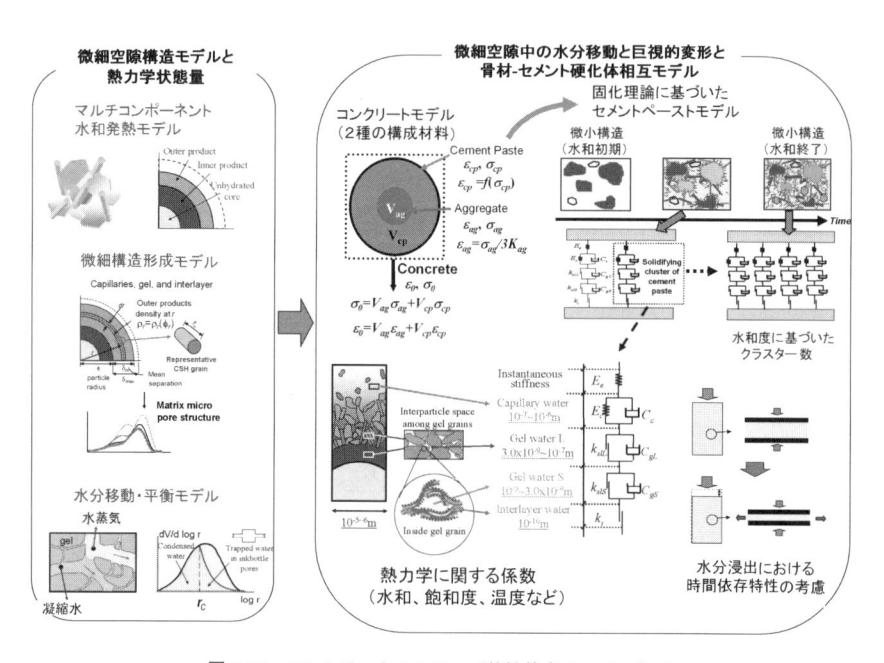

図8.13　コンクリートのクリープ特性算定のモデル化 [16]

8.4 構成材料の劣化と耐震性

割れや鋼材の損傷の程度によっては，耐震性能は大きな影響を受けるからです．微細な空隙に保存される水分の情報は，コンクリートの体積変化やクリープなどの時間依存性変形にも影響します．図8.13は微細な空隙に保存される水の状態から，コンクリートとしてのクリープ特性を算定する構造を表しています．水との関わりの深い材料ゆえに，長期にわたるひび割れや劣化予測に関係してきます．次項では，統合システムの応用例として，劣化を内在する部材の応答について紹介します．

(2) 劣化・損傷を受けたコンクリート構造の耐震問題

鉄筋が腐食劣化した部材の曲げ耐力の算定では，腐食した鉄筋の実質的な降伏強度の低下がわかれば，それを既往の曲げ理論に代入することで推定が可能であることが報告されています．部材の曲げ耐力はコンクリートの強度にほとんど依存せず，鋼材の降伏で現象が支配されることによります．一方で，耐震問題に深く関わる部材せん断耐力については，単に劣化した鉄筋とコンクリートの強度から，既往の理論に基づき算定できるほど，単純ではないようです．せん断破壊は，斜

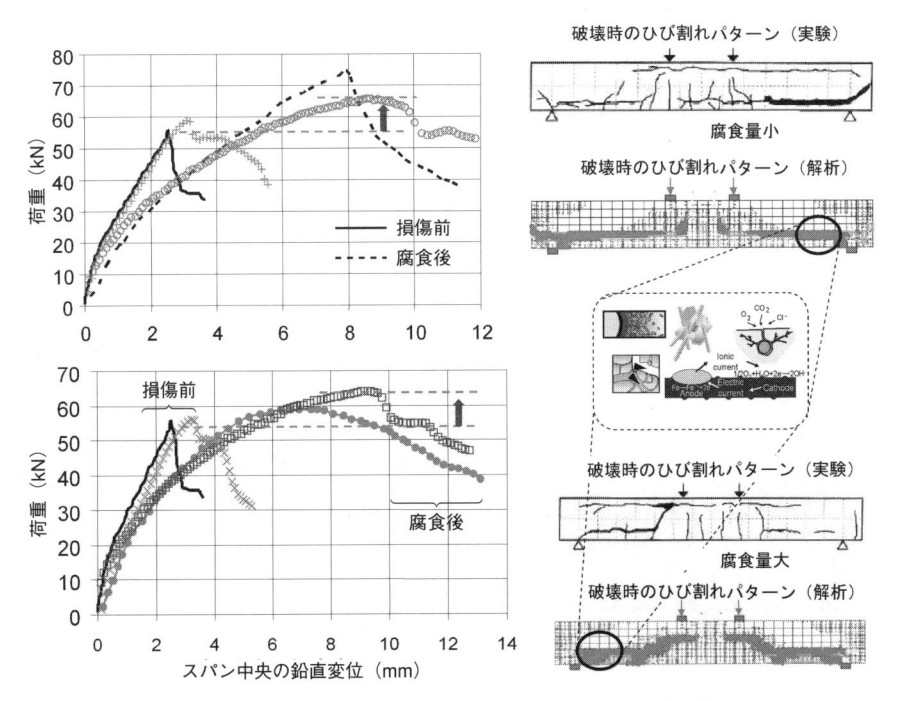

図 8.14 主鉄筋に沿って腐食ひび割れが展開した場合の部材強度[17]

めひび割れの不安定な伸展によるものであり，鉄筋とコンクリートの付着や，先行するひび割れ損傷と，せん断力によって導入されるひび割れとの非線形な相互作用などによって，複雑に応答する問題だからです．既設構造物の耐震性能評価において，ことせん断に関しては，ひび割れの位置や大きさ，境界条件などを詳細に検査しておくことが必要となります．

図8.14は，主鉄筋に沿って全面的に腐食ひび割れが導入されたRC梁の強度と部材剛性を示したものです．ここでの注目点は，腐食によって部材剛性は低下しても，せん断耐力の低下は見られず，むしろ向上している点です．これは腐食と構造応答を統合した解析システムでも再現されています．定着部がしっかりしていれば，せん断スパン内の腐食ひび割れによる付着劣化が載荷点—支点間に強い圧縮力の流れを誘発します．これが強固な耐荷システムを形成するため，耐力は結果として向上します．鉄筋腐食による断面減少は曲げ耐力を減じますが，それ以上に腐食ひび割れによる軸方向ひび割れがせん断耐力を向上させた結果なのです．

しかし，定着領域に限って選択的に腐食劣化が導入された場合には，他の領域

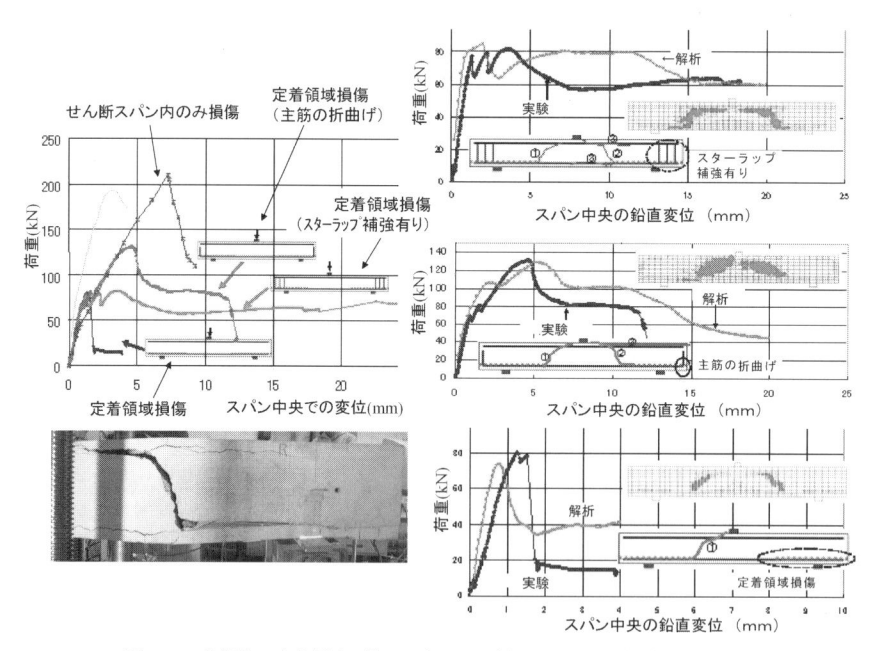

図8.15 主鉄筋の定着領域に沿って人工ひび割れが展開した場合の部材強度[18]

8.4 構成材料の劣化と耐震性

が健全であっても，部材の耐震性能が著しく損なわれることが図 8.15 に示されています．実験では薄い膜を設置して強制的に定着領域のせん断伝達機構を殺しています．斜めひび割れが発生すると，一気に定着領域にひび割れが走ります．こうなると，主鉄筋自体の定着が失われるため，曲げ耐力も無に帰する結果となり，きわめて危険です．このような場合，定着長さのみならず，鉄筋端部の加工方法や横方向の補強の有無によって，耐力と靱性が大きく変化するのがわかります．これら配筋詳細を数値解析システムで代表させる方法も提案されるようになってきました．せん断破壊に関連する耐震性能は，劣化の部位と程度に大きく依存するため，ケースバイケースで劣化状況に対応した数値解析の出番となります．

鋼材自体に損傷がない場合には，アルカリ骨材反応（ASR）による骨材の膨張は，構造耐震性能を損なうものでないことが実験等によって知られています．これは膨張によって鋼材が伸ばされる結果，プレストレスが導入されて耐震性が向上するとともに，先行ひび割れが斜めひび割れの伸展を阻止することにもよります．ASR はある程度の年限が経過すると，膨張が安定化する場合も少なくなく，鋼材の腐食が進行しないように補修することで，構造性能を担保することが可能です．

ところが，アルカリ骨材反応による膨張によって，鉄筋曲げ加工部が破断する事例が西日本や北陸地方で報告されました[19]．鉄筋の冷間曲げ加工によって，曲げた内側に亀裂が入ってしまい，その後に発生したコンクリートの膨張によって破断に至ったと考えられています．こうなると，話は上記とは異なります．図 8.16 はせん断補強鉄筋の曲げ加工部が破断して，せん断鉄筋定着不良となった部材の構造応答と，そのシミュレーション結果を示しています．せん断補強鉄筋の有効性が低下するため，設計で期待できるほど，補強効果は上がりません．破壊モードにおいては，斜めひび割れは定着不良域を選択的に貫通することがわかります．実際の道路橋脚に発生した ASR 被害を数値計算のうえで再現し，耐力の低下と破壊損傷モードの変化について分析した結果を，図 8.16 に併せて記しました．鋼材腐食による錆の生成と同様の方法[17]で，ASR ゲルの発生を数値解析システムの中で表現しました．せん断補強鉄筋の力学性能の低下によって，主鉄筋の重ね継手部から斜めひび割れが誘発されます．これが部材を貫通し，耐荷機構能を失うプロセスが再現されています．

これらの検討結果から，目視検査のみでおおよその構造性能を判定する方法も提案されました．地震荷重を受ける前に導入された損傷の耐震性能に及ぼす影響

第 8 章　コンクリート構造物の耐震性を予測する

損傷したスターラップを含む断面

10D
10D
10D=付着喪失領域（仮定）

concrete　端部が破断した鉄筋
5D
軸方向鉄筋

せん断補強鉄筋の定着が健全な場合

Experiment
CL

せん断補強鉄筋の定着が損傷してしまった場合

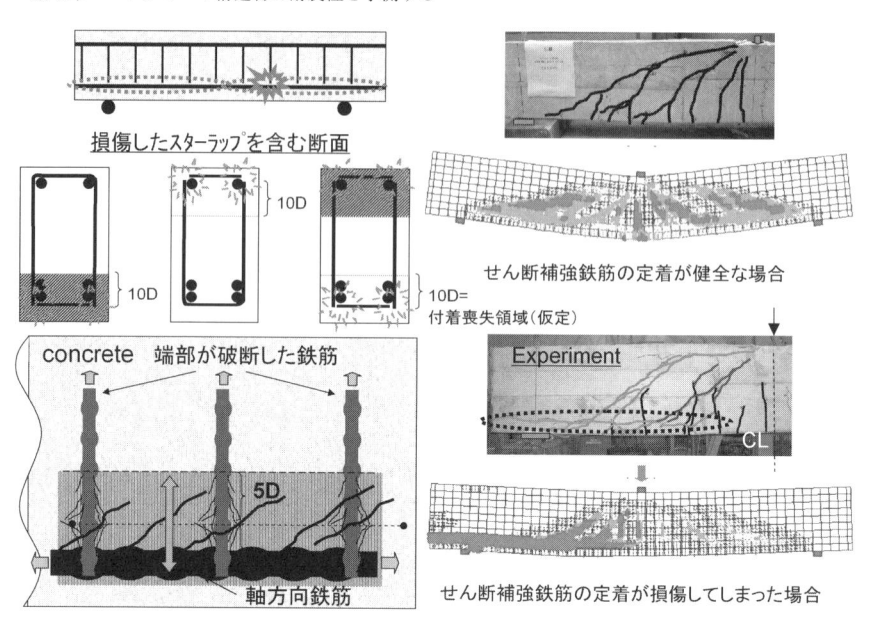

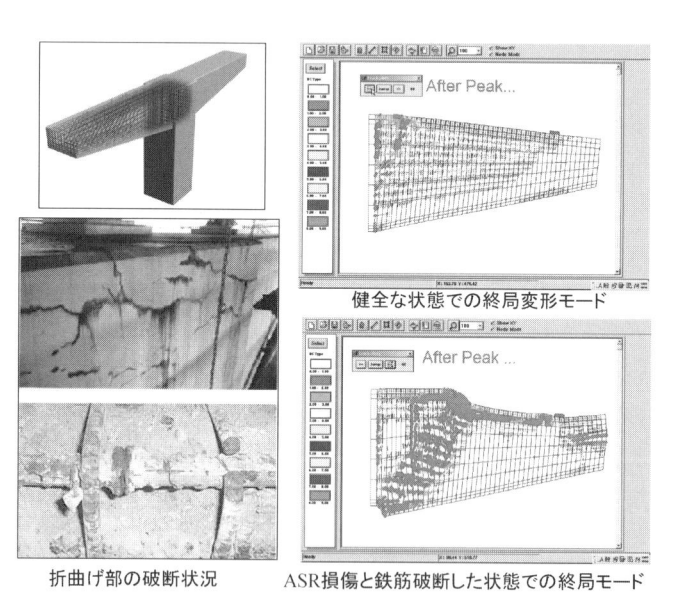

After Peak...
健全な状態での終局変形モード

After Peak...
ASR損傷と鉄筋破断した状態での終局モード

折曲げ部の破断状況

図 8.16　せん断補強鉄筋の定着損傷と ASR 被害事例 [19], [20]

8.4 構成材料の劣化と耐震性

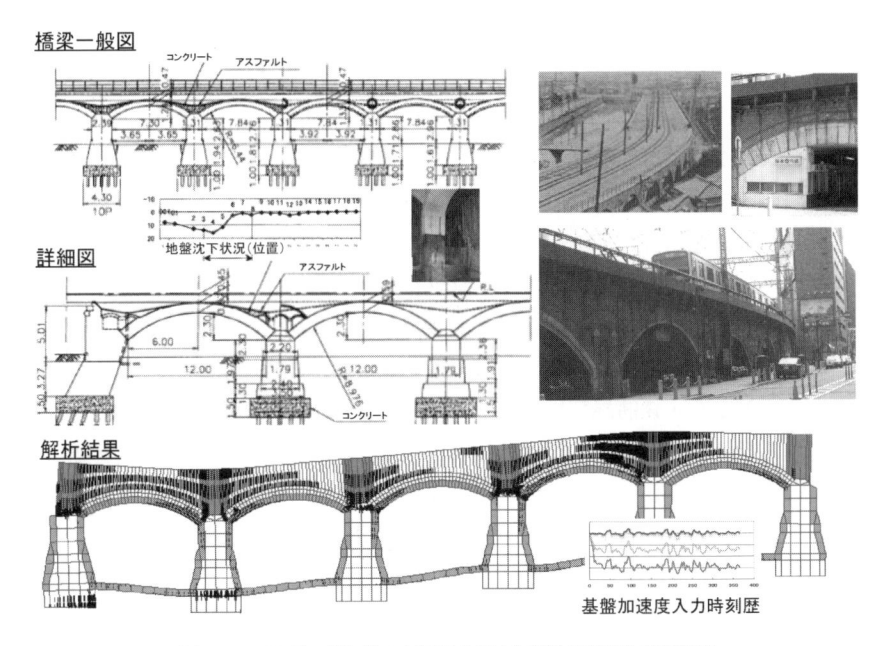

図 8.17 100年の間に様々な履歴を受けた構造の耐震性能評価[21]

を定量化していくことは，補強計画と設計の合理化のうえで必要です．ひび割れの多少と大小のみで議論できるものではないためです．多くの構造物の補強や補修では，「その部分が傷んだら直す」といった対処療法的な対応となっていると思われます．補修補強の判断は楽かもしれませんが，これでは管理予算が底をつきます．必要十分な対応を実現するための評価技術が，耐震問題と耐久問題の両者に不可欠です．材料科学の知恵と構造力学の技術の融合は，耐震技術の新しい問題です．

図 8.17 は東京都内に存在する，竣工後 100 年以上を経過した鉄道橋梁[21]です．関東大震災も乗り越えて今日に至り，なお現役です．それでも数十年前から地盤の不等沈下や，近接して約 30 年前に地下鉄が建設される等の影響を受け，幾分，傷を負っています．これに有効な補強を施すことで，次の 100 年を全うしてもらわねばなりません．地盤沈下，材料劣化，追加された補強材料などを考慮して，基盤に地震動が入力されました．材料もレンガ，木材，コンクリート，鋼材，地盤材料と多岐にわたります．都市機能を活かしつつ，都市のインフラを再生・更新する技術体系を求める時代に私たちは立っていると感じます．

8.5 耐震設計された構造物の施工と品質確保

最後にコンクリート施工と品質確保に関わる耐震問題をとりあげます．耐震設計規準類の改定によって，従前以上に多くの鋼材が配筋されるようになりました．せん断補強鉄筋量は15年前に比較して数倍にも及ぶ場合があります．特に部材接合部まわりでは鉄筋が錯綜します．鉄筋継手の存在も考えると，鉄筋組み自体が無理な図面が現場に降りてくることも少なくありません．図面上で耐震性能が確保されても，現場で実現しなければ仮想の世界です．

以上の背景から，鉄筋端部に定着板や突起を溶接などで取り付けた加工鉄筋が考案され，多く出荷されるようになりました（図8.18）．これにより鉄筋組みの労力が大幅に減じられ，施工品質の向上が期待できます．多くの建設技術がトップダウン型なのに対して，これは現場からのボトムアップ型の技術といえます．出荷本数はすでに1000万本に及ぶ勢いです．数値解析やシミュレーション技術，設計技術といった机上の進歩も，それを実のあるものとする現場技術の裏打ちが

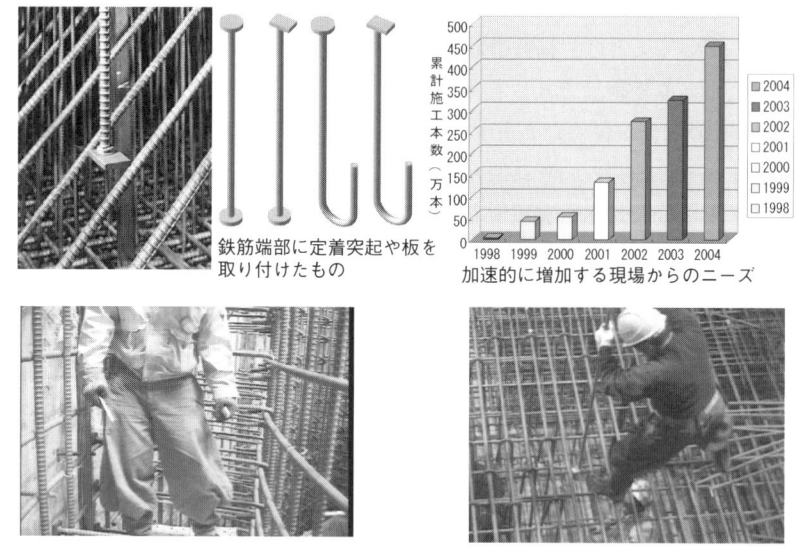

鉄筋端部に定着突起や板を取り付けたもの

加速的に増加する現場からのニーズ

従来の両端フック形状の鉄筋では，大型壁構造や大型スラブにせん断補強鉄筋を施工することが極めて困難．鉄筋のヘッドに定着具を設けた補強鉄筋であれば，施工が容易で迅速な対応が可能．

図 8.18 定着装置付きのせん断補強鉄筋と施工の合理化（耐震構造に使用）[22]

8.5 耐震設計された構造物の施工と品質確保

実際の耐震構造部材を模擬した過密配筋部に, 異なる作業性のコンクリートをコンクリート標準示方書に厳格に従って打設.

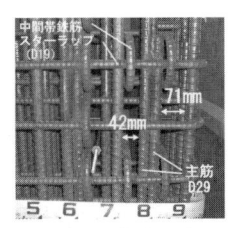

混和剤でスランプ18cmとしたコンクリートを使用.
単位水量164kg/m³.

Plasticityに乏しいスランプ8cm：締め固めるほど分離して1時間を経ても充填不能.
(突き棒を使用すれば, 施工可能となる)

図 8.19 最近の耐震基準で設計された柱モデルの施工実験 [23]

部材ごとに, 変形性と材料分離抵抗性を同時に満たす推奨範囲を提示

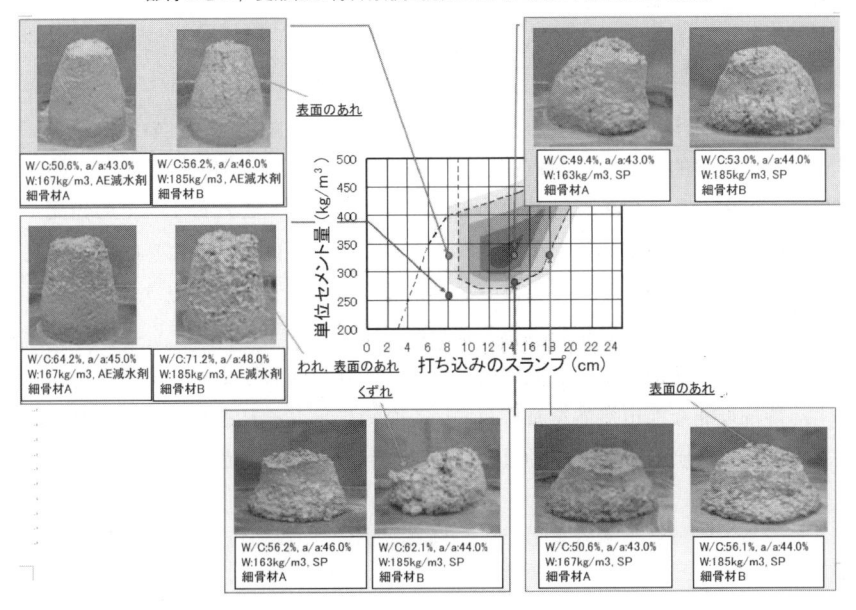

W/C:50.6%, a/a:43.0%
W:167kg/m3, AE減水剤
細骨材A

W/C:56.2%, a/a:46.0%
W:185kg/m3, AE減水剤
細骨材B

表面のあれ

W/C:49.4%, a/a:43.0%
W:163kg/m3, SP
細骨材A

W/C:53.0%, a/a:44.0%
W:185kg/m3, SP
細骨材B

W/C:64.2%, a/a:45.0%
W:167kg/m3, AE減水剤
細骨材A

W/C:71.2%, a/a:48.0%
W:185kg/m3, AE減水剤
細骨材B

単位セメント量 (kg/m³)

われ, 表面のあれ　打ち込みのスランプ (cm)

くずれ

W/C:56.2%, a/a:46.0%
W:163kg/m3, SP
細骨材A

W/C:62.1%, a/a:44.0%
W:185kg/m3, SP
細骨材B

表面のあれ

W/C:50.6%, a/a:43.0%
W:167kg/m3, SP
細骨材A

W/C:56.1%, a/a:44.0%
W:185kg/m3, SP
細骨材B

図 8.20 施工性能の選定方法の一例 [24]

必要なのです．換言すれば，必要以上に鋼材を，「安全をみて」の理屈で増やしている面も否めません．計算上の余裕しろであっても，これが施工品質を落とし，その結果，耐震性能が低下してしまう皮肉は回避しなければなりません．

　鉄筋が所定どおり組めたとしても，従前より鋼材は多く，コンクリート打設が一層困難となっている現実があります．配筋が大きく変化したにも関わらず，フレッシュコンクリートのコンシステンシー（スランプ）を変更せずに施工したため，ジャンカや空洞などの初期欠陥が発生した，という報告が少なくありません．発注者が現状を認識せず，昔どおりにやればできるはず，という根拠のない思い込みで発注条件を提示し，受注者が困窮する図式も聞こえてきます．

　図8.19は，最近の耐震基準類で設計された柱の配筋モデルに2通りのフレッシュコンクリートを打設した事例です．現在でも往々にして耐震部材の発注条件で指定されるスランプ8 cmで施工すると，いくら振動締め固めを行っても分離閉塞して打設は困難を極めます．これでは容易に鋼材は腐食し早期劣化します．部材ごとにスランプ等の指定を変えて施工を指示しなければ，耐震設計を行ったがゆえに構造物の寿命が短命化した，という笑えない事態にもなりかねませんし，事実，その事例が少なからず存在するのです．これらの事態に対して，図8.20は構造部材ごとに適切なスランプとセメント量を，施工性能の観点から決めるためのチャートで，土木学会から出版されたものの一部です．

　これまで，シミュレーション技術の発展にともなう耐震問題への新たなアプローチ，材料科学的な知見と耐震問題との連結に向けた研究開発，そして，技術の実現に不可欠な施工の重要性について述べてきました．これらすべての知識が定量的に統合され，技術体系が構築されるとき，私たちは工学的に意味ある結果を得ることができるのです．技術はシステムを形成します．一つだけ進歩しても他が整合しなければ，よい結果は得られないのです．

　コンクリート構造物の耐震問題は，新設・既存を問わずますます多様化しています．持続可能な都市機能を維持していくためには，それぞれの問題に対し，現在ある技術システムをすべて動員し，最適な判断を下す力が求められています．

■文献

1) Maekawa, K., Pimanmas, A. and Okamura, H. : Nonlinear Mechanics of Reinforced Concrete, Spon Press, 2003
2) Maekawa, K., Chaube, R. P. and Kishi, T. : Modeling of Concrete Performance, E & FN Spon, 1999
3) Maekawa, K., Ishida, T. and Kishi, T. : Multi-scale modeling of concrete performance-Integrated material and structural mechanics (invited), Journal of Advanced Concrete Technology, Vol.1, No.2, pp.91-126, 2003
4) Soraoka, H., Adachi, M., Honda, K. and Tanaka, K. : Experimental study on deformation performance of underground box culvert, Proceedings of the JCI, Vol.23, No.3, pp.1123-1128, 2001
5) 小野英雄・新谷耕平・草間和広・前川宏一：水平2方向同時加力を受けるRC立体耐震壁の解析的検討，コンクリート工学年次論文集，JCI，pp.559-564，2003
6) 土木学会原子力委員会：原子力発電所屋外重要土木構造物耐震性能照査指針・マニュアル，2005
7) 原田光男・鬼束俊一・足立正信・松尾豊史：円筒型鉄筋コンクリート構造物の変形性能に関する実験的研究，コンクリート工学年次論文集，JCI，Vol.23，No.3，pp.1129-1134，2001
8) 前川宏一・宮本幸始：土木構造設計における性能照査型基準の方向，コンクリート工学，Vol.35，No.11，pp.14-18，1997-11
9) 牧 剛史・土屋智史・渡辺忠朋・前川宏一：3次元FEMを用いたRC杭基礎―地盤系の連成地震応答解析，コンクリート年次論文報告集，日本コンクリート工学協会，2007
10) 溝口孝夫・中野博文・上野健治・山野辺慎一：鶴見つばさ橋主塔橋脚耐震補強工事，コンクリート工学，Vol.44，No.12，pp.48-54，2006
11) 土木学会：既設と新設の一体地下構造物における耐震性能照査法の技術評価，技術推進ライブラリー，No.2，2006
12) 西脇敬一・藤原寅士良・渡邉明之・野澤伸一郎：基礎スラブを活用した耐震補強工法に関する実験的研究，第41回地盤工学研究発表会，pp.1337-1338，2006
13) 前川宏一・半井健一郎：コンクリート構造工学と地盤工学の知識融合と性能設計，土と基礎，地盤工学会，2007
14) 小林 薫・石橋忠良：RC柱の一面から施工する耐震補強工法の鋼板の補強効果に関する実験的研究，土木学会論文集V，Vol.683，No.52，pp.75-89，2001
15) 津吉 毅・石橋忠良：鉄筋を柱外周に配置する既設RC柱の耐震補強工法の断面外配置した鉄筋の効果に関する研究，土木学会論文集V，Vol.676，No.51，pp.77-88，2001
16) 朱 銀邦・石田哲也・前川宏一：細孔内水分の熱力学的状態量に基づくコンクリートの複合構成モデル，土木学会論文集，2004-5
17) Toongoenthong, K. and Maekawa, K. : Multi-mechanical approach to structural performance assessment of corroded RC members in shear, Journal of Advanced Concrete Technology, Vol.3, No.1, pp.107-122, 2005
18) Chijiwa, N. : Time dependent simulation of reinforced concrete subjected to coupled mechanistic and environmental actions, 6th International PhD Symposium in Civil Engineering, Zurich, pp.40-42, 2006

19) 土木学会コンクリート委員会：アルカリ骨材反応の今―鉄筋破断の重み，コンクリートライブラリー，2005-8
20) Toongoenthong, K. and Maekawa, K. : Computational performance assessment of damaged RC members with fractured stirrups, Journal of Advanced Concrete Technology, Vol.3, No.1, pp.123-136, 2005
21) 菅野貴浩・水野淳一・小林敬一・荻原郁男・古谷時春：東京レンガ高架橋の不等沈下の影響および耐震性能に関する数値解析について，Structural Engineering Data (SED)，JR東日本，17，pp.96-109，2001
22) http://www.vsl-japan.co.jp/homepage/product/head-bar/，プレート定着型せん断補強鉄筋-開発経緯
23) 新藤竹文・坂田　昇・前川宏一：初期欠陥を未然に防ぐコンクリート施工性能評価技術について，コンクリート工学，Vol.43，No.2，2005-2
24) 土木学会コンクリート委員会：施工性能にもとづくコンクリートの配合設計・施工指針（案），コンクリートライブラリー，2007-3

第9章

集合住宅ストックを再生する

工学系研究科建築学専攻 **塩原 等**

9.1 既存ストックの現状

9.2 集合住宅ストックの保全

9.3 集合住宅ストックの更新

世界最大の震動台（E-Defense）による鉄筋コンクリート造建物の震動破壊実験．古い基準により設計された既存不適格の鉄筋コンクリート造低層建物に 1995 年の兵庫県南部地震で観測された震動を加える実験が行われた．同じ建物に耐震補強工事を施した後，再度実験が行われ，耐震補強の効果が検証された．（写真撮影：楠原文雄）

第9章　集合住宅ストックを再生する

　鉄筋コンクリート中低層集合住宅は，これまで日本の共同住宅の供給を支えてきました．現在もわが国の大きな社会資本のストックとなっています．

　本章では，初めに，既存の集合住宅ストックを保全していくには，耐震改修も含め現在どのような問題と課題があるかについて考えます．そして次に，既存ストックの建て替えを行う場合，今後長期間にわたってその建物を維持管理するにはどのような課題を克服しなければならないかについて考えていくことにします．

9.1　既存ストックの現状

　鉄筋コンクリート中低層集合住宅は，1960年代から1980年代まで日本の共同住宅の大量供給を支え，現在の社会資本の重要な地位を占めるに至っています．たとえば，東京では多摩ニュータウン，大阪では千里ニュータウンといった30年前に開発された集合住宅があります．しかし現在，このような集合住宅のストックが30年，40年経過して老朽化が進んでいることや，空間の狭さや設備の不足から人々の生活レベルの変化に対応できないといった背景から，部分的に改修して既存ストックを有効活用するか，あるいは建て替えて新しい建物をつくるか，といった時期にきています．

　このようなことから，住宅産業にとってはたくさんのビジネスの可能性があると考えられるのですが，改修の際に構造上の問題が生じる場合が多く，改修の際の自由度が著しく制限されること，改修をした後の構造が本当に安全であるということが今の規準では明確にできないこと，既存ストックの改修がビジネスモデルとして成り立つかどうかが不明確である等といった背景から，建て替えやリノベーションがなかなか進んでいないのが実態です．今後日本の人口は減少していくため，新しいストックをつくることよりも既存のストックをどのようにして有効活用していくかを考えることが最も重要です．さらに地球環境への配慮が各方面から望まれており，長期間にわたって補修をしながら既存ストックを利用していく必要があります．

　現在の日本には，中高層の集合住宅ストックが約1100万戸あり，そのうちの約1/3の建物が築年数20年を超えています．先ほどお話ししたように，これらの建物について内装・設備等の老朽化・陳腐化が進んでおり，住宅のリフォームを適切に推進していく必要性が指摘されています．たとえば，お風呂を沸かすの

9.1 既存ストックの現状

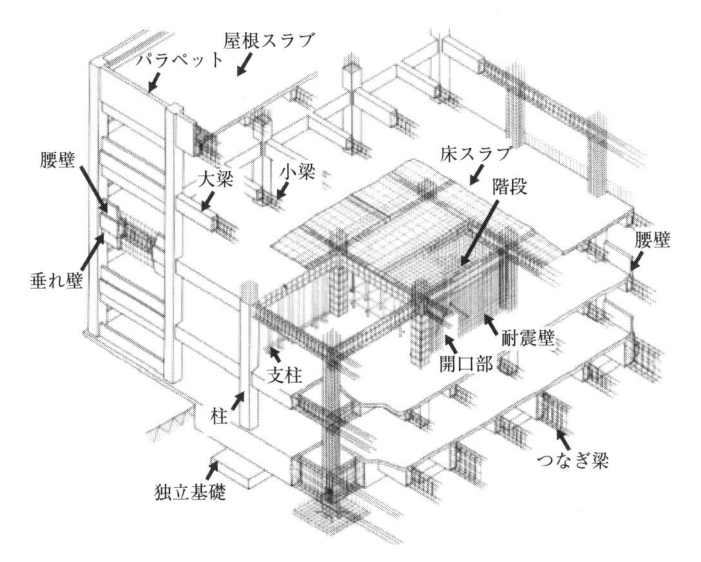

(a) ラーメン構造[1]

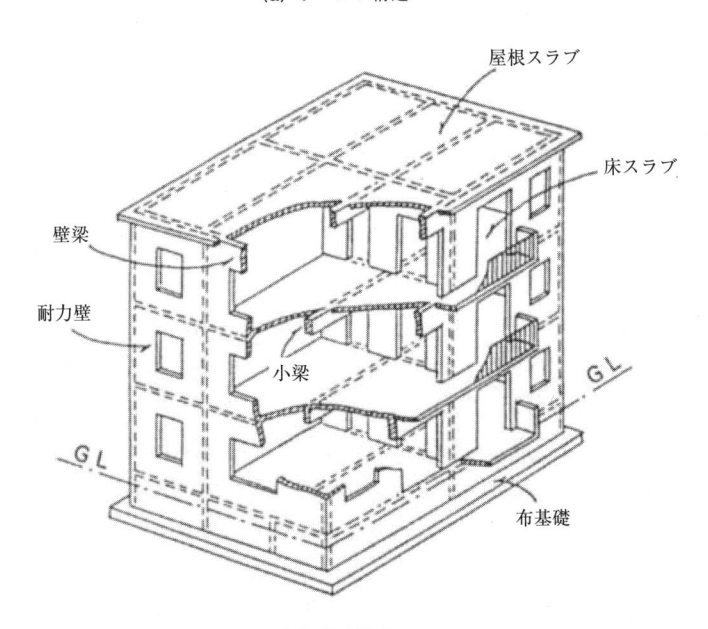

(b) 壁式構造[2]

図 9.1 ラーメン構造と壁式構造

に水をはってガスをつけるといった形式は今ではなかなか見当たりませんが，20年，30年前には当たり前のことでした．

それでは，このような既存のストックが実際どのようなものなのか詳しく話していきます．まず階数としては，低層，中層，高層，超高層とあらゆる種類があります．しかし，高層・超高層の建物の登場は最近のことなので，既存ストックとしては低層・中層の建物がほとんどを占めているのが現状です．また構造形式としては壁式構造，ラーメン構造，壁式ラーメン構造があり，架構形式としては鉄筋コンクリート造，鉄骨鉄筋コンクリート造があります．ここで，壁式構造，ラーメン構造という聞き慣れない言葉について説明をします．

ラーメン構造とは，図9.1に示すように柱と梁の線材を組み合わせて地震力に抵抗しようというもので，いってみれば日本の木造家屋のようなイメージです．ラーメン構造ですと低層から超高層までつくることができるため，鉄筋コンクリート造のなかでは日本に最も多くある構造といえます．

これに対して壁式構造は，柱とか梁という部材がなく，面状の部材を立体的に組み合わせて箱型になっているものをいいます．あまり大きな空間はつくれませんが，集合住宅のように小さい空間がたくさん必要な場合，壁式構造は非常に都合がよいということで，1960年代あたりから住宅を大量生産するために用いられてきました．今の規準[2]では，この壁式構造は地上階数5階以下で，軒の高さは16m以下となるよう建てることになっていますが，古いストックのかなりの部分がこの構造形式で建てられています．

また壁式鉄筋コンクリート構造は，地震に非常に強いと一般的にいわれています．阪神・淡路大震災のとき，壁式鉄筋コンクリート造の建物はほとんど無傷に近い形であったことや，被害があったとしても，それは上部構造でなく，地盤が傾斜しているといった建物以外の部分の被害でした．このように壁式構造は耐震性能が高く，維持管理を適切に行っていくことで今後も長期にわたり使用できるという点で，技術者たちは何かチャレンジができないかと注目しているのです．

しかしながら，壁式構造は5階建てまでと高さ制限があることと，住戸数を増やすとなると広い敷地を必要とすることから，最近はほとんど建てられていません．壁式ラーメン構造とは1990年頃に開発された新しい構法で，壁式構造とラーメン構造を組み合わせることで15層までつくれるようにしたものです．以前は比較的都心に近い場所で中低層の壁式構造の集合住宅がよく見られましたが，これらを建て替えて壁式ラーメン構造を採用することで高層化するという事例が

9.1 既存ストックの現状

最近増えています.

　構造形式の話が長くなりましたが,次に既存ストックの住棟形式の分布についてお話しします.住棟形式で一番多いのが階段室型で,その次が片廊下型です.この二つの形式が大部分を占めているのですが,そのほかにも中廊下型,ツインコリドール型,スキップフロア型などが少しあります.中廊下型,ツインコリドール型は最近になって現れたもので,中層・高層で用いられています.また施工方法の分布を見ると,現場打ち工法とPC工法に分けることができます.PCとはプレキャストコンクリートを意味していて,建物を建てるところにコンクリートを打設するのではなく,壁のパネルなり柱なりを工場や現場の横の場所であらかじめつくっておいて,そこから建物を組み立てるというものです.工期が早いとかコンクリートの品質がよいということでよく使われています.

　こうした既存ストックを建て直すことを考えると,30年前の住宅が今の住宅にふさわしいかどうかが大きなポイントになってきます.実際に階高が昔と今でどのくらい変化したかというと,30年前では2 600 mmくらいであったのが,今では3 000 mm程度まで高くなっているのです.階高は,住戸をリニューアルするときにある程度余裕が必要で,もともとの階高が低いと空間を大幅に変えることが困難になってしまいます.実際の住戸空間の高さにあたる居室天井高さについて考えると,昔と今を比べると100 mm程度高くなっているという統計結果があります.階高が400 mm程度高くなっているのに対し,居室天井高さは100 mm程度しか高くなっていないことを総合して考えると,昔と今で大きく変わったものの一つとして,床や天井における設備機器や断熱材のための空間が大きくなっていることがあります.さらに時代の流れとともに大きく変わったものとして,床スラブの厚さがあげられます.実際,30年前には100 mm程度であったのが,今では300 mm近くまで上昇しています.建築基準法や日本建築学会の基準では,構造上は120 mmあれば安全性は確保されると書かれているのですが,最近では住戸間の遮音性が特に重要になってきたため,スラブの厚さが大きくなったのです.たとえば,マンションの上の階で子供がドンドンと騒ぐと音が下の階に聞こえるといった問題があげられますが,こういった重量衝撃音は遮音材を用いてもなかなか防げるものではないそうです.一番いい解決方法は床そのものを厚くすることなのですが,既存ストックを保全して使うとなると,床スラブの厚さを変えることはきわめて困難であり,深刻な問題になってくると思われます.

9.2 集合住宅ストックの保全

(1) リニューアルの方法と事例

既往の住宅ストックのこのような傾向を踏まえて，図9.2に示すようにリニューアルについての問題点の指摘やアイデアが数多く出されています．図では5階建ての壁式の住宅を改修するとどのようなことができるかを示しています．既存の集合住宅における代表的な問題点として，5階建てでもエレベーターが設置されていない場合が多いため，何らかの計画を行ってエレベーターを設置する必要があるといったことや，外から建物の中に入る際に段差があるので，今後のことを考えてバリアフリーにする必要があること，空間自体が狭いので床を下げる，あるいは梁のような居室空間の中の構造部材について一部改修を行って空間の高さを確保する必要がある，といったことがあげられています．またさらに大規模な改修を行って，二つの住戸の間にある壁や床に開口をあけて床面積や空間を広げようというアイデアも出されています．このようなリニューアルに関する勉強会はとても重要であり，現在様々な場所で行われています．

増改築すると，往々にして単純に間取りを変えることになるのですが，その際構造上の問題が生じます．壁式構造の場合で考えると，設計したときにある壁は，構造上の問題から壁を取り外すことや開口を設けることは基本的にできません．しかしながら，既存のストックでは住戸1つ当たりの床面積が40 m^{2}から50 m^{2}しかなく，住戸空間を広げるためにはどうしても壁を取り外したり開口を設ける

(a) 改修前の住宅のイメージ　　(b) 改修後の住宅のイメージ

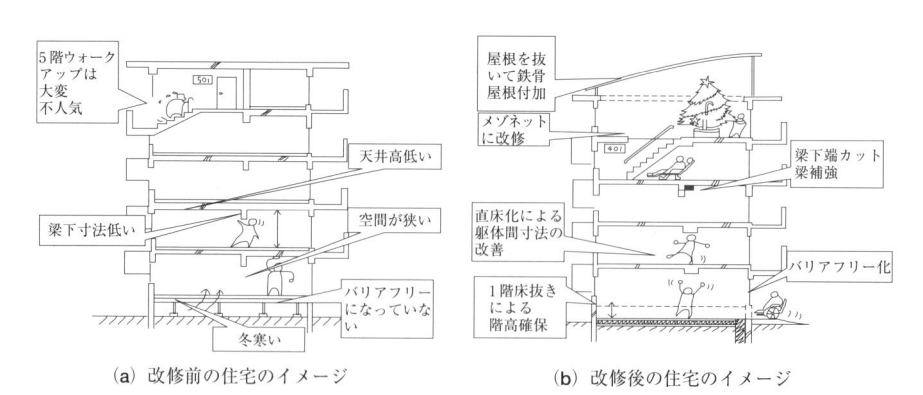

図9.2　改修前と改修後の住宅のイメージ

9.2 集合住宅ストックの保全

〈水平展開〉
- 2戸1 バルコニー通行
- 2戸1 玄関通行（階段等の新設）
- 3戸2 戸境壁開口新設

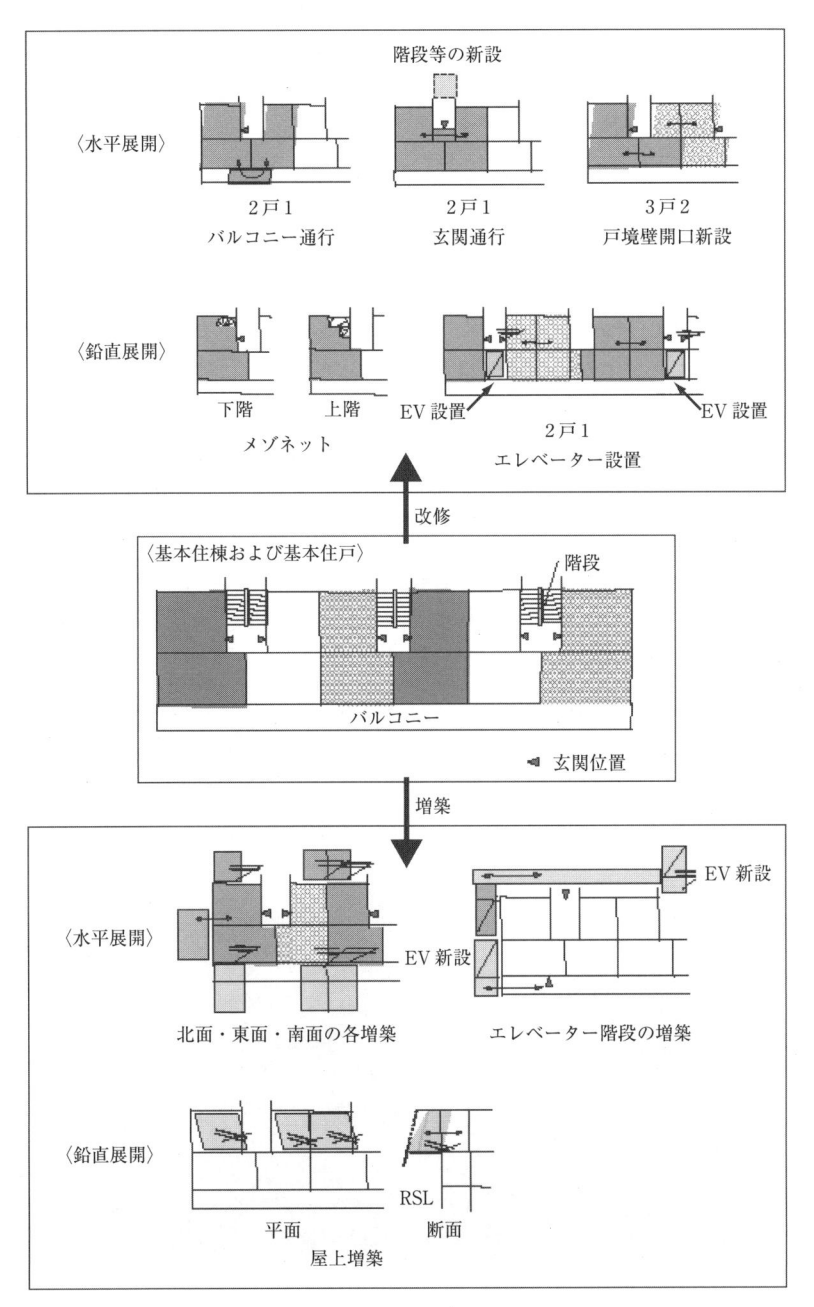

〈鉛直展開〉
- メゾネット（下階・上階）
- 2戸1 エレベーター設置（EV設置）

〈基本住棟および基本住戸〉
階段／バルコニー／◁ 玄関位置

改修 ↑　　増築 ↓

〈水平展開〉
- 北面・東面・南面の各増築（EV新設）
- エレベーター階段の増築（EV新設）

〈鉛直展開〉
- 屋上増築（平面・断面）　RSL

図9.3　増改築の系列分類

必要があり，大規模な工事になってしまうのが現状です．そうすると工事費は後に賃貸料としてきちんと得ることができるのかとか，壁に穴をあけても安全上の問題はないか等々，様々な問題が生じてしまいます．リニューアルによる問題点については(3)でまとめてお話しします．

ここでは，そうした壁や床を取り外すような大規模な改修工事によって空間を広げるということで，まずどのような種類の計画があるのかを見ていきます．図9.3に増改築の系列分類について一覧します．図に示すように，増改築では2戸の住宅をつなげて一つにするというアイデアがあります．まず水平方向に空間を広げるということですが，一番簡単なのは，バルコニーに部屋をつくってそこから出入りするという2戸1バルコニー通行型というものです．この場合は，ほとんど構造的な壁に穴をあける必要はありません．ただ，これだと少しシンプルすぎるということで，ほかにも多くのプランがあります．たとえば2戸1玄関通行は，階段室を外側につくって，もとの住戸の外側に壁をつくって新たに玄関を一つ設置するというものですが，もともと玄関があったため壁に穴をあけることがなく，2戸をつなげることができます．図9.4は実際に2戸1玄関通行を採用した例ですが，非常にうまく収まっているのがわかります．

さらに3戸2戸境壁開口新設というのは，文字どおり壁に穴をあけて2戸をつなげるといった形式ですが，この場合は構造上の確認が必要になってきます．また鉛直方向に空間を広げる例として，メゾネット型というものがあります．これは上下に積み重なった住宅の中に，床を抜いて階段を設置し，1階と2階の住戸

(a) 改修前概観（別棟）　　　　　(b) 改修後概観

図9.4　階段室移動による2戸1実施写真

を一つにしたものです．また最近は，中層の集合住宅でもエレベーターを設置したいといったニーズがあるため，2戸1エレベーター設置という形式もあります．メゾネットや2戸1エレベーター設置方式では，鉛直方向で2戸をつなぐためにどうしても床スラブに穴をあける必要があり，この場合も大規模な改修工事になってしまうと考えられます．

また，改修のほかに増築という手法があります．2戸をつなげると空間が広くなるわけですが，やはり構造上の問題や，あるいは人が住みながら作業を進められないといった背景があります．そのために，既存の建物の外側に新たに建物を追加することが行われ，エレベーターや屋上等の設置に使われています．

また普通の集合住宅をグループホームに変更するといった用途変更の事例もあります．グループホームとは，年配の方がプライバシーを保ったままで全体として共同生活を営むことができるものです．このような場合は，リフォームプランのなかで，車椅子の方が利用できるようにとスロープを設置したり，グループホームに必要な付属の施設を設置したりということが行われています．また住戸内バリアフリーという考え方があって，普通の住宅の場合であっても，ユニバーサルデザインを意識して床の段差をなくしすべてフラットにしていくという検討も行われています．また1戸の場合であっても，間仕切壁だけを取り除いて一つ一つの部屋を大きくし，住む人々が自由に空間を利用できるという，最近のトレンドを意識した計画も行われていますが，やはり20年，30年前の住戸は40 m^2，50 m^2しかない場合が多く，少しの改修ではあまり空間が広くならないといった現状もあります．

(2) リニューアル上の問題

これまで話してきたように，既存の集合住宅ストックのリニューアルが数多く行われているわけですが，それにともなって数多くの問題も生じています．ここでは今までにも少し触れた技術的な課題も含めて，どのような問題があるのか整理していきたいと思います．

図9.5は，リニューアルをする際に問題となる代表的な事項について，主にハード面での問題をまとめたものです．

まず①の階高についてですが，一般に古い建物ほど階高が低くなっていますから，今の断熱材とか床の仕様を考えて床仕上げを行うとある一定の厚さが必要になってしまい，結果として空間がきわめて狭くなるという問題があります．階高が低いことは大きな問題で，各階を20 cmずつ高くすると，建て替えるのと同

> ① 階高が低い．2600 mm 程度．
>   鉛直方向の空間が狭い．床仕上げを施すと有効内のり寸法がきわめて小さくなる．
> ② スラブ厚さが薄い．
>   遮音性能・振動性能が低い．
> ③ 面積が小さい．40〜50 m² 程度．
>   水平方向の空間が狭い．
> ④ バリアフリーに対応していない．
>   住戸内において段差解消がなされていない．手すりが設置されていない．
> ⑤ 中低層住宅にはエレベーターが設置されていない．
> ⑥ 消防法関連の既存不適格．
>   二方向避難が確保されていない建物がある．現在の消防法だと既存不適格となる場合がある．
>   （高層市街地住宅）
> ⑦ 中低層住宅（5階以下）は壁式構造が大半を占めており，耐力壁（構造壁）が多く改造しにくい．
> ⑧ ラーメン架構の構造物では，二次壁が柱，梁に接着している．
>   構造スリット（完全スリット，部分スリット）がまったく設けられていない．耐震改修においてスリットを入れる必要がある場合が多い．
> ⑨ 新しい設備機器対応ができていない．
>   給湯器，クーラー，吸気ダクト，換気ガラリ，電気容量，床暖房，インターネット，電話回線，IT関連の設備機器対応を行うため，構造躯体を含めた検討が必要となる．
> ⑩ 耐震改修が必要となるケースがある．
>   立地のよい市街地に建設されている高層住宅については，かなり高い比率で耐震改修が必要となる．
> ⑪ 断熱性能が低い．

図 9.5 リニューアルをする際に問題となる代表的な事項

じくらいのお金が必要になるため，致命的な問題といえます．

また先ほども話しましたが，②に書いてあるようにスラブが薄いという問題があり，遮音性能，振動性能で格段に劣ってしまうと考えられます．

④のバリアフリーに対応していないのは，たとえば昔の住戸では水まわりで床を上げて，その部分に設備を収めていたという工法が多く採用されていたのですが，このような場合は年配の方や車椅子を使用している方には負担となってしまいます．また同じような観点から考えると，手すりやエレベーターが設置されていないことも大きな問題であると考えられます．

また⑥の消防法関連の既存不適格ということですが，昔に建てられた集合住宅のなかには二方向避難が確保されていないものがあります．そのため，二方向避難を考慮しないと建て替えや大規模な修繕ができないということで，一般的な改修費用のほかに防災計画を考慮した改修費用も考えなければいけないことを示しています．

それから，⑨にあるように設備機器対応ができないという問題がありますが，これは，たとえば給湯器を考えると配管が必要なので，構造躯体から全部変えなければいけないということです．最近では給排気に関する建築基準もかなり厳しくなってきたようで，換気扇等の配置も部屋ごとに考慮しなければならないとい

9.2 集合住宅ストックの保全

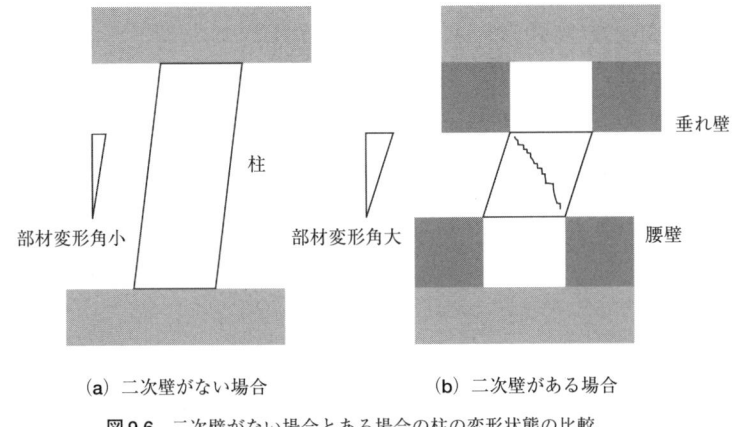

(a) 二次壁がない場合　　(b) 二次壁がある場合

図9.6 二次壁がない場合とある場合の柱の変形状態の比較

った話も聞きます．

⑧は壁式構造ではなくラーメン構造についての問題なのですが，少しわかりにくい言葉で書いてあるので説明します．既存ストックのなかには耐震性能が低い住宅がある理由の一つとして，垂れ壁や腰壁といった二次壁が柱や梁に接着しているという問題があります．

図9.6 に柱に二次壁が接着されているときのイメージ図を示しますが，この場合は地震力を受けて水平方向に変形するとき，実際に変形できる部分が二次壁のない柱の中央部分に限定されます．これにより柱のせん断変形が増大して，せん断破壊が生じてしまう場合があり，二次壁を柱から切り離すためにスリットを設けるといった耐震改修が必要となります．

⑧や⑩で耐震改修という言葉が出てきましたが，耐震改修には部材補強，ブレース補強，制振，免震といったたくさんの種類があります．専門家が耐震診断[3]を行って，建物がどの程度の耐震性をもっているかを吟味し，適切な改修方法が選択されます．耐震診断が行われると，その結果は I_s 値という値で指標化されます．ここで，I_s 値とは耐震改修促進法によって定められた構造耐震指標のことなのですが，たとえば I_s 値が 0.3 未満だと強い地震に対して倒壊する恐れがありきわめて危険であるとか，I_s 値が 0.6 以上だと倒壊の危険性が低くなる，といったようなランク分けが行われます．先ほど話した壁式構造については，耐震診断の結果が問題になることは少ないのですが，たとえば高層住宅だと一般的に I_s 値が小さくなって耐震改修が必要になる場合が多々あります．耐震改修にもかな

第9章　集合住宅ストックを再生する

リニューアルを効率的かつ円滑に行うためには，以下の課題を整理・検討する必要がある．
1. 既存不適格に対する主要構造物の模様替えの法的整理（法6条の申請の要否）
2. 既存の建築物に対する制限の緩和等の整理（施行令137条関連）
3. 模様替えによる構造安全性について準拠基準，解析方法等の整理
4. 消防法関連

図9.7　リニューアルをするうえでの法的な課題

りのお金がかかり，その調達は賃貸料からとなるのですが，そのためには，耐震改修のほかにも面積を増やすとかエレベーターを設置するといった付加的な改修も必要になります．

また，市街地では居住者の転居や移転が難しいので耐震改修工事は居付きで行うことが望ましいとされますが，その場合には居住者の生活を考慮して低騒音・低振動工法の開発が必要になります．このようなことをすべて考慮すると，改修費用の額はものすごく高くなることが予想されます．

ここまではハード面での問題をとりあげて話をしてきましたが，次に法令の問題といったソフト面での問題についてもう少し触れたいと思います．図9.7に，こうした法的な問題や，今後どうすべきかについて大まかにまとめたものを示します．図に書かれている1や2の事柄について説明しますと，たとえば壁に穴をあける場合には大規模な修繕・変更ということになりますが，日本ではある一定以上の規模の更新では建築確認が必要です．では，このような建築確認が必要な大規模改修とはどの程度のものかというと，必ずしも明確なルールになっていません．おそらくそれはケースバイケースで難しく，法律[4]にも書きにくい事柄なのだと思います．軽微な模様替えだと建築確認が必要ないのですが，ある一定規模以上になると既存不適格に対する更新，つまりすべてについて今の基準を満たすようにしなければならなくなり，結果としてコストが数倍にもなるという問題が生じてしまうのです．また3の事柄も重要なことで，たとえば既存の住宅を改修しようとするときはいろいろな構造体の変更が生じるのですが，新しい建物をつくるのとは違って，古い建物の構造を変えても安全なのかという検討については，今の設計規準には何も書かれておりません．

以上より，既存の集合住宅ストックを保全することに対して，ハード面でもソフト面でも数多くの問題があり，これらを一つ一つ克服していく必要があることがわかりました．

(3) 今後の課題

　既存の集合住宅ストックを保全するうえで数多くの問題があると話しましたが，これらを総合して考えると，結局はこうしたストック改修がビジネスモデルとして成立するかどうかということです．たとえば既存ストックを改修することを計画したとき，改修費用がきちんと回収できることが必要になります．その費用は後の住宅の家賃なのですが，実際にそこに住みたいという人々を引き付けるためには家賃の設定が重要になります．そのためにも，長期的な視点で経営計画を考えていく必要があり，その際には建物の耐用年数との関係も考えなければなりません．つまり既存ストックを建て替えずに保全していくためには，建物の耐用年数予測や確定・診断，診断結果に基づく適切なリニューアル方法，建物の延命技術など，全部の事柄を十分に考慮する必要があります．さらに建物のライフスパンのなかで大きな地震が起きることも可能性としてはありますが，地震被害によって家賃収入がなくなる場合があるかもしれませんし，建物自体が継続使用困難となるくらいに損傷すると建物という財産そのものを失うことにもなります．このようなことから，地震リスク・ライフサイクルコストも考慮する必要があります．

　こう考えると問題があまりにも多く，途方に暮れてしまうかもしれませんが，問題点を抽出したという意味ではよいのではないかと考えています．そして，こうした問題を解決するためには，今後更なる研究開発を行うこと，法律を整備すること，各種の補助制度，基準類，施工法，試験方法等の開発が必要であるとも考えられます．いずれにせよ，今後長期予測技術に対して客観的に判断できる人が今以上に必要になってくることは確かです．

9.3　集合住宅ストックの更新

(1)　社会的ニーズに合わせた動き

　今まで既存ストックの保全について話をしてきましたが，ここからは既存ストックを更新する，建て替えて新しくストックをつくる話をしていきたいと思います．

　新しいストックをつくるときに何を考えるかということですが，まず社会的ニーズの変化に，住宅が対応・更新できるように計画することが重要です．つまり，スクラップ・アンド・ビルドの発想から継続使用の発想に転換するということで

すが，そのためにストックに求められることは何でしょうか．たとえば，住宅以外の用途にも適用可能であるような高い可変性，高い更新性，高い耐久性，適切な施工，維持管理があげられるかと思います．このうちの可変性ということで，最近スケルトンインフィル住宅[5]の実用化のための開発がされるようになってきました．そこで，このスケルトンインフィルの概念について見ていきたいと思います．

(2) スケルトンインフィル

スケルトンインフィル住宅という言葉において，スケルトンとは構造躯体および共用設備等を，インフィルとは内装設備およびサッシを含む非耐力壁・戸境壁等を示し，一般にはSIといったように略されます．集合住宅をつくるときに，この骨組みの部分や床の部分を最初から長期耐久性をもつようにつくって，中身にあたる部分は後から自在に配置したり，一部分だけ取り壊して新しいものに差し替えたりすることを可能にしています．このようなSI住宅の構造を実現させるためには，コンクリートの水セメント比を改善して100年間の長期的な耐久性をもつ躯体を目指すといったことや，平面計画に制約が少なく間取りの可変性の高い大型一枚床板を採用する，また電気配線を躯体から分離してリフォームやリニューアルへの対応を可能にするなど，いろいろなアイデアを取り入れてつくることが大切です．

SI住宅の社会的意義は，循環型社会にふさわしい長期耐用型の建物であることや，居住者の生活スタイルの変化に対応できることのほかにも，SI住宅の概念から今までにない新たな住宅供給方式の展開や，こういった産業の活性化が期待されますし，SI住宅により，街並み形成にも十分に貢献できる可能性があることが考えられています．

SI住宅がまちづくりに貢献する可能性があるというのは，建物の骨格を長持ちするように耐久性の高いものにし，中に入る住戸は様々に変えることができることから，長い期間を通して街並みに馴染んだ建物の姿を残しながら，時代の流れとともに変化する社会のニーズに合わせて柔軟に変えることで，街の歴史や賑わいをずっとつないでいくことを意味しています．

(3) 建て替えによる更新とまちづくり

ここでは，建て替えによる更新がまちづくりにどのように貢献していくべきかについて話します．既存ストックを建て替えて新しい住宅ストックをつくる際には，その建築物を単体として考えるのではなく，周辺の環境や街並みと調和する

ように計画することが大切です．建築物が街の中で周辺環境に溶け込み，美しくて良好な景観を長期間にわたって維持すること，あるいはその建物を中心として人々のコミュニティが形成されることで，街の中でその建物が果たす役割は大きなものとなります．

既存の建物を必要に応じて建て替える，あるいは用途転換を図りつつ活用することが今盛んに行われています．既存ストックの有効活用に関する法律として，2002年12月にマンションの建て替えの円滑化等の推進に関する法律が制定されました．この法律は老朽マンションの建て替えを促進しようという目的で制定されたもので，マンション建て替え事業が新しく創設されることが以前より多くなっています．こうした背景から建て替え事業が盛んになってきましたが，今後まちづくりに対してどのように貢献していくかをさらに考えることが重要になってきます．まちづくりへの貢献としては，たとえば新しいストックをつくることにより地震などの災害に対して強いまちを形成するといったハード面があげられますが，その地域における既存のコミュニティを継承し，住民が地域に根づくようにするといったソフトな面もあげられます．さらに最近では，建て替えの際に用途転換を行って，人々がより多目的に空間を使えるようにするということも考えられています．

(4) 環境負荷の軽減

環境負荷の軽減という事柄も，新たにストックをつくる際に重要になってきます．基本的には，建築物を建て替えるのでなく継続的に使用することで環境負荷を抑えることができますが，SI住宅のように中の住戸だけ順次更新していくことでも環境負荷を大幅に軽減できると考えられます．

新たに建物を更新する際，その建設過程で環境負荷を低減するということでは，CO_2発生量の少ない材料・工法を選定する，リサイクル資材を有効に活用する，産業廃棄物を出さない工法を選定する，等が考えられます．実際，建物の除却にともない発生したコンクリート廃材を道路や他の土木施設に再利用したり，内装材を分別解体して再資源化を徹底することが行われています．

また建物使用中の環境負荷低減としては，断熱仕様を向上させる，外断熱を採用する，といったことで省エネルギー化を図り，人々の暮らしの場面で問題となっているエネルギー消費の増大という課題をなくそうと考えられています．また，こうした屋内の省エネルギー化のほかにも，屋外において緑を増やすことやビオトープを整備することで，ヒートアイランド現象などの都市問題に対処しようと

いう試みが行われています.

　本章では,鉄筋コンクリート中低層集合住宅の再生技術ということで,様々な事例を通しながら現状と今後の課題について話を進めてきました.既存の集合住宅ストックをどのように再生するかというときのキーワードは,既存ストックをどのように保全するか,または更新するか,でした.保全する場合にも更新する場合にも,それぞれ難解な問題,技術的な問題,法律上の問題があり,なかなか結論は出ませんけれど,今後さらに検討して各方面からの対策が必要であることはわかっていただけたと思います.

■文献
1) 日本建築学会：構造用教材,1985
2) 日本建築学会：壁式構造関係設計規準集・同解説（壁式鉄筋コンクリート造編）,2003
3) 日本建築防災協会：改訂版　既存鉄筋コンクリート造建築物の耐震診断基準・同解説,2001
4) 国土交通省住宅局建築指導課,日本建築技術者指導センター：基本建築関係法令集〔法令編〕,霞ヶ関出版社
5) UR都市機構：ホームページ,http//www.ur-net.go.jp/,2007年2月25日

第10章 建築ストックのサステナビリティ向上のために

生産技術研究所 **野城 智也**

10.1 日本の建築ストックの動向

10.2 サステナビリティの概念とは

10.3 賽の河原に石を積む事なかれ──holistic approach の必要性

10.4 制度の再デザイン──インフィル動産化および二段階改善論

10.5 情報駆動社会におけるストックのマネジメント

徳富蘆花旧宅（世田谷区粕谷）──手入れによって長寿を得た建築．蘆花が築約10年の普通の民家に手を入れて1909年から約20年間を過ごしたこの住宅は今なお健在である．

学問分野が細分化してしまったために，それぞれの分野で熟成させてきた技術がまず先験的にあって，「その技術で何が解けるのか」という思考方式の迷路に陥ってしまうことがあります．ストックマネジメントは学問としては新しい分野であり，むしろ「どこにどのような課題があるのか，その解決のためにはどのような技術が必要なのか」という，反対方向の思考方式をとっていかねばなりません．

本章では，「どこにどのような課題があるのか」を把握するために，日本の建築ストックとフローの量的バランスから見えてくる課題を説きおこしたうえで，それらの課題を解いていくには，従来の学問分野を超えてどのような技術や知の連携が必要になるのかを説明していきます．

10.1 日本の建築ストックの動向

(1) ストックとフローの比率

図10.1は，その年の新築量（着工量）に対する建築ストック量の比率の年次別推移を表したものです．この割合がたとえば1 000％だとすると，これは，仮に新築すべてを建て替えに振り向けるならば，10年ですべての建築が建て替えられ得ることを表しています．図から，この比率は1973年に1 200％そこそこまで，すなわち12年ですべての建築ストックの建て替え更新が可能，というレベルにまで下がったところで底を打って上昇し，現在は4 280％，すなわちすべての建築ストックの更新には新築のすべてを建て替えに振り向けても42.8年かかるという水準にまで達していることがわかります．建築への要求条件が刻々と

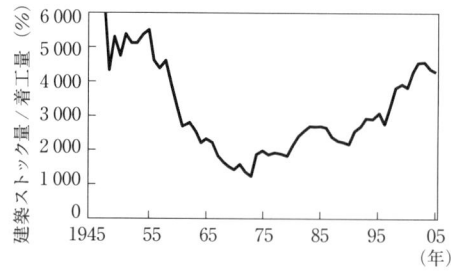

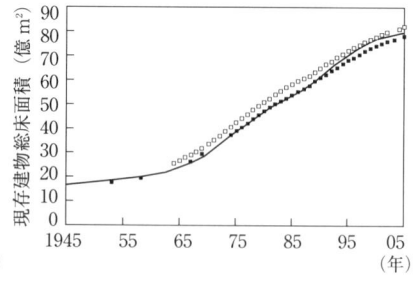

図10.1 新築量（着工量）に対する建築ストック量の比率の年別推移

図10.2 建物ストック量の年次別推移（筆者による推定．詳しくは文献1），2）参照）

変わることを考慮するならば，既存建築ストックと，それらへの現在および将来の要求条件の乖離を，建て替えという手段で是正することには量的限界があり，むしろその乖離は既存建築の改修・改築によって埋めていくことのほうが主役である，すなわち，これからの時代は建築ストックのマネジメントが主役であることを示唆した図であるといってよいでしょう．

図 10.2 にあるように，日本の建築ストック量は右肩上がりで増加してきて，現在 80 億 m^2 くらいの建築ストックがあると推定されますが，図 10.1 のように，そのストック総量とフロー量（着工量）の比率に着目して状況の変化を認識していく必要があります．

現在の制度設計に一番影響力をもつ，今 50 歳代の方々が就職した 1970 年代は，私自身も中学生でしたから覚えていますが，世の中の景観はどんどん変わっていきました．その世代の方々が就職した頃に身につけた感覚を暗黙の前提として，現在や将来の制度設計をしているとすれば，時代状況と制度は大きく乖離し齟齬を生じていく恐れがあります．たとえば建築基準法は，12 条で既存建築の定期調査・報告を規定していますが，建築ストック量が絶対的に不足していた 1950 年に制定されたこの法律の主旨は，建築確認申請を通じて新築される建築への規制を加えることにあって，建築ストックを対象とした包括的かつ強制的な規制は盛り込まれていません．予想され得る地震動に対して，耐震性能が十分でない建築ストック量は膨大な量にのぼりますが，その性能改善を強力に促すような制度や枠組みは無きに等しい，というのが現状であり，「絶えまない更新・新築によって建築ストックの性能を向上させていく」という暗黙の制度前提そのものが，見直されなければならなくなっているのです．

(2) 建築の寿命実態

図 10.3 と図 10.4 は建築の寿命実態調査の結果を表しています．人口統計と同様に，年齢コホート（同年次に新築された建築物のグループ）ごとの年間減失率を調べ，これをもとに，建築現存量が経年とともにどのように減少していくかを表したものです．

日本の住宅の耐用年数は 25 年であるというグラフが様々な文献に引用掲載されていますが，あの数字は，住宅ストック総量を住宅新築量で割って得た数字です．そのような集計方法が適切でないことは，皆さんもうおわかりですね．さもなければ，図 10.1 に示すように 1970 年代中葉の日本の建築の耐用年数は 15 年を切っていたことになってしまいます．

第 10 章　建築ストックのサステナビリティ向上のために

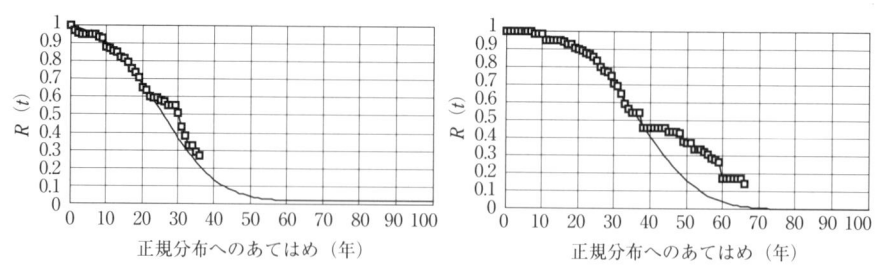

図 10.3　東京都中央区における鉄骨造事務所建築物の寿命実態[3]

図 10.4　東京都中央区における鉄筋コンクリート造事務所建築物の寿命実態[3]

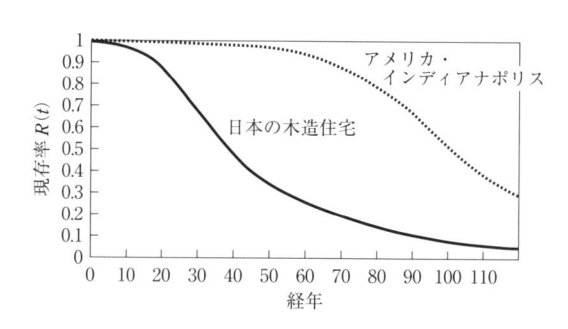

図 10.5　日米の住宅寿命実態比較（文献 4）などをもとに作成）

さて，図 10.3 と図 10.4 を見ると，建物の残存率 $R(t)$ は，鉄骨造事務所建築では 30 年間弱で，鉄筋コンクリート造事務所建築は 40 年弱で 0.5 を切ります．つまり，そのくらいの年限で半減します．もし，寿命が正規分布するのでしたら，寿命平均が 30 年間弱，40 年ということになります．このような寿命実態は，建物の物理的耐用年数を反映したものではありません．むしろ，大半の建築物の除却理由は，手狭になったことや陳腐化など，社会的・経済的理由によります[5]．

このような寿命実態は，国際的に見てもきわめて短いといわざるを得ません．図 10.5 は，アメリカ・インディアナポリスで得られたデータと 1990 年代前半の日本のデータを比較したものですが，アメリカでは半減期が 100 年ぐらいであるのに対し，日本は 40 年ぐらいでした（ただし，近年は日本でも半減期は 50 年程度になりつつあります）．両国とも市場経済に身を委ねながらも，住宅の寿命実態についてはきわめて対照的であることがわかります．

（3）建築ストックの年齢構成

以上のような寿命分布と過去の着工統計を踏まえて推定すると，日本の建築ス

10.1 日本の建築ストックの動向

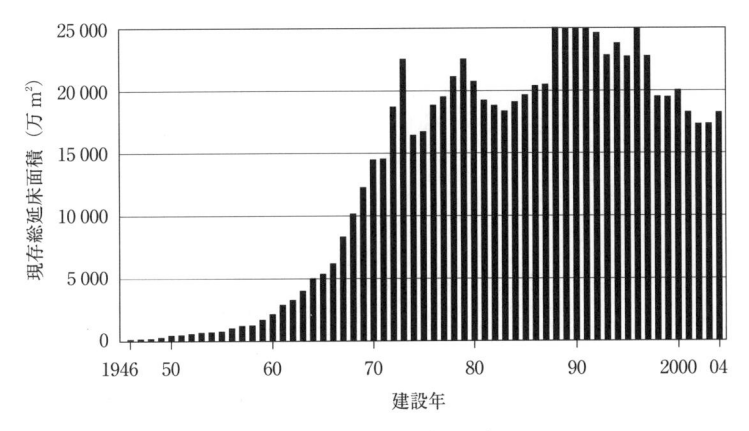

図 10.6 建設年次別建築現存量分布 [1), 2)]

トックは，図 10.6 に示すような「年齢分布」になっていると考えられます [1), 2)]．日本の人口分布とは対照的に，建物に関しては，非常に若年齢の多いストック構成をとっていることがわかります．

図 10.7 は，図 10.6 のフォーマットを変えて，建築ストックの建設年次別構成比を集計した結果を示しています．この図からは，1960 年代以前に建設された建築ストックは 10 ％に満たないことが読み取れます．逆に，1980 年以降に建設された建築ストックが実に 70 ％を占めることもわかります．このことは，現在の日本の建築ストックの 7 割が，築 25 年以下の比較的新しい建物が大半を占めていることを示しています．これらの若年齢建築群から，将来，一時期に膨大な改修工事需要が発生することになりますが，その頃は超高齢化社会となっており，これらのストックがバラックにならないための投資余力がこの国に残っているのか，大いに気になるところです．

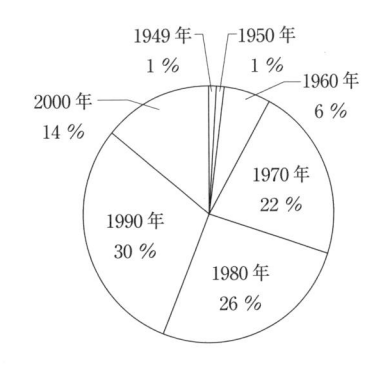

図 10.7 建築ストックの建設年次別構成比

図 10.8 は，イギリスと日本の場合の，建築物の年齢構成を比較した図です．日本の若年齢型分布とは対照的に，イギリスでははるかに高年齢の建築ストックに分布のピークが見られます．面白いことに，イギリスで年齢コホート別に年間滅失率（次年度までに除却される比率）を集計すると，むしろ戦後建築のほうが

第 10 章　建築ストックのサステナビリティ向上のために

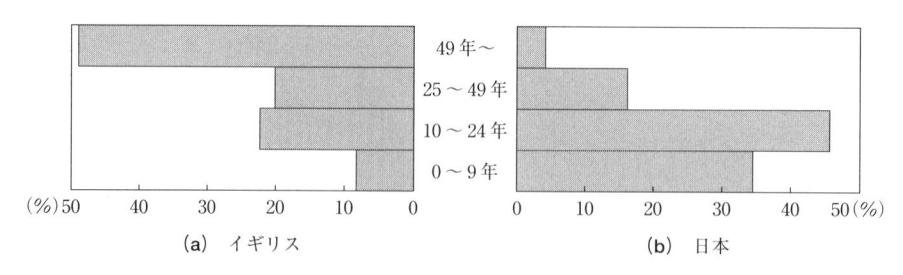

図 10.8　日英の建築ストック年齢分布比較
（イギリスデータ Figure 3.2. of English House Condition Survey 1991. The volume of existing building is measured by existing dwelling unit, 日本データ[1] などによる）

高く，それよりも古い建築ストックのほうがはるかに低いと推測される傾向が見られるとのことです[6]．古くなればなるほど，ジョージアン時代の建物，ビクトリアン時代の建物といういわばヴィンテージ価値が増しているわけで，そうでなければ，前世紀前半や前々世紀に用いられた，物理的には満身創痍の建築を根気強く修繕し改修し使っている，という行為が一般化していることの説明がつきません．

(4) 古いストックをだましだまし使う

図 10.9 は，着工量（新築量）に対して，建築ストック量の増加がどのくらいの比率になるのかを集計し，その年次別推移を表したものです．このストック増寄与率ともいうべき比率が高いことは，新築行為が建築ストックの量的形成に効率よく寄与していること，いいかえれば資源生産性が高いという見方ができます．もし，着工量のうち建て替えの割合が高まれば，このストック増寄与率は小さくなります．図 10.9 を見ればわかるように，ストック増寄与率は，1980 年代中葉

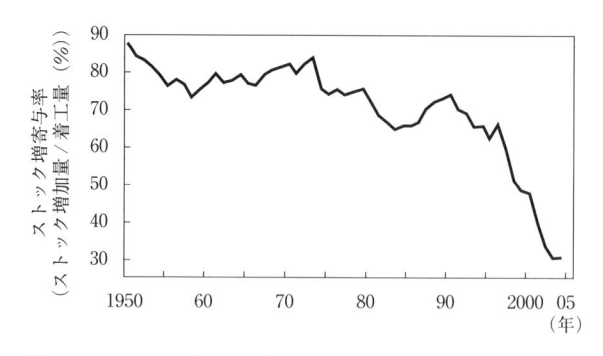

図 10.9　ストック増寄与率（着工床面積に対する建物ストック増加量の比率）年次別推移[1), 2)]

までは7割程度の比率を維持していましたが，バブル経済下の1989年以降急降下し，21世紀に入りその割合はついに30％にまで落ち込んでいます．これは，現在の新築の7割が建て替え需要であること，言い換えれば，建築に対する量的需要は急激に収縮しているということがわかります．

もちろん，建築をいかなる用に供するかという要求条件（需要の内容）は日常的に変化していますから，その変化に対応していくことは必要です．ただ，図10.1も含めて考え合わせると，その需要の内容変化への対応を，建物の除却→新築という，いわゆるスクラップ・アンド・ビルド方式で満たすのは，現実的ではありません．日本国全体がもっている投資力は有限ですから，仮に，需要の変化への対応を相も変わらずスクラップ・アンド・ビルド方式で満たすとすれば，投資対象にならず放置されていく建物群も膨大な量にのぼってしまう恐れがありますし，実際にその予兆も見え始めています．

そうではなく，私たちに今求められているのは，できるだけ広い範囲の既存建築群が経済的再投資の対象になるようにしていくことです．幸い，現実の市場経済の仕組みでは，投資前・投資後の経済的価値の差の比率が大きな対象に対しては資金が集まってきます．既存建築の経済価値を増す再生方法，言い換えれば，使用価値を増すような大規模改修方法──それはコンバージョンのような用途転換も含みます──を創造していくことが求められています．量的需要が収縮しているにもかかわらず，意図的に新築需要を創出したがために，経済の深刻な長期的沈滞と巨額の財政赤字を生み出してしまったという1990年代の愚を繰り返してはなりません．

いずれにせよ，以上のようなマクロ的状況分析を踏まえ，若い皆さんには，「古い建築ストックをだましだまし使う」ことが，今の技術者にとってきわめて大事な課題であることをお伝えしたいと思います．建築物の耐久性向上に関わる今日の知見から見て，必要十分な手当をしていくことができるならいいのですが，現実には，十分な手当ができない建築物のほうが数としては圧倒的に多いのです．しかし，それは，不十分だから放置してよいということを指すのではありません．この点に，建築学や土木工学が長年かけて熟成させてきた耐久性・耐用性に関する技術知識の体系と，私たちがこれから生み出していかねばならないサステナビリティに関する技術知識の体系との大きな違いがあるのです．いいかえれば，サステナビリティの向上のためには，耐久性・耐用性に関する技術知識の体系に加えて，将来起こり得ることはすべてが予見できないこと，そして用い得る経営資

源には制約がある状況において意思決定をするための知識も求められているのです．

10.2 サステナビリティの概念とは

では，サステナビリティとはいかなる概念なのか，ここで確認しておきましょう．最近，この言葉は流行しているせいか，人によって随分と違う意味合いで用いられるようです．そこで，本来は，どのようなことを意味する言葉で，どのように捉えなければならないのか，再確認していくことにしましょう（詳しくは文献7）参照）．

サステナビリティ（sustainability）やサステナブル（sustainable）の語幹（sustain）は，もともと「下から支え続ける（keep from falling；bear；uphold；support）」という意味の動詞で，その後，「持続する（maintain；keep alive）」という意味合いが派生したようです．サステナブル（sustainable）という語に特別な意味合いが生じたのは，1987年にオックスフォード大学出版局から出版された"Our Common Future"という表題の本に由来します．この本は国連の環境と開発に関する世界委員会（WCED）の報告書をもとにしたもので，委員会の議長役を務めたブルントラント女史（元ノルウェー首相）の名を冠して，ブルントラントレポートと呼ばれることのほうが多いのですが，この本では，持続可能な開発（sustainable development）という新たな概念が示されています．

これは，「子々孫々が彼らのニーズを満たす能力をいささかも減じることがないという大前提に立って，すべての人々の基本的なニーズに合致し，かつ人々がよりよき生活を希求する機会を増やすこと」と定義されており，次のような二つの重要な概念を含んでいます．

その一つは「ニーズ」という概念です．それは，とりわけ，世界中の貧困な人々にとってのニーズを指し，ブルントラントレポートは，そのニーズを充足することに何にも増して優先度が与えられるべきであると説いています．もう一つは，限界という概念です．技術や社会組織の現状を前提にするならば，今日および将来のニーズをかなえるための環境がもつ能力には限界があることを認識しなければならないと，ブルントラントレポートは説いています．

この持続可能な開発（sustainable development）という言葉は，多くの人々の心を打ったといってよいでしょう．1990年代になり，持続可能な農業，持続

可能なコミュニティ，持続可能な経済，そしてサステナブルビルディングやサステナブルコンストラクション等々種々の分野で，サステナブル（または持続可能）を冠した言葉が多用されていきます．

このような世界的状況を受けて，私が所属する日本建築学会サステナブルビルディング小委員会では，次のような建築をサステナブル建築として定義しています．

図10.10 サステナビリティ概念のもつ3側面

> 地域レベルおよび地球レベルでの生態系の収容力を維持しうる範囲内で，建築のライフサイクルを通しての省エネルギー，省資源，リサイクル，有害物質排出抑制を図り，その地域の気候，伝統，文化および周辺環境と調和しつつ，将来にわたって，人間の生活の質を適度に維持あるいは向上させていくことができる建築物．

この定義の背景には，less unsustainable，すなわち持続可能性阻害要因をできるだけ少なくした建築を当面はサステナブル建築としていこうという考え方があります．世界には，より厳格にサステナブル建築を捉える人々もいます．仮にそうした人々の考え方を理想主義的な「強いサステナビリティ」とするならば，日本建築学会の提案は現実主義的な「弱いサステナビリティ」を標榜している，といってよいと思います．

いずれにせよ，サステナビリティの概念には，図10.10に模式的に示されるように，環境的側面だけでなく，経済的側面，社会的側面があり，これら三つの側面のサステナビリティが満たされて初めて持続可能な開発が実現するということが，様々な経験を踏まえ，世界的に合意されつつあることを忘れてはなりません．

10.3　賽の河原に石を積む事なかれ
　　　——holistic approach の必要性

この3側面を包括的に捉えていかねばならないことを教えてくれる事例はたくさんあります．たとえば，私たちが日英共同研究で分析対象とした団地再生の事例[8]はその好例です．

第 10 章　建築ストックのサステナビリティ向上のために

図 10.11　1960 年～ 70 年代の大量建設期に建設されたイギリスの住宅団地の状況

　図 10.11 は，イギリスにおける大量建設期に建設された大規模な公営住宅団地の 1990 年代中葉の状況を撮った写真です．通路には人の気配がなく，1 階ピロティに設けられた車庫も使われることなくシャッターは下り放しです．こうした住宅はゴーストタウン化していき，ついには，その一部の住棟は除却されつつあります．

　このような団地では，プレキャストコンクリートパネルの外壁はボロボロで，断熱性能は足らず，雨漏りはするなど，物理的劣化や陳腐化は目を覆うばかりです．しかし，仮に巨額の費用をかけて物理的補修改修をしたとしても，団地が再生するわけではありませんでした．むしろ，この住宅団地が社会的，経済的に機能しなくなった主因は，コミュニティの崩壊にあったからです．そこで，団地の再生にあたっては，そのコミュニティを再生していくことに主眼がおかれ，たとえば，中高層の住宅形式そのものが，前面道路や前庭を介してコミュニティを形成するというイギリスでの生活様式に合わず，しかも周辺地域のコミュニティとの断絶も生んでいるということで，図 10.12 のような伝統的なテラスハウスの形式の接地型低層高密住棟に建て替えられています．また図 10.13 のように，建て替え・大規模改修プロジェクトの現場に住民支援センターがおかれ，ドアの色やノブなどの部材を選択して，「自分の家」としてのアイデンティティを高めたり，団地において失業率が高いことを勘案して就業訓練プログラムなどを提供したりしています．

　イギリス・ハンバーサイド大学のイアン・コフーン教授が「(イギリスの) 団

10.3 賽の河原に石を積む事なかれ

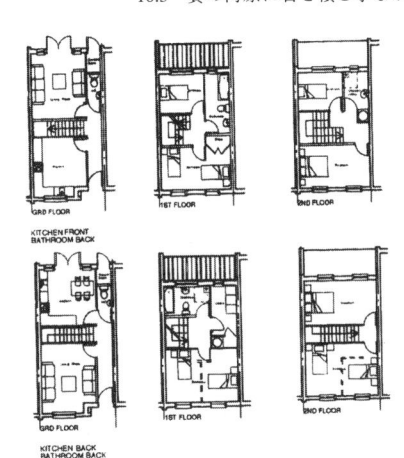

図 10.12 建て替え再生後の住宅状況．中高層住宅をテラス形式の低層高密住宅に建て替え

地再生においては，環境的サステナビリティを云々する前に，サステナブルなコミュニティを形成することが急務である」と喝破しているように，マスハウジング期の団地の再生では，バンダリズムにさらされ，物理的な改修をしてもまた団地が荒廃してしまうような，賽の河原に石を積む事態に至らぬように，団地コミュニティのサステナビリティや経営

図 10.13 建て替え団地に設けられた住民支援センター

のサステナビリティなど，社会的側面も経済的側面も併せて環境，経済，社会三位一体の包括的なサステナビリティを実現していかねばならないことが，むしろ社会全体のコモンセンスになっています．

　もちろん，イギリスと日本では社会・経済そして文化的状況はまったく異なるわけですが，単に物理的環境の改善を行えば再生できるケースよりも，その建築（群）に関わる社会的・経済的活動のあり方も変革していかねば再生できないケースが増えているといわざるを得ません．たとえば日本では，イギリスのような公営住宅団地でのバンダリズムはさほど顕著には見られませんが，人口の高齢化によるコミュニティの沈滞や，大規模修繕・改修を計画的に行っていくことが必

ずしも容易でないなど，社会的・経済的課題を抱えています．

建築ストックのサステナビリティを向上していくためには，物理的，環境的なサステナビリティを向上させるだけでなく，社会的，経済的なサステナビリティも併せて向上させていく，holistic approach（包括的な取組み）が必要とされているのです．

holistic approach を実行するには，コミュニティ，財務，人工物環境それぞれを構成する要素が織りなすアーキテクチャー（要素の組み合わされ方の様相）を摺り合わせられる主体があることが不可欠で，そのためには既存の産業・職能の区分を越えた連携・協働が求められます．

そのことを，私たちの研究室が行っているプロジェクトを素材に考えていきましょう．

10.4　制度の再デザイン
——インフィル動産化および二段階改善論

都市が一体感を失うと，その都市は莫大な社会的・経済的コストを払うことになります．したがって，海外で都市再生といえば，それは都市の一体感を取り戻すプロジェクトであるといってよいと思います[9]．幸いにして，東京という世界最大の都市は，今まではその一体感をかろうじて保ってきましたが，都心3区ですら空きビルが建ち並ぶ街区も出始め，活発な地域と，沈滞化した地域との差異が目立つようになってきました．欧米が経験したような，多大な社会コストを払わないようにしていくためには，空洞化した建築を再活用し，都市としての一体感を保っていくことが必要です．

そのためには，用途転換も含む大規模改修（refurbishment, retrofit）を推進していく必要がありますが，日本における不動産投資は大規模な新築プロジェクトに集中する傾向もあり，しかも空洞化している建物も，全室空室になっているというよりも，歯抜けのように一部が空室化するという建物のほうがはるかに多いのが現状です．したがって，東京の空洞化を防ぐためには，図 10.14 のような全建物を一気に改修する方式ではなく，図 10.15 のように，空室化したインフィル単位で改修をしていく方式を，技術的にまた社会経済的に成立させていかなければなりません．

図 10.15 のように，建物のスケルトンとインフィルを独立した単位としてみな

10.4 制度の再デザイン

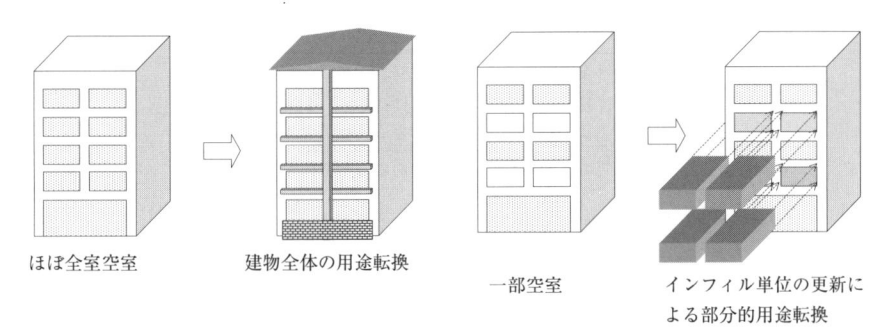

図 10.14 全面的・一括的改修概念図
防災性能・居住性能を一体的に確保しやすいが，大規模な事業資金調達が必要になる＝投資の回収は長期にわたる

図 10.15 部分的・段階的改修概念図
混合用途化しやすく防災性能を確保するための対策が必要であるが，小規模な事業資金調達で実行可能＝短期での投資の回収可能

して，それぞれ独立に設計，施工，維持保全していく手法は，建築学ではオープンビルディング（あるいは SI 方式）と呼ばれています．この手法は，30 年以上前から日本では唱えられてきたもので，様々な実験的な試みもなされましたが，なかなか一般的な建築的手法として普及しませんでした．

その理由はいくつかありますが，その一つとして民法が定める不動産の「附合の原則」のために，インフィルに独立した不動産としての物権が設定できないということがありました．そのため図 10.15 のような改修に対して，投資資金を呼び込もうにも物権担保を設定できなかったのです．

私たちの研究室では，この長年の隘路を突破するため，法律の専門家の方々と協働し過去の判例なども分析しました．その結果，①分離復旧が可能で，かつ②分離復旧することが社会経済上著しい不都合が生じないならば，不動産本体のスケルトンには附合しない独立した動産であると，法的に主張することも可能であろう，という見解をもつに至りました[10]．ここで，分離復旧が可能であるとは表 10.1 のような条件を，また，分離復旧することが社会経済上著しい不都合が生じないとは表 10.2 の条件を指します．

以上のような要求条件を考慮して開発したのが，図 10.16 に示す二重床構成のインフィルシステムの方式です[10]．

このような方式を建築技術として実現すれば，改修によって新たな経済価値を生み出すという事業上の見通しが立つという前提のもとで，図 10.17 に示すような方式により空洞化した既存建築に対して再投資をしていくことが可能になりま

表 10.1　分離復旧が可能と推認するに足るだけの物理的要件

1. 着脱可能性を留保すること．つまり，付着したものを容易に取れるようにし，収去作業を行えば，4〜5日以内（早ければ早いほどよい）に完全に収去できる仕様にすること．
2. 外観から見て，取り外しが容易であることを伺わせる構造であること．
3. 壁面など周囲の建築構成材を傷つけないと取り外せない構造ではないこと．

表 10.2　分離復旧することが社会経済上著しい不都合を生じないための物理的条件

その場所にしか使用できないものは，分離復旧した場合には，社会経済上の不都合が大きくなる可能性が高いと判断されるので，インフィルを構成する部品の仕様を汎用的なものとする．

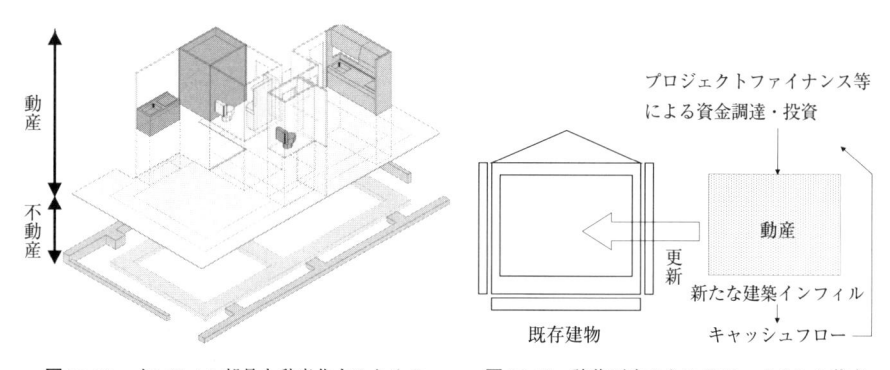

図 10.16　インフィル部品を動産化するための二重床構成

図 10.17　建物再生のためのファイナンス基本スキーム

す[10]．

　私たちの研究室では，図 10.16，図 10.17 の方式が制度化されていくためには，社会に認知してもらうためのデモンストレーションが必要であると考えました．

　そこで，表 10.1，表 10.2 の要件を満たし図 10.16 を具現化したインフィルシステムを具体的に開発することにしました．図 10.18，図 10.19 は，その結果開発した床システムです[10]〜[14]．

　ここでは，着脱性を確保するため，二重床の床上にスリーブを設置し，ここで，給排水を含む配管類・配線類の着脱が行えるようにしました．さらに，床下の配

10.4 制度の再デザイン

図10.18 インフィルの分離復旧を容易にするための床システムの概要

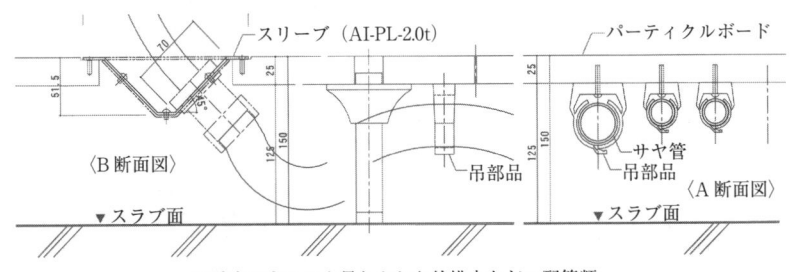

図10.19 床システムにおける水平勾配床吊り給排水管システム図

　管配線作業の複雑さ，煩雑さによって，平面計画の自由度が技術的および経済的に損なわれないように，図10.19のような圧送ポンプ方式による水平勾配配管方式を開発しました．

　この開発したシステムを検証し，かつ社会に向けてデモンストレーションする

ため，東京・東日本橋における小規模事務所ビルの空室を借りて，その内部をコンバージョンしてみました（図10.20 〜図10.22）[11]〜[14]．ここでは，図10.18，図10.19に示す二重床システムを敷き詰められた上に，浴室・洗面所ユニット，

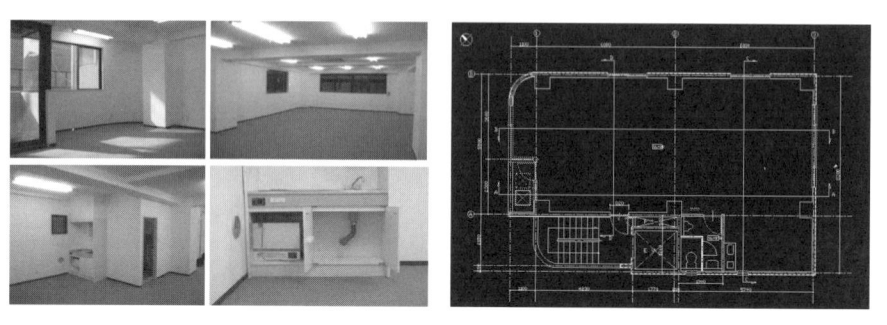

図10.20 東日本橋プロジェクト：改造前の状況および平面図

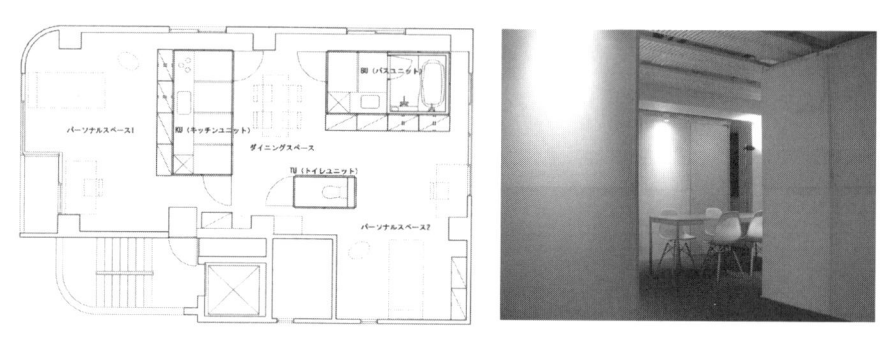

図10.21 東日本橋プロジェクト：第1回目改造平面図および内観写真

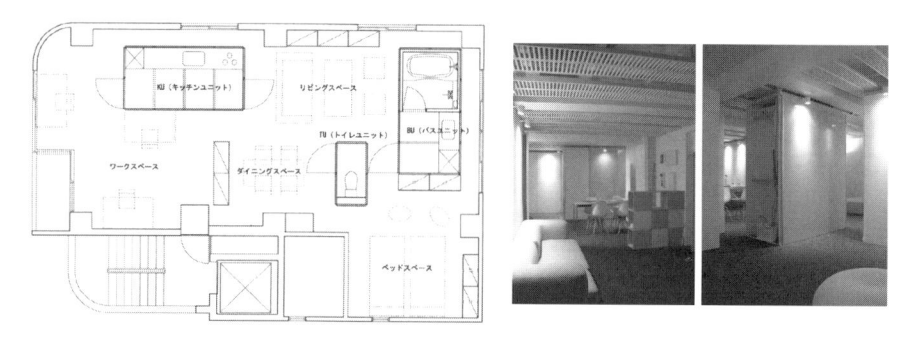

図10.22 東日本橋プロジェクト：第2回目改造平面図および内観写真

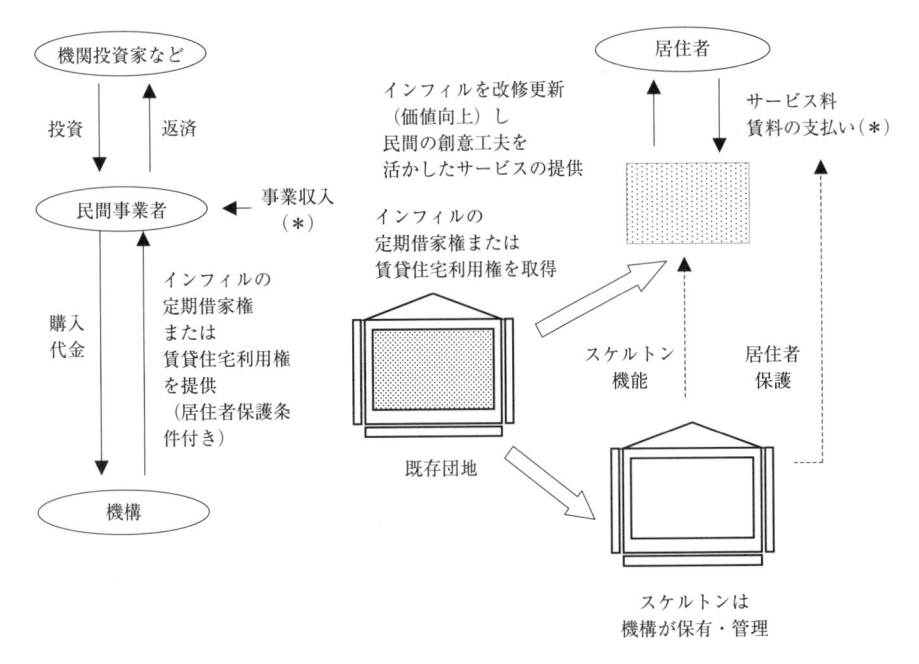

図 10.23 インフィル動産化による既存住宅団地再生のスキーム

キッチンユニット，トイレユニットの三つの単位空間モジュールが設置されています．これらの三つのモジュールの構成材はプレハブ化されていて，ノックダウンされて搬入されたうえで現場で空間ユニットとして組み立てられます．これらを逆工程で解体してノックダウンし，搬出して他所で再び組み上げることで，モジュールを移設・再利用することが可能です．

図 10.21, 図 10.22 の平面図は，オフィス機能のある住宅，いわゆる SOHO を想定しています．東日本橋は繊維関連産業の集積地で利便性が高いにも関わらず，空洞化も進み始めています．SOHO にコンバージョンしてみたのは，新たな繊維関連新商品を開発する若手デザイナーが住みついていく，というストーリーを想定したためです．部材群がそれぞれ着脱・ノックダウン可能なため，図 10.21 から図 10.22 への改造はわずか 3 日で終了しています．これは，入居者の希望に応じた平面を多大なコストをかけずとも実現できることを示しています．

図 10.23 は，この東日本橋のデモンストレーションプロジェクトの成果をもとに，その改修方式を公共集合住宅団地に適用しようとした方式を示しています．このように，私たちが提示した方式は，今様々な方面で展開しつつあります．

10.5　情報駆動社会におけるストックのマネジメント

既存ストックのサステナビリティを向上させるためには，今まで述べてきた制度設計に加えて，建築ストックに関する情報のマネジメントとシステムを構築していくことが必要です．というのは，今日の経済社会を駆動させているのは単にお金だけでなく，情報が社会を駆動している側面も強いからです．

図10.24は，日本における住宅の市場価値評価の現状と，情報供給による市場価値向上の可能性を示しています．今のように，経年とともに市場価値が急激に減じている限り，どんなに優れた維持保全技術が発明されても，それは適用され得ないでしょう．しかし，経年ではなく，建築の保有性能に応じた市場価値評価がされるようになれば，事態は違ってきます．しかし，このような価値転換は，技術者だけが口酸っぱくいっただけでは起こすことはできません．やはり，その建築の保有性能を証明し検証できるような何らかの証拠が必要です．その証拠とは，保有性能を評価するために必要な技術的仕様や維持保全改修記録などの情報です．ところが，今までは，その情報が散逸してしまって証拠に供せるように整理されていませんでした．

そこで私たちの研究室では，図10.25に示すような，情報具有建築（information embedded building）という概念を掲げて，建築に関わる利害関係者が，必要なときに，必要な場所で，それぞれの関心を満たすような情報を入手

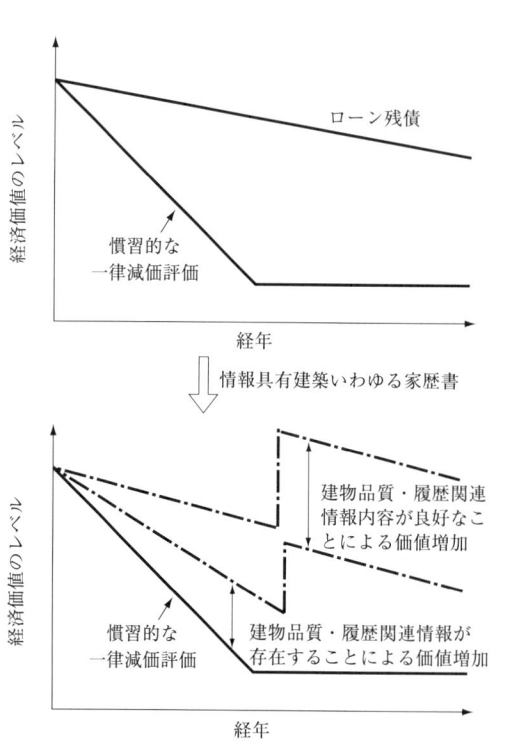

図10.24 日本における住宅の市場価値評価の現状および情報供給による市場価値向上の可能性 [15]

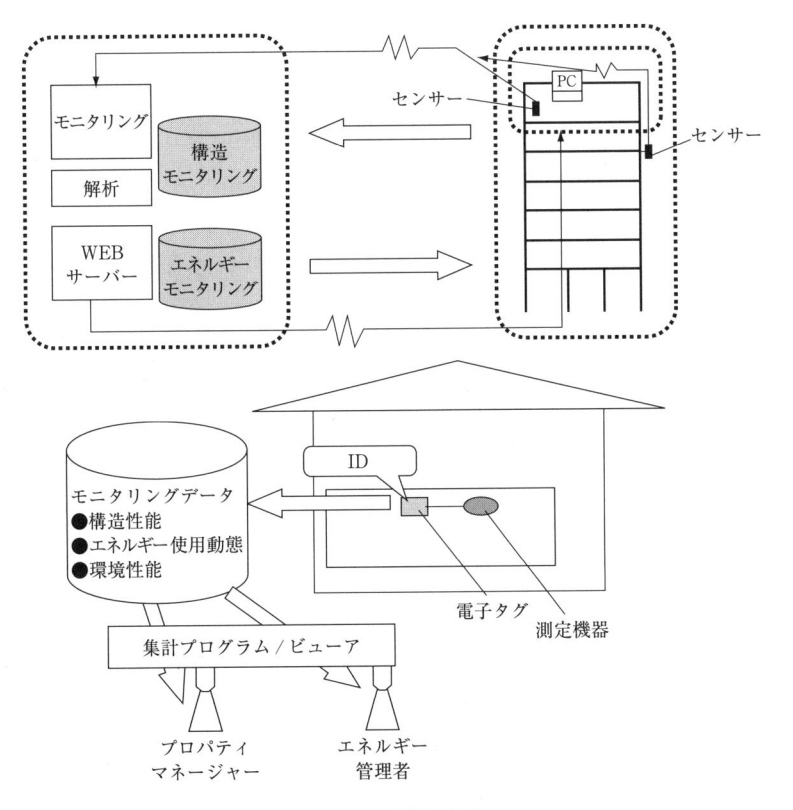

図 10.25　情報具有建築概念図

し，また情報を記録することができるようなシステムづくりを展開しています[16]．

その一つは，図 10.26 に示すような電子タグを用いた，建築に用いられる機器類のライフサイクル管理システムです[13],[17],[18]．また，私たちは，建物のエネルギー使用量を建物の利害関係者がネットワークを介してモニタリングするシステムも試作し，愛知万博の日本政府館でも用いられました[19]．さらに，住宅の居住者が住宅に関する情報を管理する電子家歴書システムも開発しています[6]．

これらの情報システムは，建築の技術者だけが利用するものではありません．むしろ，居住者，所有者や投資家など，幅広い利害関係者が情報を共有し活用し，それぞれの意思決定に役立てていただくことを目指しています．

というのは，建築ストックのサステナビリティを向上させるためには，建築に関する利害関係者がそれぞれの建築の状況を把握し，気づき，意思決定を下して

第 10 章　建築ストックのサステナビリティ向上のために

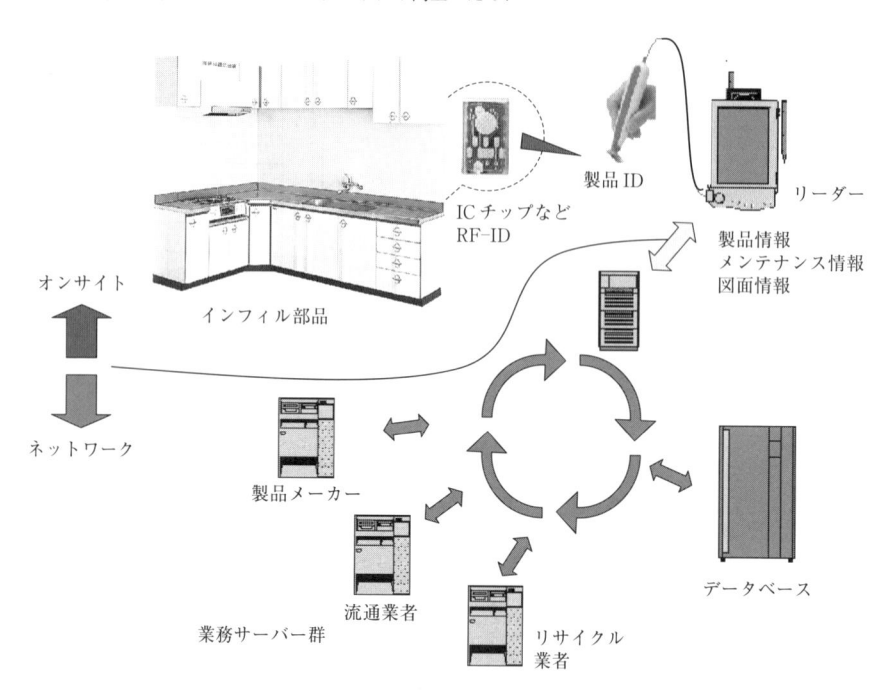

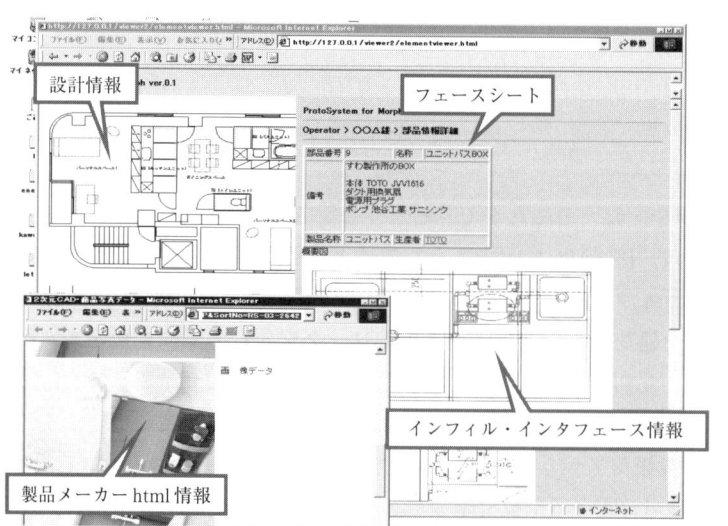

〈インタフェース例：オンサイトにおける情報入手〉

図 10.26　電子タグを用いた建築構成材ライフサイクル管理システム
（2003 年時点でのプロトタイプ）

いくことが不可欠だからです.

　私たちが開発に取り組んでいるシステムは, 今日のように情報の供給が社会を大きく動かす情報駆動社会 (information driven society) において, サステナビリティ向上のための包括的 (holistic) なストックマネジメントを展開していくための前提条件であり, 重要なインフラなのです.

　以上, 日本の建築ストックとフローの量的バランスから説きおこし, 建築ストックのサステナビリティを向上させるためには, 包括的な取組み (holistic approach) が重要であること, そして, そのためには, 制度設計と, 技術者サークルに閉じないすべての利害関係者で共有できる情報システムの構築が不可欠であることを説明しました. 技術とは, 科学を駆使して, 課題を解くために体系化された知識・手法を指します. ですから, 解くための課題が適切に把握・定義されないと, いくら体系化された知識・手法として洗練され, 精緻化されていたとしても, 技術としては意味をもちません. 本章をお読みになって, 在来・既存の知識や手法の体系に拘泥されることなく, 新たな技術的挑戦をしていかなければならないことを理解され, この課題に挑戦していくきっかけを見出していただければ幸いです.

■文献

1) 野城智也：日本にはどのくらいの建物があるのか？, BELCA NEWS, No.68, pp.29-35, 2000-9
2) 野城智也：建設年度別建築ストック量の推計, BELCA NEWS, Vol.18, No.105, pp.48-53, 2006-11
3) 野城智也, 他：東京都中央区における事務所建築の寿命実態―非木造建築物の寿命実態に関する調査研究, 日本建築学会 計画系論文報告集, 413号, pp.139-149
4) 加藤裕久, 他：住宅の寿命実態に関する調査研究, わが国における各種住宅の寿命分布に関する調査報告, 住宅総合研究財団, 1992-10
5) 吉田倬郎・飯田恭一・落合一弘・加藤裕久・小松幸夫・三橋博巳・野城智也：建物の取壊し理由に関する調査研究, 日本建築学会建築生産と管理技術シンポジウム論文集, 第8号, pp.359-366, 1992-7
6) 野城智也：住まいの豊かさ再創造のための既存住宅市場整備, 都市住宅学, 都市住宅学会, 54号, pp.23-28
7) 野城智也：サステナブル建築総論, BELCA NEWS, Vol.18, No.101, 2006-3
8) 野城智也：既存団地のマネジメントにおける公的セクターの役割に関する日英比較, 住宅総合研究財団研究年報, 住宅総合研究財団, No.25, pp.153-164, 1999-3

9) リチャード・ロジャーズ，他：都市この小さな惑星の，鹿島出版会，2002
10) 野城智也・西本賢二・信太洋行：既存建物の再生手段としての建築インフィルの動産化の可能性に関する考察，日本建築学会計画系論文集，No.577，pp.135-142，2004-3
11) 西本賢二・信太洋行・野城智也・安孫子義彦・大塚雅之・谷　圭一郎：インフィルを動産化するための床システムの開発，日本建築学会技術報告集，第18号，pp.347-352，日本建築学会，2003-12
12) 信太洋行・西本賢二・野城智也・安孫子義彦・大塚雅之・谷　圭一郎：インフィルを動産化するための床システムの開発（その2），日本建築学会技術報告集，第20号，pp.245-250，2004-12
13) 野城智也：サービスプロバイダー，都市再生の新産業論，彰国社，2003
14) 野城智也：インフィル動産化による既存建物再生の可能性について，都市住宅学，45号，pp.19-26，2004-4
15) 野城智也：自動認識情報敷設による建築のライフサイクル価値向上のための枠組に関する基礎的考察,日本建築学会計画系論文集，No.588，pp.119-125，2005-2
16) 野城智也：情報具有建築・都市による新価値向上，2004年度日本建築学会大会（北海道）情報システム技術部門研究協議会資料，ユビキタス社会における建築と情報の新しいかたち，p.32，2004-9
17) 西本賢二・野城智也・芹沢健自：建築生産情報のトレーサビリティを確保する手法に関する研究，日本建築学会建築生産シンポジウム論文集，22号，pp.209-214
18) 野城智也：ICタグと建築，機関誌RE，財団法人建築保全センター，Vol.28，No.2，pp.5-12
19) 馬郡文平・野城智也・加藤孝志・藤井逸人・光山義紀・塩野禎隆・原　康浩・杉本克明・辻　真吾・渡守武　晃・粟野洋雄：建物データ・リアルタイムモニタリング・システムの開発,日本建築学会技術報告集，第21号，pp.379-，2005-6

第11章 コンクリート構造物の寿命を予測する

工学系研究科社会基盤学専攻 **石田 哲也**

11.1 都市基盤ストックの現状とコンクリート材料

11.2 コンクリート材料の特徴，構造物の劣化メカニズム

11.3 コンリート構造物の寿命予測システム

11.4 今後の展望──非破壊・微破壊試験と数値解析システムの融合

1957年に建設された日本における初の本格的PC構造物である信楽高原鐵道（旧国鉄信楽線）第一大戸川橋梁．50年経過後も劣化・変状がほとんど認められず，健全な状態を保っている．

第11章 コンクリート構造物の寿命を予測する

本章では，都市基盤ストックの保全更新に関連するトピックとして，特にコンクリート工学の視点から都市基盤ストックを眺めた際に必要となる，コンクリート構造物の寿命推定技術についての話をします．私は，学生の頃からこれまで10年ぐらいかけて，コンクリート構造物の劣化進行予測とか，寿命推定とかを数値解析でやろうとしてきました．最近は室内実験と解析モデルの比較検証の段階から一歩進んで，私たちが開発しているシミュレーション技術を使って，実際のフィールドで起こっていること，すなわち実構造物の劣化進行を予測しようと試みています．

まず前提となる都市基盤ストック，特にコンクリート構造物の現状と抱えている問題点を紹介します．その後，コンクリート材料の特徴，あるいは劣化のメカニズムを簡単におさらいして，その次に，現在私たちが開発しているモデルと構造寿命予測技術とはどういうものか，簡単に紹介します．最後に今後望まれる技術，といった話をしようと思っています．

11.1 都市基盤ストックの現状とコンクリート材料

(1) 都市基盤ストックの現状
〈わが国の都市基盤ストック〉

図11.1はわが国の橋梁の経年別の分布状況[1]です．このグラフで，横軸は構造物をつくってからの経年，縦軸は橋梁の数を表しています．グラフを見ると，現在は33，4年経ったものが最も多く，3000橋程度であることがわかります．橋の平均年齢のようなものを出すと，私とほぼ同じ年代で，現在37歳です．20年後は，当然このグラフが右に20年シフトして，平均年齢はなんと57歳になります．特に橋梁は33，4年前，すなわち高度経済成長期に急速に整備されたものが全体の約4割を占めていることがこの統計から見てとれます．急速に社会基盤を整備したときに，資材や作業員が足りないとかで，物資や人が複数の現場を行き来したり，急いで施工をしなければならなかったなど，必ずしも品質が十分でないものも多くあったと聞いています．そういった構造物は20年後には60歳ぐらいになり，人間と同じように次第に老化していきます．たくさん橋があったとしても，順番に老化していくのであれば，技術者や国が手を打てるのですが，歳をとったものが一気に出てくると，メンテナンスといった対策に必要な費用が一時，集中的に必要となります．これが現在の都市基盤ストックの抱えている問

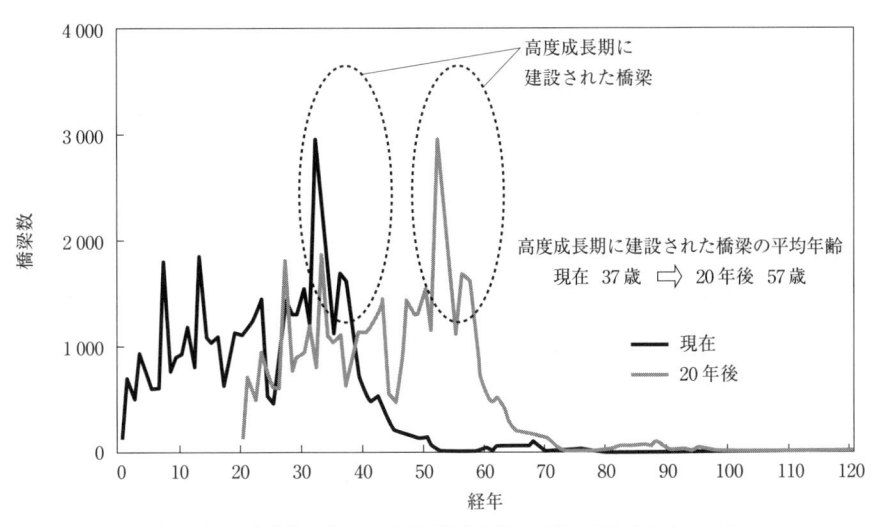

11.1　都市基盤ストックの現状とコンクリート材料

図11.1　日本の経年別分布状況（2004年度国土交通省・道路重点施策より）

- わが国の社会基盤整備 ⟶ 高度経済成長期に急速に実施（全体の4割）
- 急速な社会基盤整備 ⟶ 品質が必ずしも十分でないものもある
- "団塊"の構造物群の老化 ⟶ 更新時期集中・対策費用増大

図11.2　建設後50年以上の橋梁の推移（2004年度国土交通省・道路重点施策より）

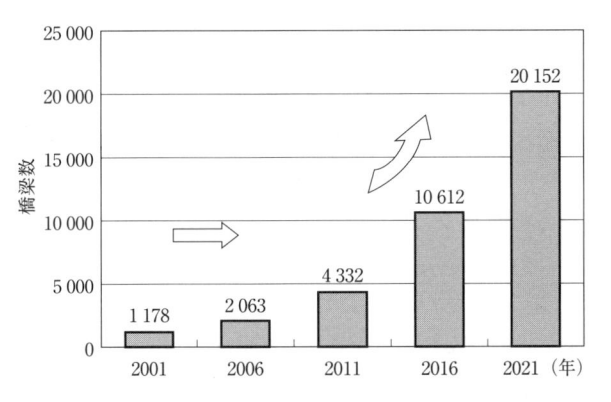

- 直轄国道＋旧4公団
- 10～20年後には，高齢橋梁が飛躍的に増加
- 更新のピーク時には費用として約5 600億円（年間）．現在の予算の2.6倍

で，この状況は確実にやってきます．図11.2は図11.1の見方を変えて，建設後50年以上の橋梁の推移を棒グラフにしたもの[1]です．当然，歳をとった構造物が急速に増えていきます．一番お金がかかる更新のピーク時の費用は，年間約5 600億円程度であると試算されていて，現在の予算の約2.6倍です．したがっ

てこれに対して，今から技術的な開発，あるいはマネジメントの準備をしておかなければいけないことがわかります．

〈荒廃するアメリカ〉

同じようなことはアメリカでも起こり，「荒廃するアメリカ」という言葉が一時期問題になりました．大恐慌のときに公共投資をして景気をよくしようというニューディール政策が1930年代にアメリカでとられました．そこで大量の道路構造物が整備されたのですが，1980年代には高齢化して，約37％が40年以上の供用に入っていました．非常に近い将来，日本が迎える状況です．この頃は1973年のオイルショック以降，経済成長率が鈍化し停滞が続いている時代でもありました．そのような状況から，1970年代は維持管理を含む公共投資は減少の一途をたどりました．1979年における建設投資額は，1968年のなんと半分程度の水準にまで低下してしまったのです．メンテナンスに対する投資を減らした結果として，道路ストックが荒廃して，1983年には橋梁の45％程度に欠陥があり，なかなか考えにくいのですが，床板が抜け落ちて下が見えるとか，あるいはマンハッタンのイーストリバーに架かっているウイリアムズバーグ橋が，交通量に耐えられなくなって，交通を遮断し徹底的に補修しなければいけないというような，相当な社会的コストを支払いました．

一時期に大量建設された道路構造物が高齢化したところで経済が停滞し，道路投資額が減少する，予算がつかない，問題を対処できる技術者がどんどん減少するといった負のスパイラルに陥り，道路ストックが荒廃します．結局は道路投資額が増大して，結果的によくないことが起こってしまったということです．このような教訓があるわけですから，同じことを繰り返してはいけないというのが，私たちに課された問題だと思います．

〈インフラストックの現状とコンクリート工学に課せられた課題〉

ここで若干話は変わりますが，皆さんに簡単なクイズを出します．コンクリートの原材料であるセメントを日本人は年間1人当たり何キログラム消費しているでしょうか？　三択で5 kg，50 kg，500 kgから選んで下さい．

この種のクイズは最も数字が多いものが正解，というのが大体の相場で，答えは500 kgです．高知工科大学の大内雅博先生が，セメントの消費量に関するデータについてまとめられている[2]ので（図11.3），ここでそのデータを紹介しようと思います．現在，日本人1人当たり約500 kgのセメントを消費しています．日本では1950年の1人当たりのセメント消費量は40 kgでしたが，そこからほ

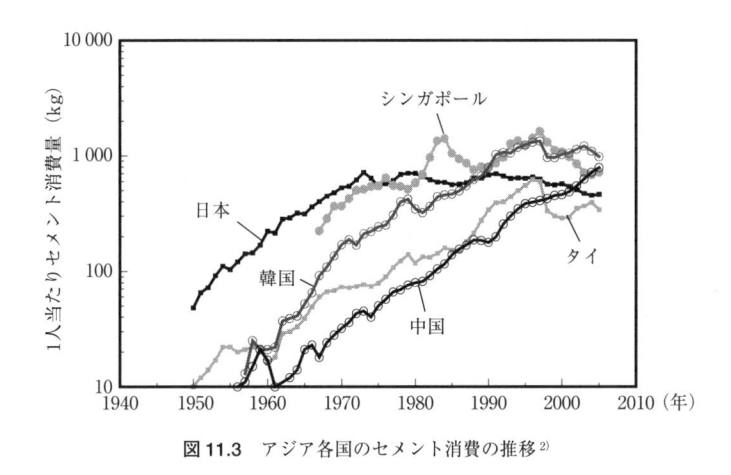

図 11.3 アジア各国のセメント消費の推移[2]

ぼ一定の年率で増加し，1971年に700 kg程度の消費量でピークを迎えました．それから少し減少した後，ほぼ一定で500 kg程度のセメントを消費しています．

シンガポールは最終的に1 000 kg前後で推移していて，1人当たりに対して相当のセメントが消費されていることがわかります．韓国は日本より約10年から15年遅れて，同じようなトレンドで推移していますが，今も消費量は伸び続けています．タイの場合も同じように右肩上がりの傾向を示していますが，1997年のアジア通貨危機の後，消費量が急激に落ちてしまっていることがわかります．近年，経済成長の著しい中国は，グラフにもその状況が明瞭に現れています．日本に遅れること30年くらいで，セメントの消費が急激に伸びており，ついに2002年には日本と中国の1人当たりの消費量が逆転しました．1人当たりの量で日本は追い越されたわけですから，中国ではトータルで日本の10倍以上というすごい量のセメントが消費されています．

以上のセメント消費量に関する統計データから，大雑把にコンクリートの製造量あるいは構築されたコンクリート構造物の量を類推することができます．日本では，1970年代といった高度経済成長期に社会基盤ストックを急速に整備して現在に至っているわけですが，アジア各国においても，国によって状況は若干相違しますが，日本に遅れること10～30年といった状況で，インフラ整備が進められていることが統計データから判断できるのです．

この話の感想を学生に聞くと，「日本が一番初めに都市基盤ストックの補修とか維持管理に対する対策や研究を進める必要があると思います．他のアジアの国

も，そのうちまったく同じ状況を迎えるんじゃないかと思いますので」という答えが返ってきました．非常に鋭い分析で100点満点の答えです．各国も近未来に抱えるであろう都市基盤ストックのマネジメントの問題を，日本が先に経験することは確実です．したがって，ここで何かよい技術や仕組みを考えることが，日本のみならずアジア各国の役に立つという意味でも，非常に大事になります．

　コンクリートの使用量は，今お話ししたようにきわめて多いので，ちょっとしたコストダウンとか，少しの技術開発が，全体に相当の影響を与えます．長期的なスパンで戦略を考え，インフラに対する適切な投資を続けて，子供の世代，孫の世代につけをまわさないことが重要になってきます．日本では少子高齢化の問題がありますが，韓国とか中国といった国も少子高齢化には悩んでいて，特に韓国はものすごいスピードで少子化が進んでいます．

　したがって，多くの国でインフラをできるだけ少ない負担で維持・保全，もしくは再生することが非常に重要になってきます．少子高齢化問題で日本や韓国は他のアジア各国に対して先鞭をつけるので，そういった意味でもハード面である技術開発とソフト面であるマネジメント両方のトータルな整備を，急いで行う必要があるのです．

（2）　コンクリート材料とは

　コンクリートをおさらいすると，セメントと水と砂と砂利から構成されていて，最も広く使われている建設材料です．地球上に最も多く存在する元素であるケイ素や数番目に多いカルシウムが主成分なので，どこの国にもコンクリートあるいはセメントの材料はあって，資源がどこかに集中していて特定の国から製造原料を輸入しないとつくれないということはありません．鉄鋼をつくる国は，高炉が必要なのでそれだけの技術力や投資がないとできないのですが，コンクリートは比較的どこでも製造することができます．

　簡単につくることができるのは，当然長所なのですが，逆に短所でもあります．品質管理や配合，あるいは調合が厳密でないとコンクリートが固まらないのであれば，その段階で品質が悪い構造物は排除されるのですが，練混ぜのときに水を少々入れすぎたといった荒っぽいやり方をしても，コンクリートは固まってくれます．したがって固まったコンクリートの品質が，実は悪いんだけれど，それがわかるのは相当経った後ということがあります．簡単につくることができるのは長所でもあり短所でもあるのですね．その問題を考えるとき，設計とか施工，維持，管理などいろいろな要素を含むので，トータルで考えることが必要です．

11.2 コンクリート材料の特徴，構造物の劣化メカニズム

(1) コンクリート構造物の寿命に影響を及ぼす代表的な劣化現象

ここから先は，コンクリート構造物の寿命という観点から，代表的な劣化現象についてお話しします．劣化要因として大きく四つがあげられます．一つは塩化物イオンの浸入による鋼材の腐食です．海辺にある構造物とか，あるいは海から採取した砂や砂利を使うと，それに含まれている塩が内部の鋼材を腐食させるという問題です．二つ目はコンクリートの中性化です．大気中に存在している二酸化炭素とセメントのアルカリ分が反応して，コンクリートのpHが下がることでも鋼材が腐食します．三つ目としてアルカリ骨材反応があげられます．日本でも近年関西地方で，高速道路のコンクリート中の骨材がアルカリ骨材反応を起こして，鉄筋が破断してしまった事例が報告されていますが，アルカリと反応する骨材が，膨脹するゲルを出して，それによって亀甲状のひび割れが入ってしまうという問題があります．四つ目に，化学的な浸食とか，コンクリートの骨格を形成しているカルシウムが外に溶け出していく溶脱現象があります．

余談になりますが，長期の時間スケールの話で，原子力関係から出てくる放射性廃棄物を，地下に埋設処分するプロジェクトがあって，そのバリア材としてセメント系材料とベントナイトという粘土の組合せで放射性廃棄物を閉じ込めることが計画されています．放射性廃棄物の核種の半減期を考えると，数万年もたないといけないので，そのようなときはセメント水和物の溶脱とか崩壊を設計のなかで考えなければいけません．

ここでは，主として鋼材の腐食，塩化物イオンと中性化を見ていきます．

(2) 塩害と鋼材の腐食

塩害は，コンクリートの製造時に海砂などに塩化物が含まれていたり，あるいは竣工後にコンクリートの内部に塩化物が浸入したりすることによって鋼材が腐食しやすくなり，水や酸素の供給によって鋼材が腐食し，鉄筋コンクリート構造物に損傷を与える現象です．塩害によって鋼材が腐食すると，生じた錆が元々の鉄の体積よりも大きいので膨張します．内部の鋼材が膨張すると外側のコンクリートに引張力が導入されます．コンクリートは引張りに弱いので，ひび割れが入り，それを経路にして，酸素や水の供給が加速的に入っていくので，腐食速度も増加します．最終的にはコンクリートが剥離したり落ちたりして，第三者被害と

いって，下にいる人や車，あるいは列車にあたって被害をもたらすとか，あるいは鋼材の断面減少やクラックの発生により構造物の耐力が減少する問題があります．

図 11.4 を見て下さい．コンクリートはご存知のとおり強いアルカリ性をもつ材料です．pH が 12～13 といったアルカリ環境下では，鋼材は緻密な酸化皮膜（不動態皮膜）を形成して，錆びない状況にあります．しかし，塩分が入ってきて不動態皮膜が壊れたり，あるいは二酸化炭素が入ることによって，pH が下がり，不動態皮膜が壊されたりすると，鋼材が容易に腐食してしまいます．

図 11.5 の説明をします．鉄筋の中に腐食電池が形成されて，アノード側では酸化反応が起こり，鉄がイオン化されます．カソード側では酸素が還元されて水酸基ができます．このように電流が流れてどんどん腐食が進行し，最終的には腐食生成物（錆）の膨張によってひび割れが生じるというメカニズムです．

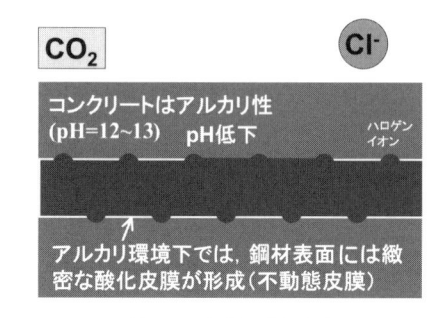

図 11.4 鋼材の酸化皮膜

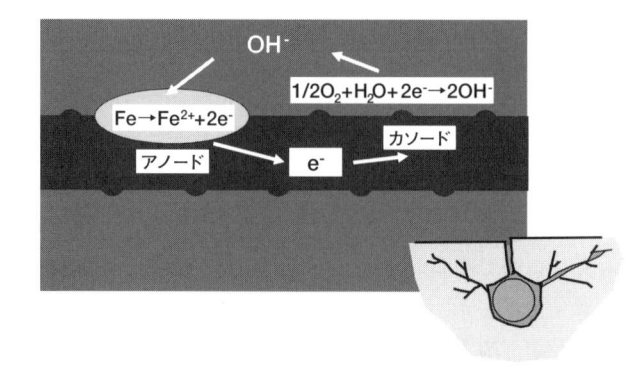

図 11.5 腐食の進行とひび割れの発生

図 11.6 桟橋における塩害の事例

図 11.6 が塩害の代表的な事例の写真です．これは桟橋ですが，塩分が浸透してきて，鉄筋が腐食してひび割れが起き，鉄筋が露出してしまっています．

(3) **中性化**

中性化とは，コンクリート中の pH が低下し，アルカリ性から中性に変化する現象です．具体的には，セメントの水和によって生じた水酸化カルシウムが，空気中の二酸化炭素とくっついて炭酸カルシウムに変化し，pH が低下します．水酸化カルシウムよりも炭酸カルシウムのほうが安定した化合物ですので，これは必ず進む反応です．

図 11.7 はコンクリートのコアを抜いた供試体で，フェノールフタレン溶液を振りかけています．フェノールフタレン溶液は，アルカリ性では赤い色（図 11.7 では中央の色の濃い部分）を示しますが，白いところはすでに pH が 10 以下で，アルカリ性ではないことを示しています．二酸化炭素が浸入し，水酸化カルシウムと反応して pH が下がることによって中性化された表面からの深さを，中性化深さといいます．時間が経つにつれ，中性化している領域が内部に進行していき

図 11.7 中性化した供試体

図 11.8 中性化による鋼材腐食，ひび割れ

ます.

　図 11.8 はかぶり厚さが 20 mm，つまり表面から鉄筋までの距離が 2 cm の建築物です．10 年程度の結構短い期間にも関わらず，かぶり部分のコンクリートで中性化が進行して pH が下がって，ひび割れが起こってしまった事例です．これは，内陸部で海から塩が飛んでくる環境ではないので，中性化による鋼材腐食の一例といえます．

11.3　コンクリート構造物の寿命予測システム

(1)　数値解析システムの必要性

　新しく構造物を整備する場合に，初期建設コストだけではなく，使っている間の維持補修に必要な費用を含めたライフサイクルコストを考えることで，トータルでは安くてよいものを実現できるという考え方があります．皆さんも実際に体験された事例があるかもしれません．何か商品を購入するときに，少々けちって安いものを買ったためすぐに壊れてしまい，結局もう一度買う羽目になった，悔しい，といった話です．清水の舞台から飛び降りる気持ちで高い商品を奮発して，それを大事に使うのが結局は安上がりである，というようなことですね．

　ここで構造物のライフサイクルコストを算定する際には，対象となる構造物が外力や環境作用のもとで，将来どのように劣化していくか，あるいは性能が低下していくかを，あらかじめ知らなくてはなりません．たとえば，ある材料があって，少々値段は張りますが長く持ちますよ，といわれても，安い材料に比べてどのくらい長持ちするのかが定量的にわからなければ，どうしても初期のコストが安いものに目がいってしまいます．そこで，数値解析システムなどを用いて，A という材料，B という材料といった複数の選択肢があるけれども，A を使うとこのくらい劣化が抑えられます，という信頼性の高い情報を，客観的・科学的な根拠に基づいて与えれば，初期コストのみならず維持補修などを含めたトータルのライフサイクルコストを最小化するインセンティブが生まれます．現在の設計体系は徐々にそのような流れに移行しつつあり，たとえば土木学会から出版されている『コンクリート標準示方書』には，耐久性に関する性能をあらかじめ事前に評価する仕掛けが含まれています．その際，性能をいかに評価するか，という点が技術的な鍵となります．数値解析システムに対する必要性がますます増大しているという背景があるのです．

また，先ほども述べたように，大量の都市基盤ストックがこれまでに整備されてきました．構造物の現在の性能をきちんと評価し，それらが将来にわたってどのように劣化していくかを予測することは，既存構造物の維持管理を行ううえでも大変重要です．維持補修のための財源が豊富にあったり，対象とする構造物群がある程度限定されているのであれば，それぞれに対して十分に手厚い処置を施すことも可能でしょう．しかしながら，膨大な都市基盤ストックがあり，またある特定の時期に整備が集中しているような場合はなおさら，どの構造物にどのくらいの維持管理投資を行うべきか，限りある手持ちの財源を考えながら戦略を練らなくてはなりません．しばらく放置して使用し続けてよいのか，あるいはすぐに補修の手を打たなければいけないのか，高度な判断が必要になってくるのです．様々な条件のもとで構造物の劣化を追跡する数値解析技術は，いわゆる構造物の医者として技術者が診断する際においても，有効な技術として機能すると考えています．

(2) 数値解析システムの開発

〈数値解析システムとは〉

鉄筋の腐食とか中性化の進行を，モデルをつくってコンピューターで予測するということを現在研究しており，それについてお話ししたいと思います．私たちの数値解析システムについては次項で述べますので，ここでは解析システムに関する全般的な話をします．

コンクリート構造物の材料の劣化に一般的に広範囲に適用できる予測システムをつくるには，微視的な現象やメカニズムに基づく熱力学モデルといったものが非常に有効です．日本だけでなく，アメリカやオランダといった国でも，時期を同じくして1990年の頭から開発が活発に行われています．

耐久性や構造物の長寿命化，維持管理のために，いろいろな国や地域でこのような数値解析システムのニーズが高まっていて，実務に対して適応するステージに今入りつつあります．実際に，フランス，アメリカ，日本では，こういった劣化予測をするコンサルタントやベンチャー企業が誕生しています．

〈数値シミュレーション手法——CEMHYD3D[3]〉

代表的な数値シミュレーション手法をここで簡単に紹介します．一つは，アメリカのNIST (National Institute of Standards and Technology) というグループのモデルです．このモデルでは，図11.9のようにセメントの水和反応を非常に微細なピクセルに分割して，現象をデジタルイメージで表現します．図は二次

第 11 章　コンクリート構造物の寿命を予測する

水和進行前　　　　　　　　　　　　　　水和進行後

図 11.9　数値シミュレーション手法——CEMHYD3D

元モデルで，丸いのがセメント粒子，その他が水です．一つのピクセルが 1 μm^2 に相当し，それぞれでセメントの鉱物と水が接触することで右側のように水和物が形成され，次第に空間が埋められていくのを視覚的に表現しています．これを使って透水係数，イオンの拡散係数を求めようという試みがされています．

〈**数値シミュレーション手法——HYMOSTRUC**[4]〉

オランダ・デルフト工科大学の Breugel 教授のグループでは，セメントと水の水和反応，空隙形成，水分平衡，あるいは収縮のモデル化を行い，予測をしようという非常に先進的な研究をしています．この技術は図 11.10 のように，Windows 上で走るソフトウェアとして使われつつあるようです．また最近では，セメント硬化体の空隙幾何構造を三次元空間上で忠実に再現して，拡散係数や透水係数などの材料物性を予測する試みもなされています．

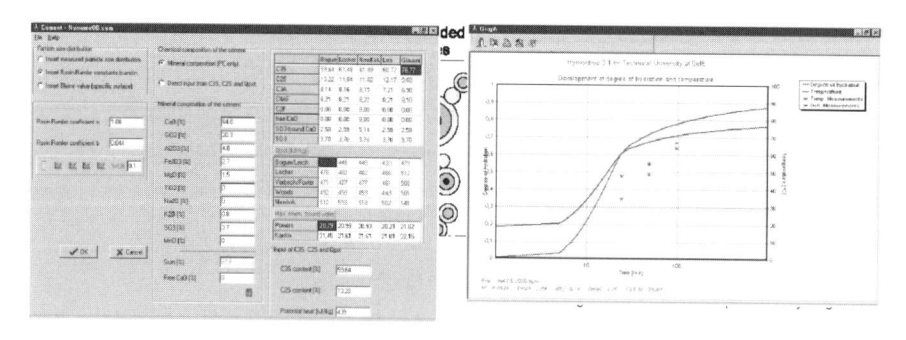

図 11.10　数値シミュレーション手法——HYMOSTRUC

(3) 数値シミュレーション手法――DuCOM [5]～[7] の全体像

〈熱力学連成解析システム DuCOM とは〉

次に，私が関わっている DuCOM という数値シミュレーション手法を紹介します．このソフトは，大学発ベンチャーとして設立された企業を通じてリリースされていて，少しずつ実務で使われている状況にあります．

このシステムには，コンクリートが固まるプロセスをシミュレーションするために，セメントと水が接触して反応が開始される水和反応モデル，セメント硬化体の微細構造を表現する空隙形成モデル，および微細構造中の水分平衡・移動モデルが含まれており，各々の相互連関が考慮されるようになっています．コンクリートは工場製品を除けば現地で生産され，様々な状況で打設されるわけですが，その際，温度や湿度といった気象条件，あるいは運搬，打込み，養生方法といった施工条件が多種多様に変化します．そのような種々の状況に対応するために，任意の材料，配合，温度，湿度といった条件のもとで，コンクリートが硬化するプロセスを追跡する一般化モデルを組み立てることを目指してきました．

また，構造物が使われる環境条件も様々です．ある構造物は塩化物イオンの作用を大きく受けるでしょうし，中性化との複合作用や，漏水・雨水の影響を大きく受けるところもあるでしょう．そのような多種多様な環境条件のもとで，コンクリート材料がどのように劣化していくかを予測するモデルの開発も行ってきました．たとえば，非常に微視的な空間を塩化物イオンや二酸化炭素がどうやって通過していくか，二酸化炭素と水酸化カルシウムの反応によりセメント系材料のpHがどのように低下するか，内部の鋼材がどの程度の速度で腐食していくか，さらには硬化体組織からカルシウムが抜けてどのように崩壊していくか，といったことが予測可能になっています．

〈マルチスケール統合解析システムとは〉

これまでに述べた DuCOM というシステムと，コンクリート構造の力学挙動を追跡する非線形解析システム COM3 [8] を融合させる取組みを，私たちの研究室では行っているところです．この両者を統合したシステムをマルチスケール統合解析システムと呼んでいます（図 11.11）．ここでのマルチスケールには，二つの意味があります．一つは空間の意味でのマルチスケール，もう一つは時間の意味でのマルチスケールです．

前者の空間的なスケールの意味を解説します．コンクリートは固まり，強度を発現して使われ始めます．その後，非常に微細な空間への塩分の浸透，あるいは

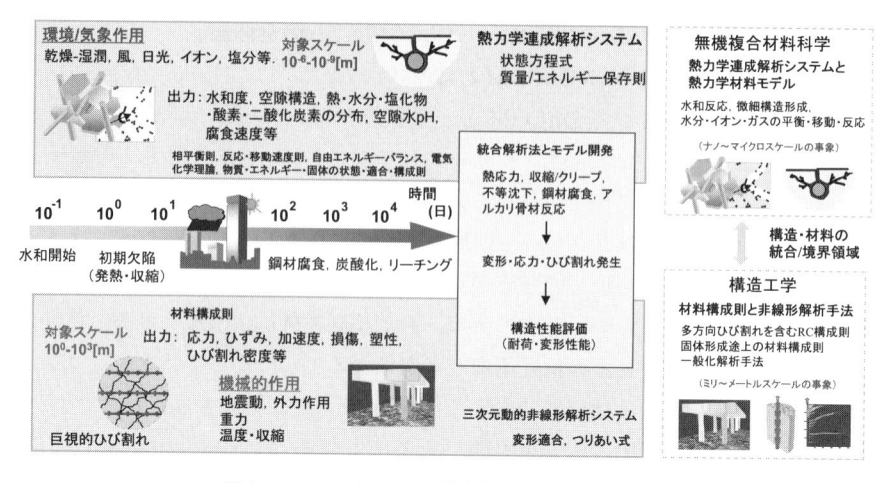

第 11 章　コンクリート構造物の寿命を予測する

図 11.11　マルチスケール統合解析システムの全体像

　二酸化炭素の浸入によって内部で化学的な反応が起こりますが，そのような非常に微視的なスケールでの事象を取り扱った熱力学材料モデルが，まずあります．他方で，橋やダムといった巨大な構造物が，たとえば地震動により揺れ，目に見えるひび割れができて，損傷が起こって，変形するマクロなスケールがあります．このような対象を扱う際に意識するのは，最も小さくてもミリメートルスケールで，構造物の寸法などを考えると普通はメートルスケールです．メートルスケールの構造物に対しては，ひび割れがどういう方向に起こって，ひび割れが発生した構造物がどういうふうに応答をして，というマクロな世界を取り扱っています．

　非常に微細な空間中における水分の存在の仕方，結晶の形成具合，あるいはガスやイオンの相平衡の関係，つまり多孔体内部の熱力学事象がどのように生じているかが，実はコンクリートが固まり劣化していく過程に大きく影響します．以上のように，ナノスケールとメートルスケールという，10^{-9} から 10^0 m といった 9 ぐらいオーダーが違うところを，一つのフレームの中で解くという意味で，マルチスケール統合解析システムと呼んでいます．

　次に時間スケールについてお話しします．セメントと水が接触をした後，水和反応が進行するわけですが，最初に生成される水和物であるエトリンガイトは，数分のうちに姿を現します．続いて，コンクリートの骨格を形成する C-S-H ゲルの生成は，数日から 1 か月くらいの間で大部分が完了します．その間に，水和による熱や乾燥により初期ひび割れが発生するリスクが生じます．その後，構造

物が使用される間，塩化物イオンの浸透や中性化進行により，鋼材腐食が進むわけですが，条件にもよりますが，数十年オーダーで進行する現象です．さらに放射性廃棄物の貯蔵施設などが対象となる場合，考慮すべき時間スケールは万年オーダーになります．以上のように，非常に多様な時間スケールを一つのフレームで解くという点で，時間スケールでのマルチという意味もあります．

このようなシステムを使って，設計コードをどうするか，メンテナンスをどうするか，ひいてはどうやって都市基盤ストックをマネジメントしていくのかといった観点を含めて，さらに研究を進めていきたいと考えています．

〈熱力学連成解析システムの全体スキーム〉

この解析システムでは，コンクリート構造物がさらされている環境条件や気象条件を入力することで，セメントの水和がどの程度進んだか，あるいは微視的な空隙構造と空隙水のpHの推移や，熱，水分，塩分，二酸化炭素等の分布を出力します．このモデルでは熱力学的な平衡，反応移動則，エネルギーバランス，電気化学理論などがベースになっています．

他方でセンチメートルオーダーの寸法をコントロールボリュームとして，平均応力と平均ひずみの関係を与える分散ひび割れモデル[8]が，1980年頃から岡村先生，前川先生により開発されプログラム化されています．地震動や外力を入力することで，構造物の応答，内部応力，ひずみ，損傷，ひび割れ密度が出力されます．

両方とも有限要素法に基づくモデルで，この二つを組み合せてライフスパンシミュレーションをしようとしています．ここでは特にDuCOMという先ほどのシステムの詳細を説明しますが，このシステムでは基本的には有限要素法で熱エネルギーと複数の質量保存則を解くことになります．

図11.12に記載されている基礎方程式がこの解析の中核になります．この基礎方程式は，ポテンシャル項，流束項，生成逸散項の三つの項で成り立っています．温度の場合，ポテンシャル項は熱容量に相当します．流束項は熱拡散，熱伝導を示しています．生成逸散項は，温度の場合は水和によって発生する熱になります．同じく，水分に関してもこの基礎方程式を解くことで，コンクリート内部の水分分布がわかります．ポテンシャル項は水分がどのくらい内部に存在しているかを示す項ですし，流束項は水分の拡散・移流を解く項になり，生成逸散項とは内部で水和反応によって使われた項になります．基本的にはこの方程式，つまり水分や塩化物イオン，二酸化炭素，酸素に関する質量保存則をこのシステムの中で解

第11章 コンクリート構造物の寿命を予測する

各自由度の支配方程式

$$\frac{\partial S(\theta_i)}{\partial t} + d_i v J_i(\theta_i, \nabla \theta_i) - Q_i(\theta_i) = 0$$

ポテンシャル項　　　流束項　　　生成逸散項

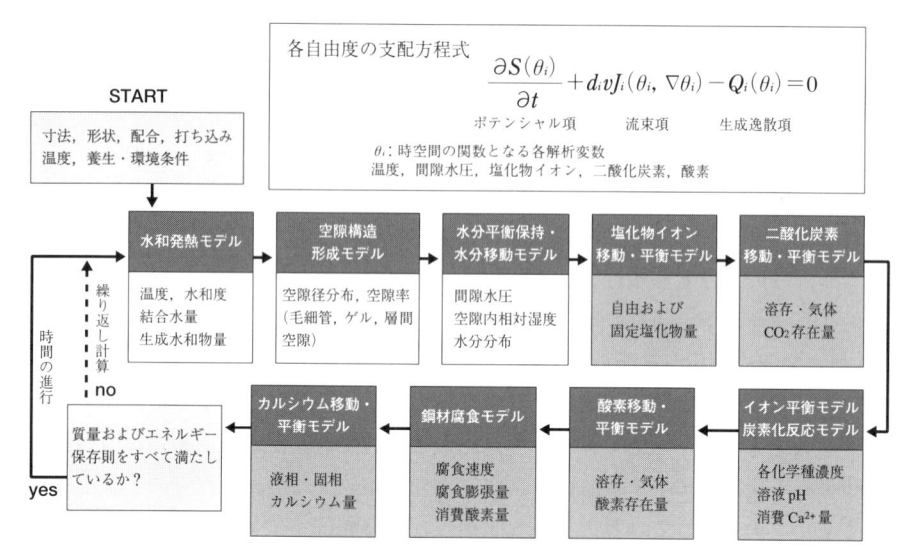

θ_i：時空間の関数となる各解析変数
温度，間隙水圧，塩化物イオン，二酸化炭素，酸素

```
START
  ↓
寸法，形状，配合，打ち込み
温度，養生・環境条件
  ↓
水和発熱モデル → 空隙構造形成モデル → 水分平衡保持・水分移動モデル → 塩化物イオン移動・平衡モデル → 二酸化炭素移動・平衡モデル
温度，水和度     空隙径分布，空隙率      間隙水圧              自由および           溶存・気体
結合水量         (毛細管，ゲル，層間     空隙内相対湿度          固定塩化物量         CO₂存在量
生成水和物量       空隙)                水分分布
                                                                                    ↓
カルシウム移動・ ← 鋼材腐食モデル ← 酸素移動・平衡モデル ← イオン平衡モデル
平衡モデル                                                炭素化反応モデル
液相・固相       腐食速度        溶存・気体              各化学種濃度
カルシウム量     腐食膨張量      酸素存在量              溶液 pH
                消費酸素量                              消費 Ca²⁺ 量
  ↓
質量およびエネルギー
保存則をすべて満たし
ているか？
  no → 繰り返し計算（時間の進行）
  yes
```

図 11.12 熱力学連成解析システム DuCOM の全体スキーム

いています．

　スタートの情報として，対象となる構造物の寸法や形状，配合（調合），水セメント比，使用するセメントや，高炉スラグ微粉末，フライアッシュなどの混和材の材料のデータを入力します．3日後に構造物が乾燥条件にさらされるとか，あるいは暑いところにおかれるといった養生や環境条件も入力します．こういった情報を入れることで，最初に水和発熱モデルでセメントと水の反応速度が計算され，内部の温度とか，水和度，結合水量といったものも計算されます．

　セメントの水和が進むことによって内部に結晶が沈殿し，空隙構造が形成されるので，モデルでも水和の情報を使って，形成される内部の空隙構造の計算をします．少し専門的な話になりますが，毛細管空隙，ゲル空隙，層間空隙といういろいろな形態の空隙がこのモデルで計算され，空隙が粗いと水分が外に移動し乾燥しやすくなるといった情報も出力されます．この計算は図 11.12 のように，次に塩分を取り扱う物理モデル（サブシステム）に進み，循環的に解いていくモデルになります．

〈熱力学連成解析システム DuCOM の一般リリース〉

　研究室の中では三次元有限要素解析を研究を目的として使っていますが，一次元の有限要素法のソフトとしては Windows 版がリリースされています．

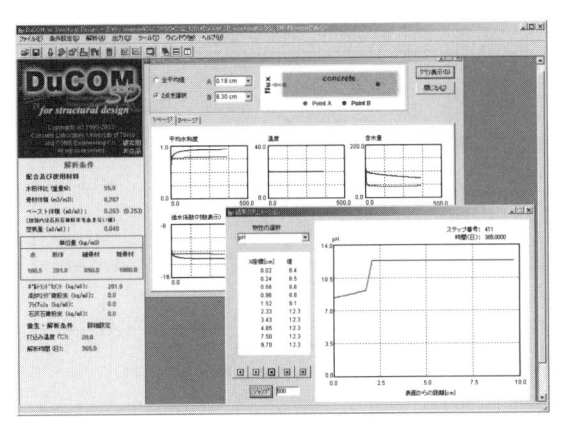

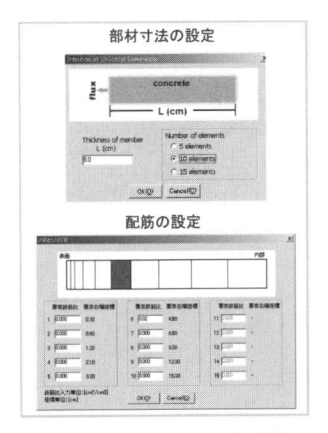

11.3 コンクリート構造物の寿命予測システム

・一次元の物質・エネルギー移動問題をカバー（水分逸散，熱発生・移動，塩分浸透，炭酸化，腐食等）
・多くの劣化現象は一次元に置き換え可能
・数十年～100年の解析は1～2時間（乾湿繰返しの場合）

図 11.13　DuCOM のソフトウェア化

　たとえば，ある部材厚をもつ構造物では，どの程度のスピードで外に水分が逃げていき，pHがどの程度低下するかを予測します．図11.13左側の手前の図では，横軸が表面からの距離，縦軸がpHを示していて，pHが下がっている部分が中性化深さとなります．このような予測が事前にコンピューターでできるということです．
　このシステムでも，水と結合材の比率や細骨材と粗骨材の重量などの配合情報を入力します．粉体でもセメントと高炉スラグ微粉末，フライアッシュがどういう比率なのかとか，あるいはセメントの鉱物組成であるアルミネート，エーライト，フェライト，ビーライト，石膏がそれぞれ何%であるかといった情報もインプットします．
　次に養生と環境条件を入力します．温度，湿度，塩化物イオン，二酸化炭素，酸素に関する養生条件や環境条件を入力することができます．あとは部材寸法と配筋です．どこに鉄筋があるのかにより腐食速度が変わってくるので，これも入力することになります．このように入力された情報をもとに解析することで，コンクリートの将来の状態を予測することができます．

〈DuCOM の適用例〉
　鉄筋コンクリート構造物の性能を評価するためのシミュレーション結果の一例を紹介します．海洋環境に曝露されたRCの桁橋の鉄筋腐食のシミュレーション

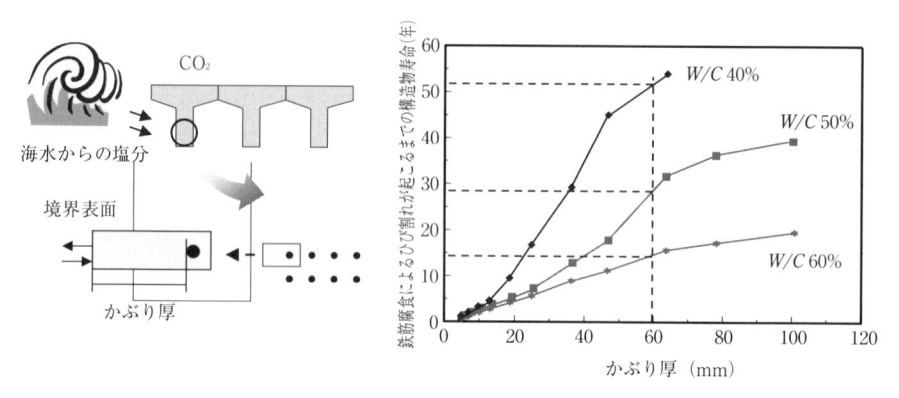

図 11.14 海洋環境下での DuCOM の適用例

です．図 11.14 のように T 形の桁を対象とし，二酸化炭素濃度，酸素濃度はそれぞれ大気濃度である 0.07 % と 20 % を与えています．塩化物イオンの濃度は 0.51 mol/m^3 にしていますが，これは通常の海洋の塩分濃度を意味しています．10 日間乾燥環境におき，その後 10 日間は海水の影響を受けるサイクルが繰り返される条件を想定しています．

図 11.14 の右側では，かぶり厚と構造寿命の関係をグラフで示しています．ここでの構造寿命とは，かぶりコンクリートにひび割れが入る時期としています．何年後にかぶりにひび割れが入るのかという計算です．たとえば水セメント比を 40 %，かぶり厚を 60 mm に設定した場合，約 52 年後にかぶりコンクリートにひび割れが発生します，という結果です．水セメント比が 60 % という，比較的品質があまりよくないコンクリートでは，同じ環境におかれた場合，15 年後にはひび割れが発生して補修が必要になる計算になります．このように想定される維持補修のタイミングなども，事前にシミュレーションすることができます．

11.4　今後の展望
——非破壊・微破壊試験と数値解析システムの融合

最後に，今後の展望と今後必要な技術について少しお話しします．

今は，ある構造物の劣化現象を予測するとき，構造物のコアを抜いて実験室に持ち帰り，詳細な化学分析をすることで水セメント比を同定して，それを入力してようやく予測が可能になります．非常に手間のかかる方法で，それをすべての

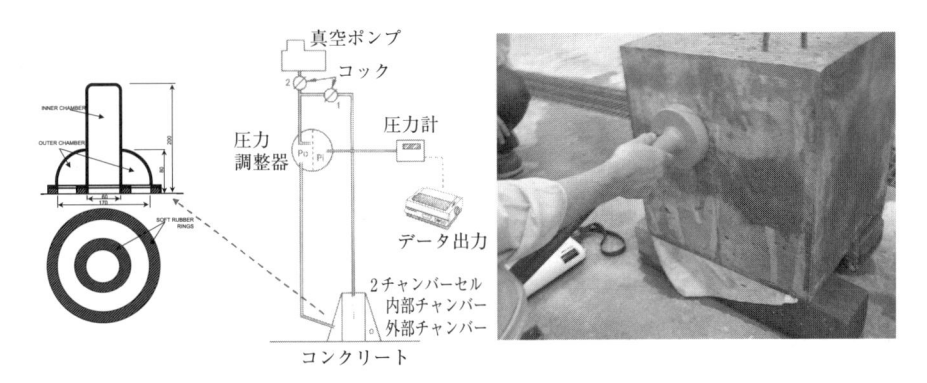

図 11.15　トレント法

構造物やインフラストックにとても適用できないので，少し簡略化した方法で入力条件を予測できないか，ということを考えています．

コアを抜くのは破壊試験ですが，構造物を破壊しない非破壊試験とわずかに壊す微破壊試験があって，それと数値解析システムの融合ができないかということを考えています．

非破壊試験，微破壊試験はヨーロッパなどで研究が精力的に行われています．ここで非破壊検査の一つであるトレント法[9]について紹介します．図 11.15 のように，チャンバーというものをコンクリートの表面につけて内部を真空状態にし，密閉された空間を減圧します．減圧するとコンクリート内部の空気がチャンバー内に入ります．特に内側のほうのチャンバーの圧力の変化に注目して，空気がコンクリートから速やかに入ってくるのであれば，透気性が非常に高いことを示しています．透気性が高いと，気体だけでなく他の水分やイオンの物質透過性も高いということになります．逆に圧力が上がりにくければ，それは非常に緻密で品質のいいコンクリートです．この透気係数を何らかの形でうまく変換して，水セメント比あるいは空隙構造を特定して解析の入力値に適用したいと考えています．

施工されて時間が経過したコンクリートを見たとき，ひび割れの状態はコンクリートによって異なります．数値解析でそれを表現するときに水セメント比や使用した骨材の情報が必要になるのですが，実際に破壊試験であるコア抜きをしなくても，非破壊試験で，機械をつけると水セメント比と骨材量などを特定できるものを開発したいと思っています．その情報を解析ソフトに入力すると，既存の

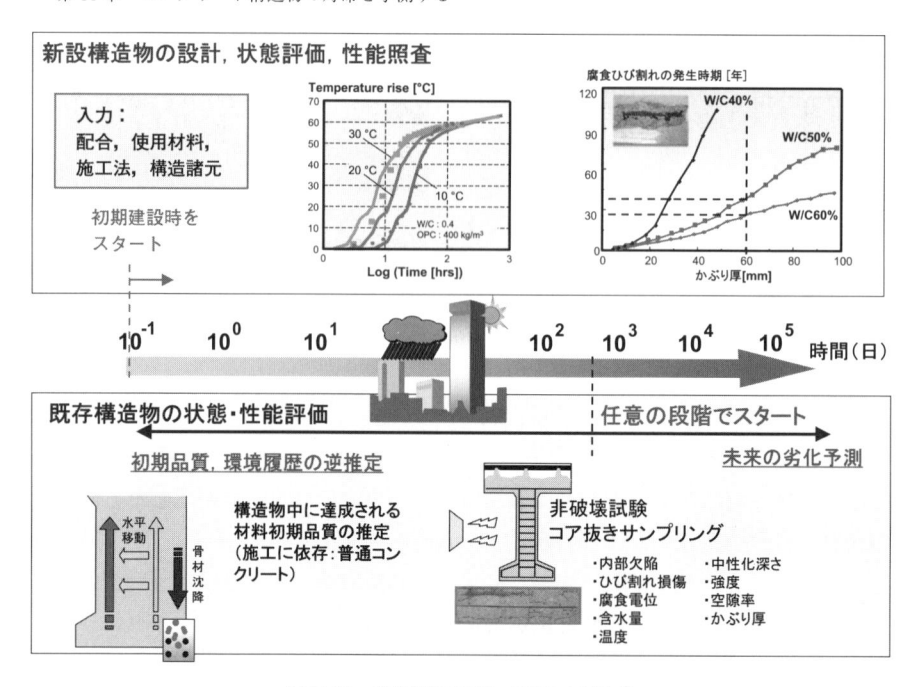

第 11 章　コンクリート構造物の寿命を予測する

図 11.16　数値解析手法 DuCOM の将来像

構造物に対しても，30 年後にはクラックが発生して相当に早く補修をしなければいけないとか，もしくは見た目どおりいいですね，といった議論ができるようになります．

図 11.16 はそれを概念的に表したものです．当初，ソフトを開発したときには，初期の建設時をスタートにし，まだつくっていない構造物の設計，施工，使用材料に対しての将来の性能評価を予測することを念頭においていました．しかし，既存構造物の状態の情報を，何らかの方法で入手し，DuCOM に入力することで将来の性能を予測することは，ストックマネジメントをするうえで必要な技術です．

■文献
1) 国土交通省：道路重点施策（効率的・計画的な道路構造物の保全手法の本格導入），http://www.mlit.go.jp/road/road/h16juten/kakuron.pdf, 2007 年 2 月 1 日
2) 大内雅博：アジア諸国は何年前の日本？，土木学会誌，Vol.92, No.5, pp.58-59, 2007-5

3) Bentz, D. P., Garboczi, E. J. and Lagergren, E. S. : Multi-scale microstructural modelling of concrete diffusivity ; identification of significant variables, Cement, Concrete, and Aggregates, Vol.20, No.1, pp.129-139, 1998
4) Breugel, K. van : Numerical simulation of hydration and microstructural development in hardening cement-based materials. Theory (I), Cement and Concrete Research, Vol.25, No.2, pp.319-331
5) Maekawa, K., Chaube, R. and Kishi, T. : Modelling of Concrete Performance, E & FN SPON, 1999
6) Maekawa, K., Ishida, T. and Kishii, T. : Multi-scale modeling of concrete performance-Integrated material and structural mechanics, Journal of Advanced Concrete Technology, Vol.1, No.2, pp.91-126, 2003
7) 石田哲也：微細空隙を有する固体の変形・損傷と物質・エネルギーの生成・移動に関する連成解析システム，東京大学学位論文，1999-3
8) 岡村　甫・前川宏一：鉄筋コンクリートの非線形解析と構成則，技報堂出版，1991
9) Torrent, R. : A two-chamber vacuum call for measuring the coefficient of permeability to air of the concrete cover on site, Mater. & Struct., Vol.25, No.150, pp.358-365, 1992

第12章 コンクリートリサイクルの現在・未来

工学系研究科建築学専攻 **野口 貴文**

12.1 コンクリートをとりまく環境問題

12.2 廃棄物のコンクリートへの利用

12.3 コンクリートのリサイクル

12.4 コンクリートリサイクルのあるべき姿

中間処理場に積み上げられた廃コンクリート塊の山．ちなみに足元の道路の下にも備蓄されている．毎年膨大な量の解体コンクリート廃棄物が運び込まれ，破砕・分級処理され主に道路用路盤材などに再利用されている．

第 12 章　コンクリートリサイクルの現在・未来

都市の重要な施設を構成する土木構造物や建築物にとって欠かせない材料であるコンクリートは，実は建設産業だけでなくあらゆる産業界のための優秀なごみ箱として機能しています．その一方，コンクリートがリサイクルされて再びコンクリートとして甦るためには，技術的な課題だけでなく，社会的・経済的な側面も考えなければなりません．限られた国土と資源の少ないわが国では，世界をリードするコンクリートのリサイクル技術を開発してきましたが，今まさにその普及・実用化を真剣に考えなければならない時期に差しかかっています．本章では，そのようなコンクリートの現在から未来までを順序立てて説明したいと思います．

12.1　コンクリートをとりまく環境問題

(1)　資源としてのコンクリートの重要性

環境問題は，地球環境という非常に大きな枠組みから建築物の室内環境まで，そのスケールは様々なレベルがあります．本章でとりあげるコンクリート構造物は，ペットボトルや家電製品に比べ非常に長い寿命をもっていますから，コンクリート構造物をとりまく環境問題を考える場合は，企画・設計して施工する段階から，できたものを運用する段階を経て，構造物が寿命を全うし解体・処分される段階まで，つまりライフサイクル全体で環境負荷を少なくするように考えることが重要です．

表12.1 は，日本の全産業で投入されたり排出されたりした資源量・廃棄物量と，その中でコンクリートが占めている量を示しています．われわれの使っている机やいす，衣服などすべてを含めて 1 年間に 20 億トンの資源が投入されていますが，なんとコンクリートは総資源投入量の 1/4 を占めています．実はコンクリートよりも多く使用されている物質があるのですが，20 億トンの中には含まれて

表12.1　資源としてのコンクリート

総資源投入量	2 000 000 000	トン/年
コンクリートの生産量	500 000 000	トン/年
廃棄物総量	458 360 000	トン/年
一般廃棄物	52 360 000	トン/年
産業廃棄物	406 000 000	トン/年
コンクリート塊	35 000 000	トン/年

いません．何だと思いますか？　木でも鉄でもありません．水なのです．コンクリートは水に次いで全世界で第2番目に多く使われている物質です．われわれは本当に多くの資源をコンクリートに使っています．

　表12.1 をもう一度見て下さい．廃棄物総量は4億5800万トンとあります．この量は総資源投入量に比べればまだまだ少なく，それだけ物質が製品として蓄積されている実態を示しています．また，廃棄物のほとんどが産業廃棄物であることもわかるでしょう．この産業廃棄物中の約10％がコンクリートです．10％という割合は，廃棄物に占める割合としてはそう多くないようでいて，実は材料別に見た廃棄物量としてはナンバーワンです．また，日本には不法投棄という問題があります．実は，不法投棄量の半分近くが建設廃棄物で，コンクリートがその半分を占めていますので，不法投棄の約1/4がコンクリートの塊ということになります．このように，たくさんの資源を投入し，たくさんの廃棄物を排出しているのがコンクリートなのです．

　次に図12.1を見てもらいましょう．これは廃棄物を受け入れる「最終処分場」の残余容量の推移です．普通に考えると，廃棄され続ければ残余容量も減ってくるはずですが，1990年代に処分場を増設し続けたために，建設系廃棄物など産

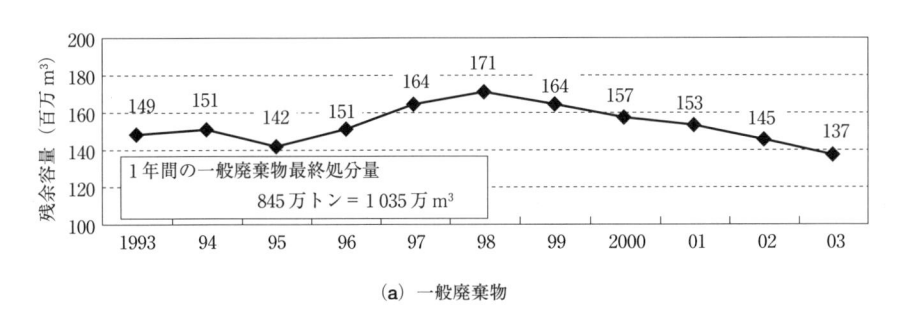

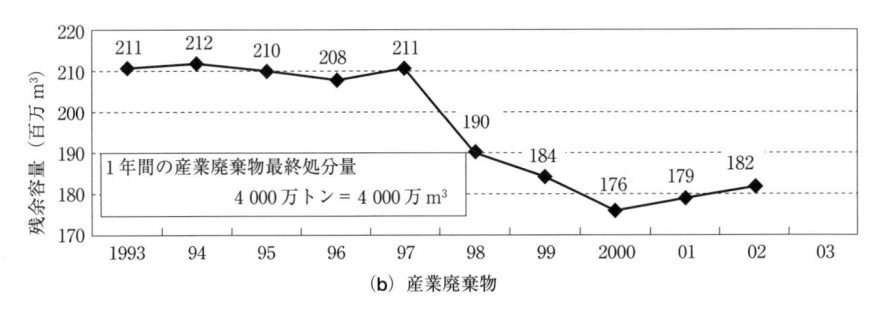

(a) 一般廃棄物

1年間の一般廃棄物最終処分量
845万トン = 1 035万 m^3

(b) 産業廃棄物

1年間の産業廃棄物最終処分量
4 000万トン = 4 000万 m^3

図 12.1　最終処分場残余容量 [1]

業廃棄物が処分される産業廃棄物処分場，都市ごみなどが処分される一般廃棄物処分場の残余容量ともに，年々増えたり減ったりしています．しかし，ここ数年はどこの処分場も確実に減少しており，産業廃棄物の処分場があと数年しかもたないという状況におかれています．つまり，コンクリート廃棄物をこれ以上最終処分場に捨てることができない状態にまでなっているということなのです．

(2) コンクリートのマテリアルフロー

図12.2は，コンクリート関連の資源投入量，廃棄物量をものの流れとして表現したマテリアルフローを示しています．コンクリートに使われている原料を見ると，地球の中からとってきた石のようなものばかりです．セメントをつくるにも石灰石を使いますし，コンクリート用骨材にも砕石や砂利を使います．道路建設のときにも路盤材として下に石を敷いてその上にアスファルトを敷くわけです．

また，この図を見ると，毎年これほど新しい構造物をつくっているのに，解体・廃棄される構造物が非常に少ないことがわかります．つまり，毎年，新しい資源が投入され建設物という形でどんどん蓄積されているということです．解体・排出されている量は投入量の半分弱ぐらい．その排出されたコンクリートは相当量がリサイクルにまわり，最終処分量はわずかという状況です．図12.2は，コンクリートを中心とした現時点での資源の流れを整理したものですが，このマ

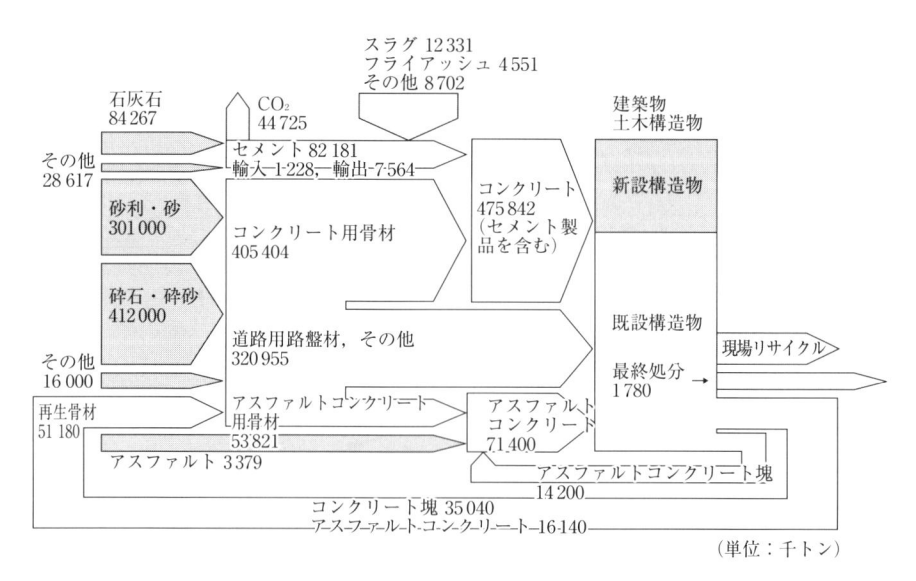

図12.2 コンクリートのマテリアルフロー（文献2)をもとに作成)

12.1 コンクリートをとりまく環境問題

テリアルフローから，最終処分されるコンクリート系廃棄物が少ないなら，それでいいじゃないかと思うかもしれませんが，そうではありません．

図12.3は建築物，土木構造物のライフサイクルの実際を示しています．たとえば，企画・設計の段階がある．材料をつくる段階がある．その材料を組み立てて構造物がいろいろつくられ，そして，それを運用する．さらにメンテナンスを行いながら継続的に利用されるのですが，いつかは劣化し，解体されて廃棄されたり，リサイクルされたりしていきます．この流れがぐるっとまわるには，50年から100年かかります．実際のものの流れはもっと複雑ですが，こういう流れが地球上の様々なところでなされているわけで，たった今投入した建設材料は，100年後には廃棄物になってどこかに埋められるかもしれない．また，どこか別の構造物の材料として利用されるかもしれない．構造物をつくるときには，廃棄されたものを原料として使う場合もありますし，新しく山からとってくる場合もあります．建築物や土木構造物を解体して出てきた廃棄物を使うだけでなく，他産業の廃棄物を使う場合もあります．現時点の状況だけから環境負荷を小さくすることを考えるのであれば，この流れをピタッと止めて，どのようにものを流せば環境負荷が小さくなるのかを検討してやればいいわけですが，そうはいかな

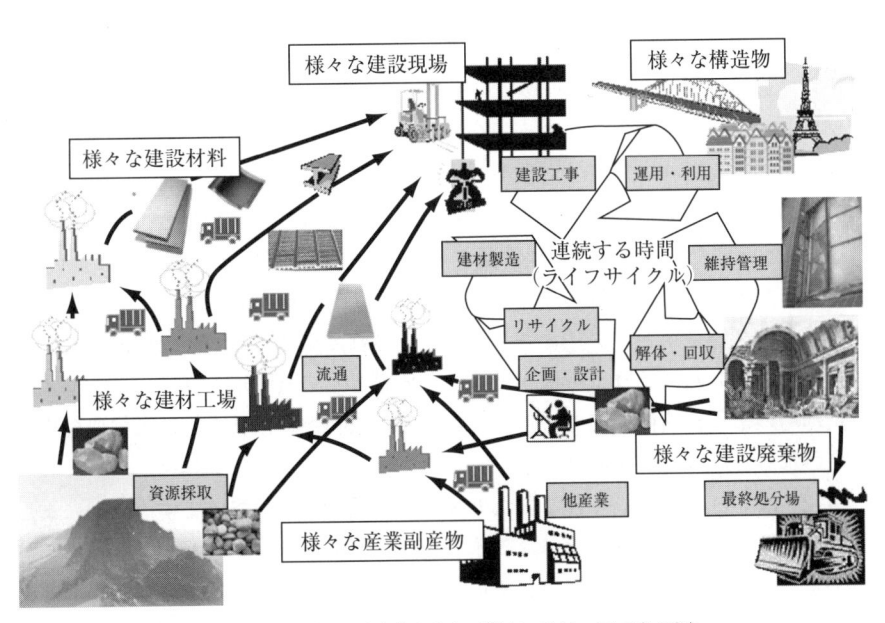

図12.3 建設材料と廃棄物の流れ（都市・地域・国の広がり）

い．現在，構造物として大量に蓄積されているコンクリートが，将来，大量に廃棄物として排出される可能性があるのです．また，骨材など構造物をつくるのに必要な材料がいつ枯渇するとも限りません．グルグルまわり続ける全体を考えながら環境負荷を最小化するマテリアルフローを達成するにはどうすべきか，考えていくことが重要なのです．皆さんが将来建設活動を行う際，考慮してほしいことの一つです．

12.2 廃棄物のコンクリートへの利用

　コンクリート構造物に関連する産業界や学術分野が，どのような取組みをしているのか，まずは廃棄物をコンクリート原料に利用する技術からお話しします．

(1) セメント製造における廃棄物利用

　まず，セメントの製造から見ていきましょう．日本では，セメント原料の30～40％は他産業の廃棄物を利用しています．燃料としての利用も含めて示すと図12.4のようで，セメント産業は他産業にとって非常にありがたい存在です．パチンコ台や自動車のタイヤが使われていますし，肉骨粉なども燃やして使います．さらに鉄をつくるときに出てくるスラグ，それから石炭火力発電所から出てくる灰もセメントの材料として使用しているのです．

　また，最近加わってきた他産業の廃棄物として，汚泥スラッジ，都市ごみ焼却灰があります．汚泥はわれわれが排出した生活排水の下水汚泥，ごみ焼却灰は家庭ごみを燃やした後の灰で，これらもセメントの原料になっています．セメントの品質のことを考えると，セメント産業は廃棄物を好んで材料にしているわけではない，といいたいのですが，経営面からは好んで使っているのかもしれません．セメントを焼くときに高温のキルンを使いますが，このキルンの中でスラッジやごみ焼却灰を燃やすと，ダイオキシンが分解されて出てこないのです．今まで廃棄物になっていたスラッジや灰がセメント原料として再利用され，セメント工場が焼却場のように機能してくると，これまで廃棄物が運ばれていた最終処分場も延命されるという利点があります．

　図12.5は，日本でつくられてきたセメントの種類を示しています．これによると，近年は普通セメントに比べフライアッシュセメント，高炉セメントが増えています．当然，廃棄物の再利用が関係しているのですが，もう一つ理由があるのです．普通のセメントをつくるときには石灰石を原料にします．石灰石の化学式

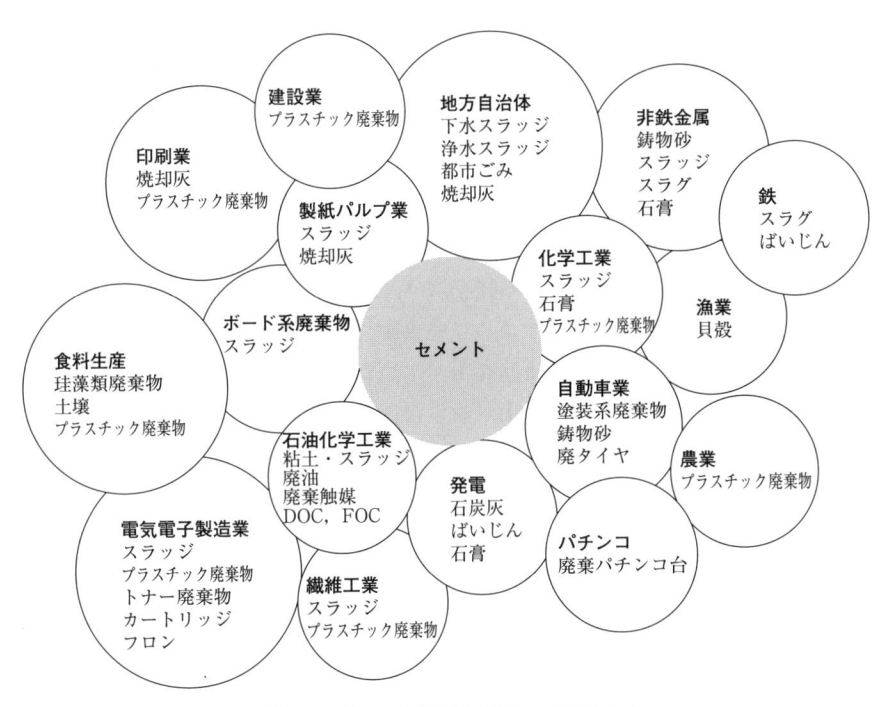

12.2 廃棄物のコンクリートへの利用

図12.4 セメント製造における廃棄物利用 [3]

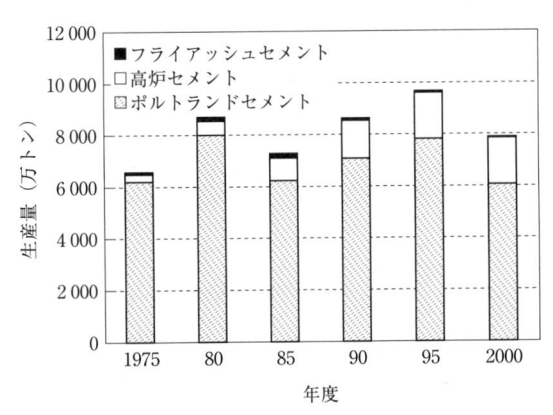

図12.5 製造セメントの種類の変遷

は $CaCO_3$ で，それを焼成すると CO_2 が出ます．フライアッシュや高炉スラグを混ぜてやることによって，セメント工場から出る CO_2 を減らすことができるため，環境にもやさしいだろう，ということから使われているのです．

(2) エコセメントの開発

このように，日本のセメント産業は，廃棄物をなるべく利用しようと努力を続けています．この流れを受けて，日本の技術力で新しいセメントが開発されました．それが「エコセメント」です．環境にやさしいセメントだということはわかるのですが，成分が何で，どのような性質をもっているのか，名前からは判断できません．しかし，このエコセメント，実はちゃんとした定義があります．先ほどの都市ごみ焼却灰と下水汚泥の割合が原料の半分に近いというのが特徴です．普通のセメントも，図12.6に示すように廃棄物の利用率が3割を超える段階にまできていますから，普通セメント自体も，エコセメントといってよい状況になりつつあるのです．ただ，このエコセメントは，普通のセメント製造のように他の様々な原料を使いません．石灰石は少し加えますが，粘土原料などはほとんど使いませんから，そういう意味では特色あるものです．

このエコセメントは高温で焼きますから，ダイオキシンは完全に分解されます．分解されるだけでなく，急激に冷やされるので，再合成せずにフィルターで捕獲することができます．また，もう一つ気になるのが重金属です．クロムに代表される重金属類がこの中に含まれています．燃えないので濃縮され，回収された後金属工場に引き渡され，再生されています．

図12.6が示すように，出来上がったセメントの成分は普通のセメントとほとんど変わりません．若干違うのが，早強エコセメントの場合塩分量が多いことです．他はアルミナが若干多かったり，鉄分が少なかったりしますが，そう変わりはないのです．ですから，セメントとしてちゃんと機能します．表12.3には，コンクリートを打設して28日経ったときの強度が示されていますが，普通セメントが53 N/mm^{2}なのに対して，早強エコはそれに匹敵するぐらい出ています．普通エ

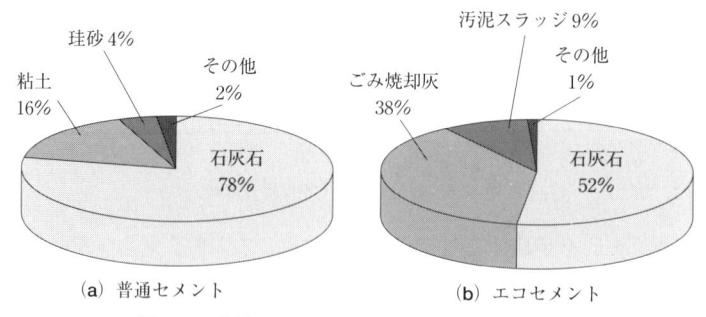

図12.6 普通セメントとエコセメントの原料の比較

(a) 普通セメント: 石灰石 78%，粘土 16%，珪砂 4%，その他 2%
(b) エコセメント: 石灰石 52%，ごみ焼却灰 38%，汚泥スラッジ 9%，その他 1%

表12.2 エコセメントの化学成分

	Ig. Loss	SiO_2	Al_2O_3	Fe_2O_3	CaO	SO_3	R_2O	Cl
普通エコ	1.1	17.0	8.0	4.4	61.0	3.7	0.26	0.04
早強エコ	0.8	15.3	10.0	2.5	57.3	9.2	0.50	0.90
普通セメント	1.5	21.2	5.2	2.8	64.2	2.0	0.63	0.01

表12.3 エコセメントの品質

	密度 (g/cm³)	比表面積 (cm²/g)	凝結始発 (h-min)	凝結終結 (h-min)	圧縮強度 (N/mm²)				
					3時	1日	3日	7日	28日
普通エコ	3.17	4 250	2 − 35	4 − 25	−	10	30	41	53
早強エコ	3.13	5 300	0 − 30	0 − 50	10	25	38	53	58
普通セメント	3.16	3 350	2 − 22	3 − 10	−	15	29	44	61

コもまあまあの強度が出ますので，当然普通に使えるセメントといえます．

ここまでくると，日本中の都市ごみを利用してセメントをつくればいいと思うかもしれません．

千葉県の市原にあるエコセメントの製造工場は，千葉県全域から都市ごみ焼却灰と下水汚泥を持ち込んでも可能なぐらいの処理能力をもっています．しかし，それでもセメント生産量は，セメントの需要に比べて非常に少ない．千葉県でつくる構造物に必要なセメント量には到底足りません．2006年には，2番目の工場が多摩に建設されました．この工場も多摩地域の家庭ごみをすべて処理できる能力をもっていますが，そこでできたセメントも，やはり多摩全域で使われるセメント量をまかなうことはできません．だから，エコセメント工場を全国につくり「日本で必要なセメントをすべてエコセメントにしよう」と思っても，それは無理なのです．それほど大量のコンクリートが日本中で使われているということです．だからといって，もっとごみを出してエコセメントを製造すればいいのではないかということにはなりませんので，誤解しないように．

加えて，もう一つ厄介なことがあります．皆さんは，下水汚泥や都市ごみ焼却灰からつくられたセメントを自分の家に使いたいと思いますか．自分の家にだけは使いたくない，という人が結構多いのではないでしょうか．あらゆることにいえるのですが，エコロジカルな生活を目指そうとしても，なかなかそうはいかないのが現実です．

図 12.7　エコセメント工場（千葉県市原市）

12.3　コンクリートのリサイクル

次に，既存のコンクリート構造物のリサイクルについて見ていきましょう．リサイクルの話をする前にいっておきたいのは，コンクリートの原料の 70 %は骨材だ，ということです．この骨材が，コンクリートを水に次ぐ資源投入量たらしめている原因でもあるので，コンクリート構造物のリサイクルを考える前に，日本の骨材生産の現状を見ておかなければなりません．

(1)　骨材生産量の推移

図 12.8 にあるように，日本では建設ラッシュ時を境に，骨材として利用していた川砂利や川砂が枯渇し，代わって山の岩を砕いてつくる砕石，砕砂が主流となりました．その頃から，海の砂や砂利の使用も増えましたが，問題がいろいろ生じ，近年は減っています．

西日本，特に瀬戸内地方は川が短く少ないために，川から採れる砂利自体も少なかったのです．瀬戸内海は遠浅で，沿岸に砂が溜まっていたため，その海砂を取り尽くし，海底の岩肌が見えるところも多くなりました．今は，ほとんどの県が海からの砂の採取を禁止しています．近年は中国から砂を輸入していたものの，最近は中国側が規制をかけ始めて難しくなっています．非常にローカルな建材だと思っていたコンクリートですが，隣国から海を渡って原料が運ばれ，今ではそ

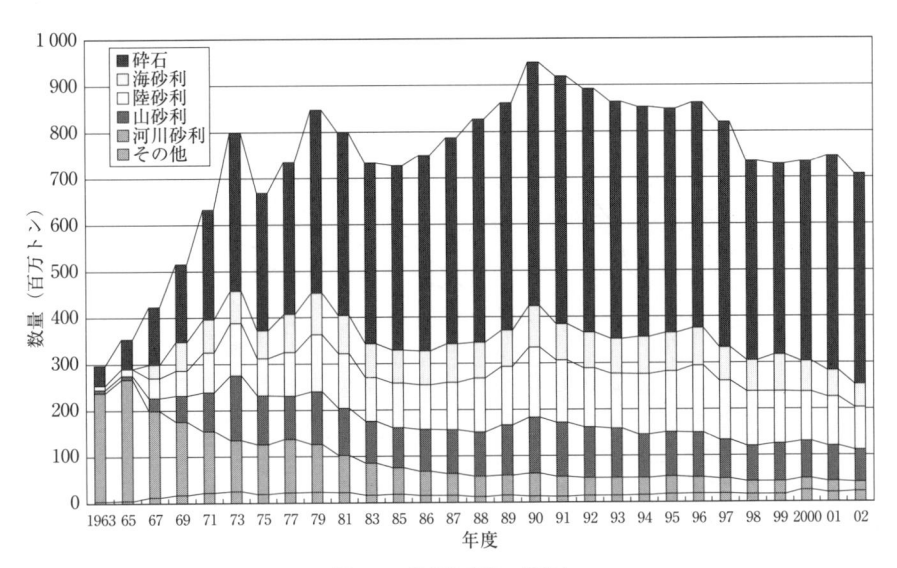

図12.8 骨材生産量の推移 [4]

の隣国からも入手困難になるといった事態が起きているのです．これがコンクリートの原料として大きな割合を占める骨材の現状です．

(2) コンクリート廃棄物のリサイクルの現状

〈路盤材利用〉

コンクリートの原料として欠かせない骨材資源が逼迫するなか，コンクリートのリサイクルの現状はどうなっているのでしょうか．

耐久性次第とはいえ，既存のコンクリート構造物のうち高度経済成長期に建設された多くの構造物は，寿命が50年程度ならまもなく寿命を迎え，一気に廃棄物となって出てくる可能性が大きいのです．解体せずメンテナンスしながら使い続けるという選択肢も重要ですが，機能が劣っているものを使い続けることは難しいのです．たとえば，橋なら幅が狭いもの，建築物なら部屋が狭いものがありますし，昔の設備を更新できないこともあります．こういった理由も考慮すると，図12.9に示すように，解体されるコンクリート構造物の増加が予想されるので，これらをいかに処理していくかが，今コンクリートのリサイクルの重要な問題になっています．

ところが，これから大きくなるはずのこの問題，見かけ上，今は解決されたかのような錯覚を与える状態で落ち着いています．それを次に説明しましょう．

第12章 コンクリートリサイクルの現在・未来

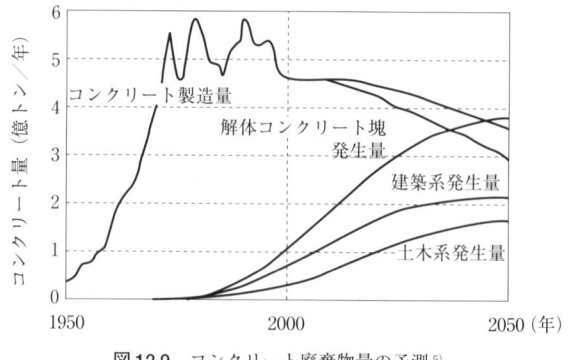

図12.9 コンクリート廃棄物量の予測[5]

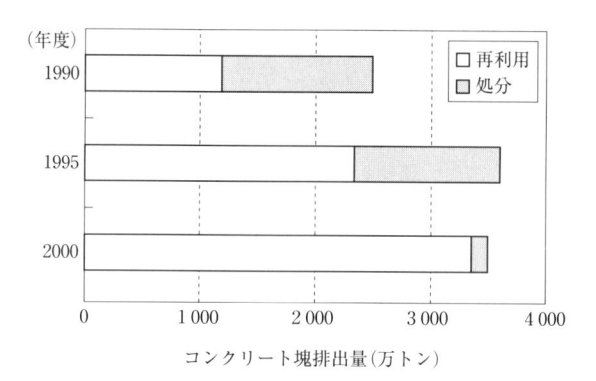

図12.10 解体コンクリートのリサイクル率

　図12.10は，近年のコンクリート塊の排出量とそのリサイクル率を示しています．コンクリート塊の排出量は増えているのですが，白いところが相当の割合で増えています．リサイクルされている量が増えているのです．コンクリート塊のうち，最終処分場に埋め立てられる量が，今は5％を切っています．

　当時の建設省の政策として，解体後出てくるコンクリート塊については，可能な限りリサイクルしよう，リユースしよう，という方針が一気に推し進められました．当然，経済的にもそうするほうが有利だったからです．というのは，コンクリート廃棄物のほとんどが，天然の砕石よりも安く売られて，道路用の路盤材や粒度調整材という形で，地面の下にもぐってしまったのです．つまり，コンクリート廃棄物が，再びコンクリートとしてリサイクルされたわけではないのです．

　これはつい最近まで，道路建設の需要が多く，大量に出てくるコンクリート廃棄物の路盤材や粒度調整材としての受入れ先が十分にあったからできたことなの

です．道路建設事業が将来どうなっていくかが，この流れを左右します．ご承知のように，今後道路建設は減りますから，近い将来，コンクリート廃棄物を利用しきれなくなる可能性が高いのです．

〈敷地内埋戻し〉

コンクリート廃棄物のリサイクル方法の現状として，道路用路盤材以外にもう一つ知っておくべき事実があります．実は，コンクリート廃棄物として，そもそも統計に出てこないものがあるのです．構造物を壊したときに排出される廃棄物は，敷地の外に出て初めて廃棄物としてカウントされます．図12.11は，1990年代に現在の都市再生機構，当時の住宅・都市整備公団が行った方法を示したものです．要するに，新しい構造物をつくるときに，元の古い建物のコンクリート塊を現場で砕き，それを用いて敷地の整備を行う，という手法です．

統計的には，廃棄物量は，現場から搬出された量になり，これは構造物が壊されて生じるコンクリート塊の量とは違います．ですから，今後，それが現場から出てくることになれば，コンクリートのリサイクルは，さらに重要になってくると考えられます．

図12.11 コンクリート廃棄物の敷地内利用[6)]

(3) コンクリート用再生骨材の製造方法

コンクリート廃棄物は，このままでいくと，道路用路盤材や敷地埋戻し用材としての用途がなくなり，最終処分場にまわらざるを得なくなる可能性がある，だけどそうしたくない現状がおわかりいただけたと思います．

また，コンクリートの原料である骨材資源も年々逼迫してきているため，コンクリート廃棄物から骨材を取り出して，コンクリートの材料としてリサイクルする，再生骨材の製造技術の必要性が高まってきているわけです．

では，再生骨材として使うには何が必要なのでしょうか．まず，性能を確保しなければなりません．性能が悪ければコンクリートも長持ちしません．性能のよい再生骨材とは，密度が大きくて，吸水率が小さいものです．どういうことかというと，コンクリート廃棄物から取り出した骨材のまわりにくっついてくるセメントペーストが水を吸ってしまうのです．吸った水がずっとコンクリート中にあればよいのですが，コンクリートが固まった後は，乾燥して外に出ていきます．乾燥するとコンクリートは収縮していきますから，ひび割れが発生する可能性がある．そうすると，出来上がったコンクリート構造物は品質がよくないものになってしまうわけです．ですから，セメントペーストがついていない骨材，つまり，もともとの骨材をどうやって取り出すか，というのが高品質再生骨材をつくるうえでの基本になります．

図12.12 に示すように，再生骨材の製造技術は，現在，三つぐらいに分類されます．図中の右側にある高品質再生骨材をつくることがコンクリートの性能確保

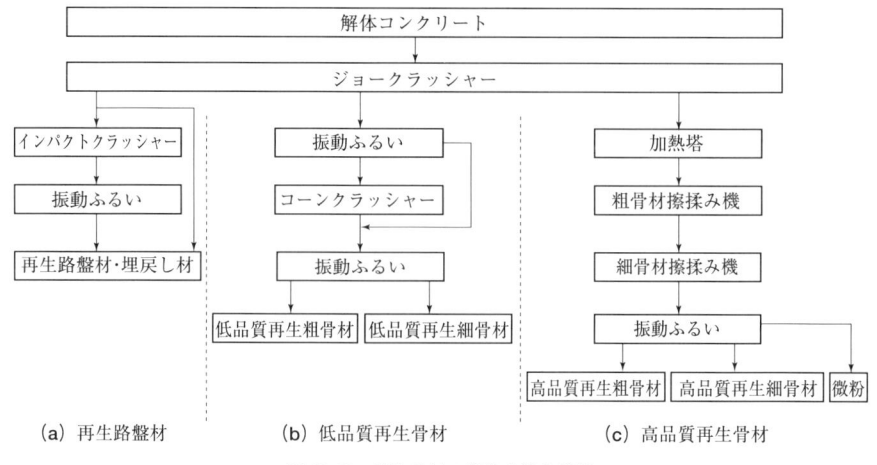

図12.12 再生骨材の製造方法と分類

にとって非常によいのですが，ほかの方法に比べてセメントペーストがついていない骨材を製造するために，処理段階が多く，高度になっています．しかも，加熱，擦揉み，といった過程が入ってきますから，製造にかかるエネルギーが多くなります．逆に，左側の路盤材・埋戻し材であれば，セメントペーストがついていてもかまわないので，単にジョークラッシャーで割って，インパクトクラッシャーでぶつけて壊せば，あまりエネルギーをかけることなくできてしまいます．

〈高品質再生骨材の製造方法・加熱擦揉み法〉

　高品質再生骨材をつくるために，コンクリートを何回も砕いていくと，骨材そのものも粉砕されていきます．コンクリート中には体積で70％の骨材が入っていて，普通，40％が粗骨材，30％が細骨材ですが，普通に砕くだけの方法では，40％あった粗骨材のうち，頑張ってもその半分ぐらいしかとれません．残りの半分は砕かれて，骨材には使えない微粉になるのです．そこで，多くの骨材を回収する特殊な技術が開発されました．加熱擦揉み，機械擦揉みという方法です．

　加熱擦揉みというのは，図12.13の製造工程にあるように，まずコンクリートの塊を加熱して，ミルの中で鉄球とともに擦り揉んでいきます．300℃くらいまで加熱すると，セメントペースト部分の水分がなくなりますから，収縮してきてひび割れし，脆くなる．これを擦り揉んでやると，元の骨材が取り出せます．粗骨材を最初に分離し，次に細骨材を分離して，ふるってやると，元の原料であった骨材がそのままかなりの割合で取り出せる，というものです．出来上がった再生骨材は，図12.13中の写真にあるように，元の砂利のままのようですし，砂も元の砂そのもの．この技術を使って，1960年，1988年に建てられた二つの構造物のコンクリート塊から，某建設会社の実験棟が建設されました（図12.13の事例）．ほんの数年前のことです．

〈高品質再生骨材の製造方法・機械式擦揉み法〉

　もう一つの方法，機械式擦揉み法を説明しましょう．先ほどのように加熱はしないのですが，図12.14にあるように，ローターの軸がちょっとずれています．真ん中でなく偏心している．この外筒部分と内筒部分，これらの軸が同じであれば，何も擦揉み効果がなく，ただまわっているだけですが，軸がちょっとずれているがために，偏心運動をします．上からコンクリートを投入して，広がったり狭まったりする部分にコンクリートの塊が落ちてきて，ここで擦り揉まれるという仕組みになっている機械です．写真はその適用例です．上の建物が下の新しい共同住宅のコンクリートに変わりました．

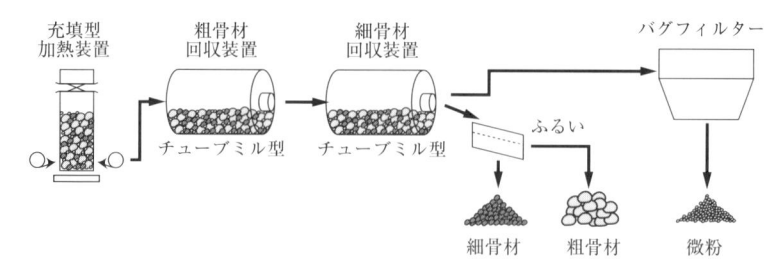

第 12 章　コンクリートリサイクルの現在・未来

(a) 製造工程

〈研究所〉
・東京都調布市
・建設年：1960 年

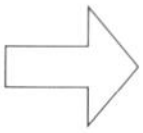

〈倉庫基礎〉
・福岡県北九州市
・建設年：1988 年

〈実験棟〉
・建設年：2000 年 11 月〜2001 年 9 月
・場所：東京都江東区
・構造形式：鉄筋コンクリート造，3 階建て
・建築面積：363.41 m^2
・延べ面積：667.75 m^2

(b) 事例

粗骨材 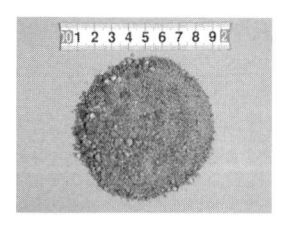　　　　細骨材 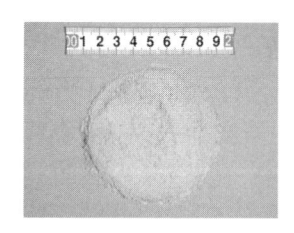　　　　微粉

(c) 品質

図 12.13　加熱擦揉み法による再生骨材[7]

12.3 コンクリートのリサイクル

図12.14 機械式擦揉み法による再生骨材とその適用事例[8]

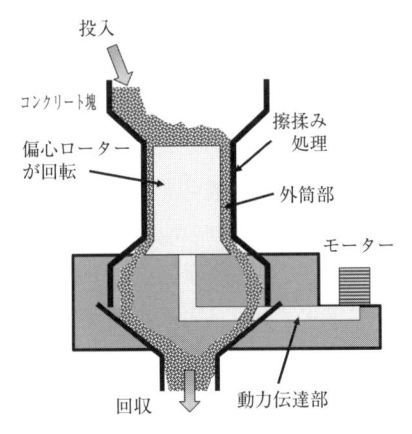

4階建て既存共同住宅12棟
コンクリート塊：11 500トン

9～19階建ての共同住宅の新設7棟
再生粗骨材：3 000トン
再生コンクリート：3 000m^3
（コンクリート総量：40 000m^3）

〈副産微粉の処理〉

　高品質再生骨材の製造技術は，これまで述べてきたコンクリート産業に関連する環境問題を解決するうえで，非常に重要な役割を担う可能性をもっていますが，問題もまだあります．

　図12.12をもう一度見て下さい．高品質再生骨材の副産物の中に微粉があります．この粉状の物質には，セメントペーストと骨材の砕かれたものが含まれています．実は，高品質再生骨材の製造過程で副産される微粉の使い道がなくて困っているのです．微粉には，セメントの成分がたくさん含まれているわけですから，セメントの原料として利用すればいいではないか，と思うかもしれません．当然，それは技術的にはできます．また，路盤材に混ぜたり，コンクリートに混和材として混ぜたり，アスファルトの石粉として使ったりもできます．

　しかし，微粉は使われていない．なぜか．この理由がわかれば，皆さんはコン

263

クリートの資源循環の問題点を完全に理解しているといえます．さて，何でしょう．微粉をセメント原料にしたほうがいいのだけれど，できない理由は？

たとえば，家庭から出すごみを考えてみて下さい．これらは，地方自治体が税金で処分しています．つまり，皆さん自身がお金を払って処分業者に処分してもらっているのです．これを逆有償といいます．実はセメント製造業者も廃棄物処理業者と同じなのです．12.2（1）で，燃料も含めてセメントの原料の3割から4割が廃棄物だと説明しました．このセメントの原料となる廃棄物を，セメント会社は逆有償で受け取っているのです．ただ，フライアッシュと高炉スラグはセメント会社が買っています．ですが，下水汚泥，都市ごみ，焼却灰など，ほとんどは逆有償です．微粉をセメント製造業者に引き取ってもらうためには，下水汚泥や都市ごみ以上のお金をセメント会社に支払わなくてはいけない．価格競争しなくてはいけないのです．セメントにとって副産微粉は自分の分身のようなごみだけれど，それを無償とか安価で受け取ってしまうと，お金を稼げる他の廃棄物と比べて儲からない．仮に受け入れると，それだけ他の廃棄物が受け入れられなくなり，儲けが減るので，結局はセメントの値段を上げなければいけなくなる．ちなみに，現在，セメントの値段は1トン1万円です．ずっと昔から1トン1万円．卵の価格と似ていますね．非常に安い価格設定の材料であるがために，よく使われている．使われているからこそ，副産される微粉を全部受け取って下さい，などとなると，セメント会社としてどうしたらいいかわからない．たぶんそれは経済的にも無理ではないか，と考えられています．他の用途に利用する場合にも，品質の安定性や価格の問題で使ってもらいにくい．この微粉の問題が，高品質再生骨材の製造技術が確立したにもかかわらず，コンクリート廃棄物を路盤材利用からコンクリート用骨材利用へ移行するのを難しくしている一つの要因でもあります．

（4）コンクリートの完全リサイクル・表面改質処理

コンクリート廃棄物は，高品質再生骨材の製造技術が開発された今でも，路盤材として利用される方向に流れています．リサイクルの種類でいうと，ダウンサイクル，カスケードリサイクルという流れです．コンクリートを鉄，アルミと同じように，クローズドなループを描くサイクルに戻したい，というのは，理想的な姿の一つですが，現在建っている構造物はリサイクルしやすいようにつくられているわけではありません．つくりやすいように，安くつくれるように考えられています．だから，今コンクリート構造物を無理にリサイクルしようとすると，

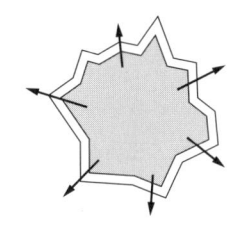

(a) 水和生成物生成の抑制
表面エネルギーの差に基づく非接触状態の形成．アルカリ条件の加水分解によるアルカリ金属塩の生成の影響により，骨材表面におけるセメント水和物生成は抑制され，付着力を化学的に低減する．

(b) 界面付着力の低減
セメント水和物中で安定であり，骨材界面の凹凸面，微細空隙に対し，骨材形状に影響しない程度の薄膜を形成し，骨材界面を平滑化する．骨材・ペースト間の機械的な付着力を物理的に低減する．

図12.15 表面改質処理再生骨材[9]

かかる処理労力も，コストも，消費エネルギーも多くなりやすいのです．また，処理に困る微粉も出てきたりする．それが従来型の順工程生産という流れでつくられた構造物の宿命です．これからは将来のことを考え，解体しやすい，リサイクルしやすい逆工程生産で構造物をつくることも必要だと思います．

そこで，コンクリート廃棄物から骨材をいかに容易に取り出すかに注目し，あらかじめ骨材表面をコーティングして取り出しやすいようにしておく方法の研究が進められています．骨材の表面改質処理技術です．これは，図12.15で紹介する程度にとどめておきますが，一つは，骨材の表面のまわりのセメントが反応しないような材料で骨材に膜をつくる方法で，もう一つは骨材表面の摩擦が減るように滑らかな膜をつくる方法です．つまり，コンクリート塊を割ったとき，砕いたときに，この二つの方法で処理した骨材はポロッと取り出せるようになる，というものです．

12.4　コンクリートリサイクルのあるべき姿

コンクリートは投入資源量，廃棄物量ともに多く，他産業からの膨大な量の廃棄物を受け入れています．つまり，コンクリートは，資源をたくさん使うと同時に，たくさんの他産業の廃棄物の受入れ口も期待されているのです．逆をいえば，コンクリート産業が廃棄物を処理できなくなると，他に受入れ口がないので，社会的に大問題が起こります．

リサイクルを考える場合，最終的には持続可能な地球環境を成立させなければ

なりません.よく考えないと,廃棄物の処理自体が矛盾を引き起こすことにもなりかねないからです.また,何かを新しくつくるときには,将来の廃棄を考えたうえで設計をする必要があります.この意味をよく考えてみて下さい.

どこに問題があり,何をどうやって解決すべきなのか,社会全体のマテリアルフローを想像してみることが大切です.

構造物を鉱物資源や建設材料といった面から見ると,既存の構造物はすべて有益な資源だと考えられます.今はまだそういう考え方はされておらず,壊したらそれは廃棄物,役に立たないもの,という認識です.しかし,たとえば家電製品の中にある金属,これは非常に貴重な資源であると認識して,回収しようという企業があったりします.それと同じように,構造物には貴重な原料が含まれているという意識をもてれば,その構造物を当然長く使おうとしますし,壊したときには何とかそこからいいものを取り出して,もう一回使おうという気になるはずです.そういうふうにあってほしい,というのが私の願いです.

■文献

1) 国土交通省:国土交通省のリサイクルホームページ—建設副産物の現状,http://www.mlit.go.jp/sogoseisaku/region/recycle/pdf/fukusanbutsu/genjo/171110_01.pdf,2007 年 2 月 1 日
2) 漆崎 昇:コンクリートの資源循環と建築,2003 年度日本建築学会大会(東海)地球環境部門研究協議会資料「循環型社会が求める建築の資源循環」,pp.3-11,2003-9
3) fib Task Group 3.3 : Environmental design, fib bulletin 28, fib, 2004
4) 日本砕石協会:骨材需給の推移,http://www.saiseki.or.jp/JYUKYU2002.HTM,2004 年 6 月 13 日
5) 飯田一彦:解体コンクリートのリサイクルに関する研究,新潟大学学位論文,2000
6) 法量良二:住宅・都市整備公団におけるゼロエミッション化,1999 年度日本建築学会大会(中国)材料施工部門研究協議会資料「建築生産におけるゼロエミッション化への現状と課題」,pp.19-24,1999-9
7) 岡本政道,他:高品質再生骨材の製造技術に関する開発(II)—その 4 全体加熱・すりもみ方式 基本試験(1),日本建築学会大会学術講演梗概集,Vol.A-1,pp.703-704,1998
8) 柳橋邦生,他:高品質再生粗骨材の研究,コンクリート工学年次論文報告集,Vol.21,No.1,pp.205-210,1999
9) Tamura, M., Noguchi, T. and Tomosawa, F. : Life Cycle Design based on Complete Recycling of Concrete, Proceedings of the First fib Congress - Concrete Structures in the 21st Century, Vol.2, Session8, 2002

第13章

廃棄物を活用する
リサイクル・最終処分跡地の利用

工学系研究科社会基盤学専攻 **内村 太郎**

13.1 廃棄物の取扱いとリサイクル

13.2 タイヤのリサイクル

13.3 破砕コンクリートの盛土材へのリサイクル

13.4 廃棄物の最終処分跡地の高度利用

13.5 廃棄物の技術開発とエンジニアの役割

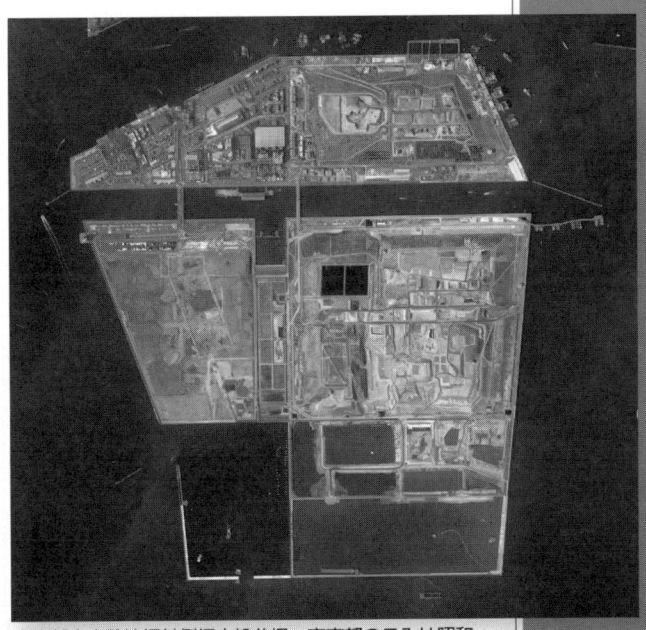

東京都中央防波堤外側埋立処分場．東京都のごみは昭和初期から東京湾に埋め立てられ，沖合へ拡張してきた．あとには広大な土地が残る．

第13章　廃棄物を活用する

　ここでは，主に建設業での廃棄物の活用と，最終処分跡地の高度利用に必要な技術開発について紹介します．

　日本では，特に高度成長期以降，家庭から出る一般廃棄物とともに，企業の生産活動から出る産業廃棄物が大量に排出されるようになりました．その結果，廃棄物最終処分場の不足や廃棄物の不適切な処理による環境汚染など，社会問題が起こりました．

　また日本は，工業製品を輸出することで利益を上げ，経済発展してきました．しかし，日本の貿易を品物の重量ベース（物質フロー）で評価すると，輸出される資源は少なく，大幅な輸入超過になります．つまり，大量の原材料を輸入し，そこから有用な物質を取り出して高い付加価値をつけて売っているわけです．その輸出入の重量の差の多くは，最終的には廃棄物として，国内に蓄積していくことになります．資源の少ない日本の社会の持続可能性のためには，これらの廃棄物を有効利用することが一つの鍵となっています．

13.1　廃棄物の取扱いとリサイクル

　循環型社会，廃棄物の3R（Reduce, Reuse, Recycle）というのが，今の日本の廃棄物行政のキーワードです．廃棄物の取扱いを決めた法律として，廃棄物処理法があります（図13.1）．1970年に制定された法律で，こういうものは産業廃棄物で，こういうものは一般廃棄物で，それぞれどう処理しなさいということを決めています．そして，循環型社会形成推進基本法という法律が，2000年にできました．廃棄物を減らし，循環的な利用を促し，適正な処分を行うことで，天然資源の消費と環境負荷を抑えるための基本になる法律です．再生資源利用促進法

```
● 廃棄物処理法                    ● その他，分野別の法律
  （廃棄物の定義，分類と取扱い）      ・容器包装リサイクル法
                                  ・家電リサイクル法
● 循環型社会形成推進基本法          ・建設リサイクル法
                                  ・食品リサイクル法
● 再生資源利用促進法                ・自動車リサイクル法
  （リサイクルの促進）
```

図13.1　廃棄物処分とリサイクルに関する法律

は，特定の業種と品目を対象に，事業者に対して3R（Reduce, Reuse, Recycle）を求めるもので，現在では，一般廃棄物および産業廃棄物の半分近くが，この法律の対象品目のどれかに該当します．

その下に，容器，家電，食品，自動車など分野ごとにいろいろなリサイクル法があります．私たちに関係の深い建設リサイクル法は2000年に制定されました．建設工事に関わる廃棄物の分別や資材の再資源化が目的で，一定の規模や条件を満たす工事について，受注者に廃棄物の分別や再資源化を義務づけています．

建設工事から出てくる廃棄物は，国土交通省の統計によれば年々減少傾向にありますが，2005年度の統計で年間7700万トン程度です．図13.2を見ると，そのうちの多くが，アスファルトコンクリート，つまり道路などの舗装から出るものと，建物などを壊したコンクリートの塊です．

建設汚泥は，建設で穴を掘るなどいろいろな作業をして出る建設発生土のうち，ドロドロした扱いづらいものです．建設発生土のうち，建設汚泥に分類されるも

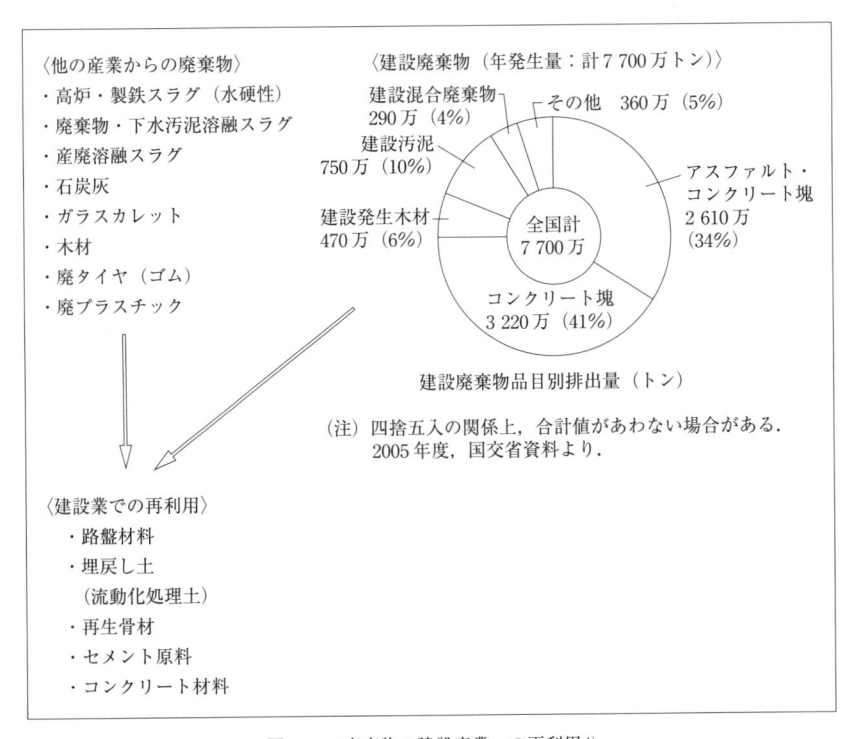

〈他の産業からの廃棄物〉
・高炉・製鉄スラグ（水硬性）
・廃棄物・下水汚泥溶融スラグ
・産廃溶融スラグ
・石炭灰
・ガラスカレット
・木材
・廃タイヤ（ゴム）
・廃プラスチック

〈建設廃棄物（年発生量：計7700万トン）〉
建設混合廃棄物 290万（4%）
その他 360万（5%）
建設汚泥 750万（10%）
アスファルト・コンクリート塊 2610万（34%）
建設発生木材 470万（6%）
全国計 7700万
コンクリート塊 3220万（41%）

建設廃棄物品目別排出量（トン）

（注）四捨五入の関係上，合計値があわない場合がある．
2005年度，国交省資料より．

〈建設業での再利用〉
・路盤材料
・埋戻し土
（流動化処理土）
・再生骨材
・セメント原料
・コンクリート材料

図13.2 廃棄物の建設産業への再利用[1)]

のだけは産業廃棄物として扱うことになっています．それから，混合廃棄物は，建物や家を壊したときなどに出てくる，いわゆるガラです．そのほかに，木材，その他プラスチックなどいろいろなものが出てきます．これらをどう再利用し処理するかというのが，建設リサイクル法の課題なのです．

　ほかの産業からの廃棄物も，建設業で受け入れて，なるべく再利用する試みが行われています（図 13.2）．廃棄物を建設材料として安く買い取ることができたり，廃棄物処理業として逆有償で引き取れたりする場合には，非常に効率的な，合理的な仕組みをつくれることもあります．

　高炉・製鉄スラグは製鉄産業からの副産物です．種類や加工の仕方によっては，アルカリ水に触れると固まる性質のものもあり，土に混ぜて地盤改良材として道路の舗装に使ったり，セメントの原料にしたり，コンクリートに混ぜて性質を調整したりします．また，廃棄物や下水の汚泥，その他の産廃などからつくる溶融スラグもあります．発電所などで石炭などを燃やして出てきた石炭灰も，地盤改良やコンクリートの材料になります．ガラスカレットは，ガラスとして再生できない色付きのガラスなどを砕いたものです．材料としては，土粒子もガラスも成分は同じなので，地盤材料や舗装などへの利用法が開発されています．そのほかに，木材や廃プラスチックなどがあります．そして，このあと詳しく紹介するのが廃タイヤです．このような廃棄物がほかの産業から出てきて，建設業で引き受けて使い道を見つけようという試みが行われているわけです．建設業では大きな構造物をつくりますから，有効な使い道を開拓できれば大量の廃棄物をリサイクルできる可能性があります．

　今，普及している再利用先として，地盤工学に関していえば，路床・路盤材と埋戻し材，盛土などがあります．路床・路盤というのは，道路の舗装の下の数十 cm〜1m 程度の深さの部分です．自然の地面の上にペタッとアスファルトだけ敷いても，車が通るうちにだんだん沈下したり陥没したりするので，しっかりした材料を必要な深さまで敷き詰めて，丈夫な地盤をつくるのです．

　それから，地中に下水管や水道管などの埋設管を埋めるとき，掘った穴を埋め戻すための材料として，これらの廃棄物を利用することもあります（図 13.3）．道路の下に埋める場合など，埋め戻した上を自動車などが走ることで生じる沈下を防いだり，地震のときに埋戻し土が液状化して埋設管に被害が出ることを防いだりするのに，適しているのです．粘土分の多い土や，汚泥など水を含むとドロドロになって形が崩れてしまうような材料に，セメントや石灰などの固まる材料

(a) 管の設置　　　　　　　　(b) 埋戻し土の投入

図13.3　道路地下への下水管の敷設
（写真の埋戻し土は，建設残土に固化材を混ぜたもの）

を少し混ぜて，それを流し込んで固める，流動化処理土と呼ばれる使い方もあります．強度はコンクリートより低いですが，普通の埋戻し土よりは高い強度が得られます．固まる前はドロドロした状態なので，狭い隙間に詰め込みやすいのもメリットです．

　また，コンクリート塊は，砕いてセメント成分を全部取り除いて骨材だけを取り出し，もう一度新しいコンクリートに使う，再生骨材という使い方が広まってきつつあります．再生骨材については，第12章で詳しく解説されています．地盤構造物では，コンクリートを砕いたものをそのまま盛土材料として使う技術開発も行われていますが，まだ広く普及していません．あとで紹介しますが，私の研究室でも研究したことがあります．砕いたコンクリートの破片はもろくて，あまりいい地盤材料にならないのではないかというイメージをもたれがちですが，よく締め固めて実験してみた結果，高品質の盛土材として十分使えるのではないかと思っています．

　このようにいろいろな廃棄物が建設材料として再利用されていますが，どれにしても，もともとそれぞれの用途に使うために製造された材料ではないので，それに最適な状態で持ち込まれることはあまりありません．だから従来の材料に比べて，品質が劣ることもありますし，いろいろな現場で発生したものが混ざって

運ばれてくると，不均一な材料になってしまいます．また，廃棄物の中から使える部分だけをより分けて運搬してくることにも，コストがかかります．このような材料が，従来の，たとえば岩を砕いてつくった路盤材料や，あるいは天然のコンクリート骨材などと競争したときに，勝てるのかというのが，一番大きな問題です．特に，もともと低価格の材料の代替に使うことが多いので，コスト面での競争は厳しいのです．

だから，コストを下げる，特性を活かした使い方でメリットを得る，品質やそのばらつきを適切に評価する，などの技術開発が，リサイクルの成功の鍵になるのです．あとで紹介する廃タイヤのリサイクルは，タイヤの特性を活かして成功した事例です．

さらに，建設産業から出る副産物には，産業廃棄物に分類されないものが大量にあります．建設発生土と呼ばれるものです．たとえば，地山や地盤の掘削によって生じる土砂，それから港湾，河川の浚渫（底面の土砂を取り去る工事）で出る泥などです．先ほど出てきた，道路の下に下水管を埋める作業でも，穴を掘って埋め戻したとき，少なくとも下水管の体積分の土は余りますし，そこの土が埋戻しに適さず他所の土を埋戻しに使った場合は，掘った土が全部余ることになります．では，このような土が危ないもの，汚いものかというと，そんなことはなくて，ただの土です．だから，これを他の廃棄物と同じレベルで扱う必要はありません．それに，建設発生土は非常に大量に出ますので，それを全部廃棄物として扱うと大変なことになります．廃棄物処理法では，このような土砂を廃棄物に分類せず，ほかの現場などでこういう土が欲しいところに使ってもらうとか，あるいは埋立てに使うとか，そういう用途で使いまわす，という仕組みになっているのです．

建設発生土の量は，2005年度の国土交通省の資料[2]によると，年間で約2億m^3です．単純に，ドサッと土を積んだときの密度を1.5 g/cm^3とすると，3億トンぐらいで，さっき出てきた建設廃棄物の総量の4倍程度になります．

建設発生土の使い道を確保することは，重要な課題です．他の工事現場で盛土などに使ったり，埋立てに使ったりするケースが多いのですが，引取り先が見つからなければ，最終処分場にもっていくことになります．また，必ずしもほかの現場で盛土や地盤構造物の材料に使いやすいものばかりではなく，使いやすいものと，使いにくいものと等級で分類して流通させていくのですが，やはり等級の低いものはやり場に困るわけです．そのような問題を解消するために，セメント

や石灰などの固化材を混ぜるとか，ガラスカレットやプラスチックのカレットなどを混ぜる，あるいはポリマーなどを混ぜて気泡混合して固める，繊維を混ぜて安定化するなど，いろいろ工夫して使える材料に改良する技術開発が行われています．

たとえば，図13.3の下水道工事は東京都の例なのですが，東京都は建設発生土の処理施設を運営していて，都内で発生した残土に石灰などの固化材を少量混ぜて，品質を改良して埋戻し材に使っています．

13.2　タイヤのリサイクル

(1)　廃タイヤのリサイクルの現状

ここまで，特に建設業，なかでも地盤工学に関する廃棄物についてお話ししました．ここからは廃タイヤのリサイクルの話をしようと思います．

日本では，年間約102万トンの廃タイヤが発生しています（図13.4）．リサイクルの方法は，大きく分けて二つあります．一つは燃料として燃やして熱を取り出すサーマルリサイクルで，もう一つはほかの製品や構造物などの材料に使うマテリアルリサイクルです．サーマルリサイクルの主要な受入れ先は，セメント業界，紙パルプ業界，製鉄・金属製造業などです．また，発電設備やボイラーで，今までは重油や石炭を使っていたのを廃タイヤに切り替えて使っています．マテリアルリサイクルのほうは，更正タイヤといって，擦り切れたタイヤの表面に新しいきれいなゴムを貼り付けて，タイヤとしてリユースするものがあります．また，粉砕してゴム粉にしたり，再生処理を行って再びゴムの材料として使ったり

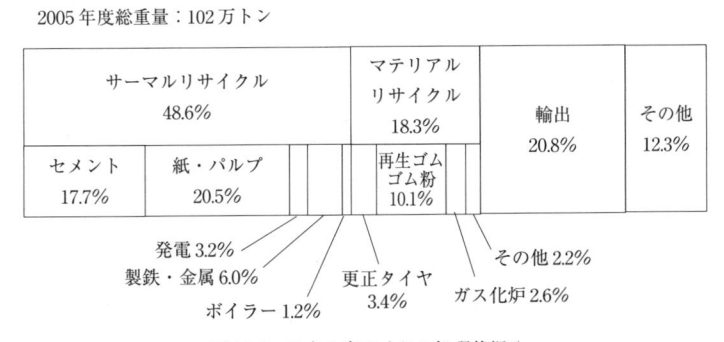

図13.4　日本の廃タイヤの処理状況[3)]

第13章 廃棄物を活用する

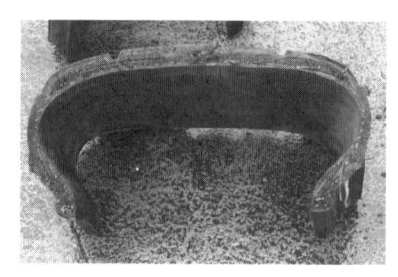

(a) 乗用車用タイヤの断面　　(b) 破砕後のタイヤチップス

図 13.5

します．タイヤのなかには結構な量の鉄がワイヤーなどの形で入っているので，それを取り出して鉄の原料とすることもあります．また，これらのほかに，日本では捨てられても，海外ではまだ使えるようなタイヤをバイヤーが買いにきて，輸出されます．

　タイヤは，タイヤの小売店などを通じて，中間処理業者に集まります．そこでリサイクル先に応じて選別され，用途に応じた大きさ，形に切断したタイヤチップスがつくられます．中間処理業者は，タイヤを引き取るときに処理料金を受け取り，また，加工した製品をリサイクル先へ販売します．加工費用，廃タイヤの回収費用，加工製品の輸送費用などがコストとしてかかります．タイヤをさらに細かく砕いてゴムの粉末に加工すると，値段はさらに高価なものになります．

　タイヤをサーマルリサイクルに使う場合，燃やしたらどれだけ熱が出るかということが重要です．一般にボイラーなどに使うC重油は1kg当たり9 200kcal，タイヤは7 200〜8 500kcal程度です（図13.6）．石炭はそれよりさらに低く，6 000〜8 000kcalで，ごみをブロック状に固化した燃料であるRDF（Refuse Derived Fuel）や一般のごみはさらに低い熱量しか取り出せません．一方，重油の値段は，最近の原油の値上がりもあって，タイヤチップスの値段の10倍近くになっています．石炭も，タイヤチップスより少し高いです．つまり，タイヤは，重油に少し劣る程度の熱量をもっていて，しかも価格は1桁安いのですから，燃料としてのコストパフォーマンスは非常によいわけです．燃料の種

1 kg 当たり熱量
C重油　　9 200 kcal
タイヤ　　7 200〜8 500 kcal
石炭　　　6 000〜8 000 kcal
RDF　　　3 500〜4 500 kcal
一般廃プラ　5 000 kcal
一般ごみ　　2 000 kcal

図 13.6　タイヤ，各種燃料の熱量[3]

類を変えるには，それに合わせたボイラーが必要ですが，それでも新しいボイラーに投資して燃料をタイヤに切り替える企業も増えています．紙パルプ産業でも，やはり最近の原油の値上がりで，タイヤチップスのコストパフォーマンスが注目され，需要はセメント産業に匹敵する量になっています．

タイヤを構成する素材のうち，ゴムは半分程度しかなく，タイヤを補強したり性能を高めたりするために，鉄のワイヤーやナイロン繊維，カーボンなどが含まれていて，鉄はタイヤの重量の1割程度を占めています．タイヤをセメント産業でリサイクルする場合には，熱を取り出せるだけでなく，炉の中で燃えた燃えかすがセメントの材料にもなります．また，製鉄産業では，タイヤに含まれる鉄分が，良質の鉄の材料になります．

また，セメント産業では，他のごみなどの廃棄物も燃料として受け入れて，その燃えかすをセメントの材料に利用しているのですが，一般廃棄物に比べると，タイヤは工業製品ですから成分が均一で，出てくるセメントの品質をコントロールしやすいのです．さらに，セメントは，キルンと呼ばれる細長い巨大な炉に材料と燃料を投入して，材料が炉の中を滑り落ちながら化学反応してできていくのですが，タイヤを切断したくらいの大きさが，上から投入すると下のほうで燃え尽きるのにちょうどよいそうです．このような様々な利点があって，今はセメント業界がタイヤの大きな引受け手になっているというわけです．

ただ，セメント産業や紙パルプ産業でのリサイクルも，将来には不安な点もあります．最近の政府の政策で，公共工事が縮小してセメントの国内需要は減りつつあります．またセメント産業も紙パルプ産業も，将来はコストの低い海外生産にシフトしていく可能性があります．今，韓国や中国などは，経済発展にともなってセメント生産量も伸び，燃料としての廃タイヤの需要も増えているそうです．そうなると，日本国内でのタイヤのリサイクル需要が減少し，一方で，廃タイヤは車がたくさん走っているところにたくさん出てくるので，日本で集めたタイヤを韓国や中国に燃料として輸出するようになっていくかもしれません．本当はもっと大量のタイヤを効率よく処理できる最新設備も開発されているのですが，国内のタイヤリサイクル業者が設備投資をする際には，このような事情も慎重に考えなければなりません．

マテリアルリサイクルで一番多い使い道は，タイヤに含まれるゴムをまた再生ゴムの原料に使う方法です．ただ，やはり元のゴムより品質が落ちるという問題があります．ゴムには，ゴムノキの樹液からつくる天然ゴムと，石油からつくる

合成ゴムがありますが，合成ゴムは再生することで特に品質が落ちるそうです．主に乗用車のタイヤには，ゴムの特性やタイヤの性能を制御しやすい合成ゴムのほうが多く使われています．消費者も，安全で運転しやすいタイヤを求めているからです．大型車では，ゴムは大きな力がかかると発熱しますが，大型車では発熱量が多くなるため，発熱に強い天然ゴムが多く使われています．自動車やタイヤ，ゴムのメーカーでは，より低コストで高品質の再生ゴムをつくるために，様々な技術開発に取り組んでいるようです．

(2) 廃タイヤの建設産業への活用

では，廃タイヤを建設産業で活用することはできないでしょうか？　建設産業は大きな構造物をつくりますから，適切な使い道が開発できれば大量の廃タイヤを引き受けることができます．

図 13.7 は盛土の材料として使う例です．たとえば，軟弱地盤の上に盛土をつくり，道路や鉄道やその他の施設をつくりたいとき，盛土の重さで地盤が徐々に沈下して施設に被害を及ぼすことがあります．このようなとき，軟弱地盤にプレロード（一時的に予定以上の高さの盛土をして地盤を圧縮すること）をかけたり，セメントなどを混ぜて地盤改良したりすることがよく行われますが，盛土を軽くするという方法も考えられます．タイヤのゴムの比重は 1.2 前後で，普通の土の粒子の比重の約半分です．タイヤチップスで盛土をつくることで，盛土の重さを半分程度に抑えることができます．タイヤチップスがこぼれ出したりするのを防ぐために，周囲をジオテキスタイル（高分子材料のシートなど）で包み込むなどの工夫も行われます．

図 13.8 は，電車の路盤にタイヤチップスを使う例です．線路のバラストの下にタイヤチップスを敷き込むことで，電車の振動や騒音を吸収してくれる効果を

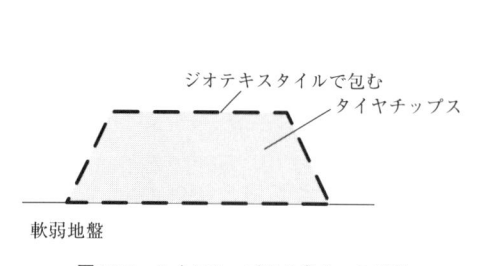

図 13.7 タイヤチップスの盛土への利用

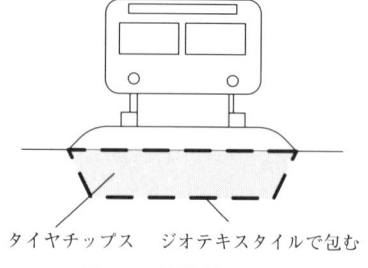

図 13.8 鉄道路盤への利用

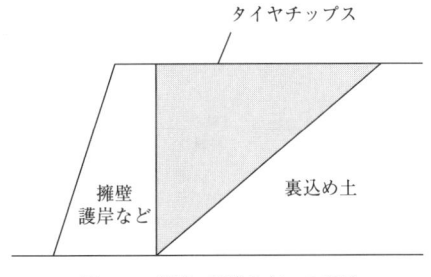

図13.9　擁壁・護岸などへの利用　　図13.10　舗装ブロックの例

期待しています．

また，図13.9のように，常時や地震時の土圧の軽減を目的に，擁壁や護岸の裏込め部分にタイヤチップスを使う方法も研究されています．

しかし，新しい技術には課題もつきものです．たとえば長年の歳月の後にはタイヤが劣化するのではないかとか，タイヤチップスは土より粒子が柔らかいので，自動車や電車などが走ったときに変形したり振動したりするのではないかなど，いろいろなことを注意深く検証する必要があります．今は，基礎的な研究や試験的な施工実験が行われている段階で，実用工法として普及するにはもう少し時間がかかりそうです．

また，粉砕したゴム粉を，アスファルトに混ぜ込んだり，接着剤で固めたりして，舗装用のブロックにした製品もあります（図13.10）．公園の歩道などで，ちょっとフワフワして柔らかい舗装に気づいたことがないでしょうか．そのようなところに使われています．

また，私たち東京大学の研究室では，たとえば図13.3のように上下水道やガスなどの埋設管を設置するときに，タイヤチップスを埋戻し材に利用する技術を研究しています．埋設管が周囲の地盤から受ける被害の典型的なケースは，一つは周囲の土圧による埋設管の破損で，もう一つは地震時に周囲の地盤が液状化して埋設管やマンホールが浮き上がる被害です（図13.11）．私たちのアイデアでは，埋設管を設置して埋め戻すときに，図13.12のように，従来の砂質土に3割くらいのタイヤチップスを混ぜて使います．ゴムが柔らかいため，埋設管へかかる土圧の集中を和らげることができますし，砂質土にタイヤチップスを混ぜると，地震時に液状化しにくくなる性質があるようです．このような効果は，まだ限られた条件での室内実験でしか確かめていませんが，より現場に近い条件で検証を重

第 13 章　廃棄物を活用する

図 13.11　液状化現象で浮き上がったマンホール
（2004 年新潟県中越地震）

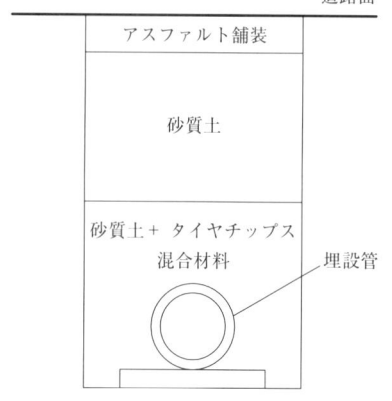

図 13.12　タイヤチップスの埋戻し材への利用

ねていきたいと考えています．

　ところで，皆さんの感覚でこのような技術をどう思いますか？　たとえば，近所にこのような盛土ができて，中身が全部廃タイヤだとしたら，見方によってはこれはごみの山です．これを使って高さ数メートルの道路盛土が延々とつくられたとき，どのように感じられるか，技術面，環境面では問題がないとしても，社会的にどのように受け入れてもらえるのか，慎重に考える必要もあるでしょう．

13.3　破砕コンクリートの盛土材へのリサイクル

　次に，コンクリートの建物や構造物を解体したときに出てくる，廃コンクリートのリサイクルについて紹介します．現在では，解体された構造物から出る廃コンクリートは年 3 000 〜 4 000 万トン程度で，その 95％以上が路盤材料などにリサイクルされています．しかし，これからは高度成長期に大量につくられた構造物が寿命を迎える時期に入り，さらに多くの廃コンクリートが発生することになります．一方で，大きなリサイクル先となっていた道路建設などの事業は今後減少していくことが予想されます．他の利用方法を開拓していく必要があるのです．

　一つの有望なリサイクル先は，コンクリート廃棄物から骨材を取り出して，コンクリートの材料としてリサイクルする，再生骨材です．これは，天然の良質な骨材の資源が逼迫してきていることもあり，必要性が高い技術です．ただし，良質な骨材としてリサイクルするためには，付着しているセメント分をできるだけ

取り除く必要があります．固化したセメントが多く付着していると，機械的にもろいうえに，吸水率が高いために適切な配合設計が難しくなります．しかし，これを完全に取り除くには大きな手間とエネルギーが必要で，これがコストを押し上げる要因になっています．効率的に再生骨材を生産し，新しいコンクリートに適切に使う技術が求められているのです．この技術については，第12章で詳しく紹介されています．

次に，廃コンクリートを破砕して，道路舗装の路盤材，土地の整地，造成のための埋戻し材として使う方法があります．あまり大きな荷重がかからず，仮に荷重によって多少変形しても，それほど大きな問題が生じない場所に使われています．それは，破砕したコンクリートは，固化したセメントの部分がもろく，硬くて丈夫な土構造物をつくるのにはあまり適さない，と考えられているからです．

また，路盤材や埋戻し材に使うときの競争相手になる従来の材料は，比較的安いものです．コンクリートを破砕し，鉄筋などを取り除くコストや輸送費が多くかかると，コスト面で勝てなくなるおそれもあります．先日，都内の廃コンクリートの処理業者から伺った話では，都内では輸送距離が 10 km を超えると採算がとれなくなる，ということでした．廃コンクリートの発生場所と，破砕したものの再利用場所にも，大きな制約が課せられているのです．

私たち東京大学の研究室では，破砕コンクリートをよく締め固めたものが，本当にもろくて，あまり丈夫な土構造物をつくれないものなのか，材料試験をしたことがあります．固化したセメントの部分は，確かに砕けやすいのですが，ではその砕けやすいものを含むことで，材料全体にどのくらいの影響が現れるのか，という実験です．

3種類の円柱形の供試体で実験しました（図 13.13）．供試体1は，ごく普通の配合でつくったコンクリートを，ジョークラッシャーという機械で押しつぶして砕き（図 13.14），一定のエネルギーで締め固めてつくりました．これと比較するために，供試体2は，骨材抜きでつくったコンクリート（セメントペースト）を砕いて，骨材と混ぜて，同じエネルギーで締め固めてつくりました．セメントペーストと骨材の比率は，元のコンクリートに合わせているので，供試体1と供試体2の違いは，セメントペーストと骨材が付着しているかどうかだけです．そして供試体3は，コンクリートをつくる前の骨材だけを締め固めてつくりました．三つの供試体を，三軸圧縮試験にかけて軸応力と軸ひずみの関係を測った例が図13.15 です．砕けやすいセメントペーストを含むほうが，供試体が弱くなると思

第 13 章 廃棄物を活用する

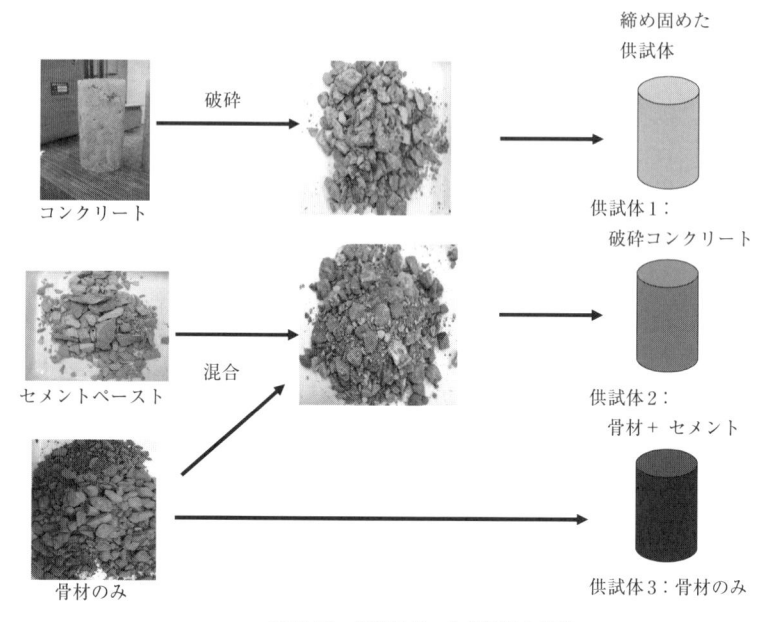

図 13.13 実験に用いた 3 種類の材料

図 13.14 破砕されたコンクリート

われがちですが，実はセメントペーストを含むほうが強く，硬くなっています．さらに，コンクリートを砕いた供試体1よりも，セメントペーストを別に固化して骨材と混ぜた供試体2のほうが，若干，強くなっています．この正確な理由はまだわかりませんが，どの材料も同じエネルギーで締め固めたことが一因ではないかと考えています．つまり，締固めのときに，セメントペーストが適度に破砕されることで，骨材同士の隙間を効率的に埋めて，変形しにくくしているのではないかという仮説です．

破砕コンクリートの地盤への利用には，セメントに含まれる重金属類などの流出の可能性など，他にも検討課題がありますが，廃棄物の性質を既成概念にとらわれずに評価することは，新しいリサイクル技術の開発に大いに役立つと思います．

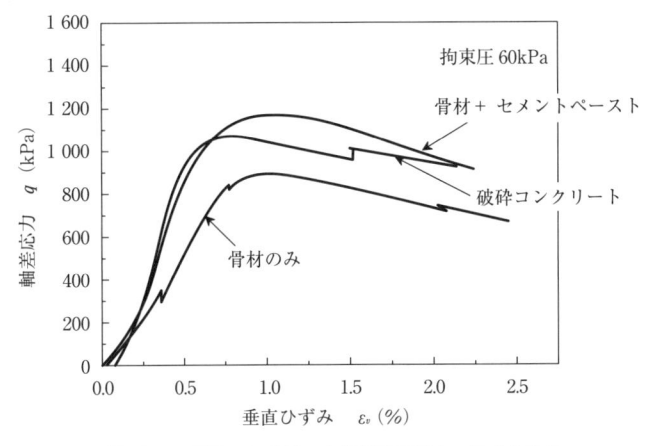

図13.15 破砕コンクリート供試体の応力‐ひずみ関係

13.4 廃棄物の最終処分跡地の高度利用

　ここまでは，廃棄物をどうやってリサイクルするかという話でしたが，今度は，リサイクルしないで最終処分場に埋め立てた場合，その跡地を有効利用できないかという話です．

　今，東京都のごみは東京湾に埋め立てられています[4]．古くは昭和初期に現在の潮見地区で始められ，少しずつ埋立て地域を沖合へ拡張しながら，現在に至っています．そして現在は，中央防波堤外側埋立処分場と，もっと沖合の新海面処分場が利用されていますが，さらに沖合に拡張することは困難だと考えられています．これより先は水深が深くなり，廃棄物を囲む護岸が容易につくれないためです．

　廃棄物を埋め立てた跡地は広大で，しかも東京という大都市と羽田空港に隣接し，都の所有する公有地でもあるわけですから，有効に活用できれば大きな利用価値が生まれるはずです．現在では，初期の埋立て跡地（江東区潮見，夢の島，若洲地区）は，公的施設，ゴルフ場，キャンプ場などとして利用されています．

　このような廃棄物処分場の跡地に，さらにいろいろな建物や施設を整備して有効活用するときには，大きな問題が二つ考えられます．一つは，埋められた廃棄物から環境汚染物質が出てくる可能性です．処分場からは，埋立てが終わってからもかなりの期間，廃棄物の分解にともなうメタンガスなどが出てきます．東京

都の処分場でも，大気や浸透水に含まれる様々な成分のモニタリングが続けられています．もう一つの問題は，ここに何か施設をつくったときに，それを廃棄物の埋立地盤で支えられるか，という問題です．私たちの研究室では，地盤工学的なアプローチから，特に後者の問題を研究しています．

ある程度の規模の建物や構造物をつくる場合，地盤に杭を打って岩盤や礫質土層などのしっかりした地層で重さを支える必要があります．ところが，廃棄物処分場は，粘土層など地下水を通しにくい不透水層がある場所を選び，これを汚染された地下水，雨水などの流出防止に利用することが多いのです．天然の不透水層がない場所では，ゴムやベントナイトなどでつくられたシート（ジオメンブレン）を敷設して，人工的に不透水層をつくります．もし，この下の基盤層まで杭を届かせようとしたら，図13.16のように不透水層を突き破らなければならず，汚染水が流出する可能性があります．したがって，廃棄物処分場の跡地に構造物をつくるには，図13.17のように，杭を途中まで打って，ごみ地盤だけで重さを支える必要があります．そのため，ごみでつくられた地盤がどれだけの重さを支えられるのか，力学的な性状を知っておく必要があるのです．

私たちは，東京都の中央防波堤埋立処分場から不燃物を採取してきて，突き固めて供試体をつくり，圧縮荷重をかける試験を行っています．図13.18に見られるように，不燃ごみには様々な成分が入っていますが，特に目につくのが，ビニ

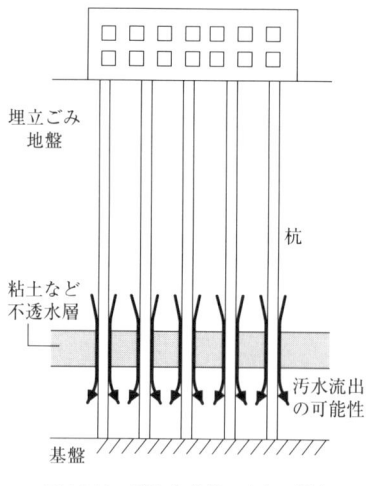

図13.16 建物を基盤で支える場合

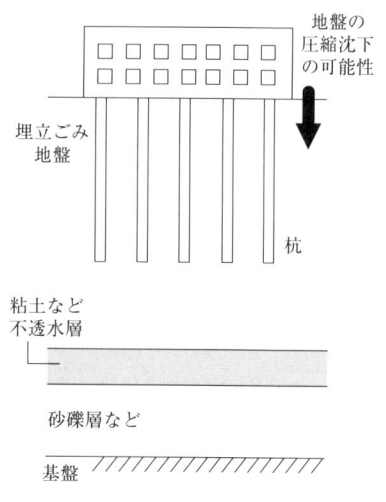

図13.17 建物を廃棄物地盤で支える場合

13.4 廃棄物の最終処分跡地の高度利用

ール袋などがちぎれた破片です．一つ一つの破片は数センチの大きさがあるので，供試体も高さ 60 cm 程度の比較的大きなものをつくって試験を行っています（図 13.19）．図 13.20 にその典型的な試験結果を示します．東京湾不燃性廃棄物と書かれているのが，処分場からとってきたサンプルのデータです．砂質土（豊浦砂）と比べたときに，強度は 2 倍くらいあるが，変形は大きいということがわ

図 13.18 東京都中央防波堤処分場の不燃ごみ

図 13.19 不燃ごみの三軸圧縮試験

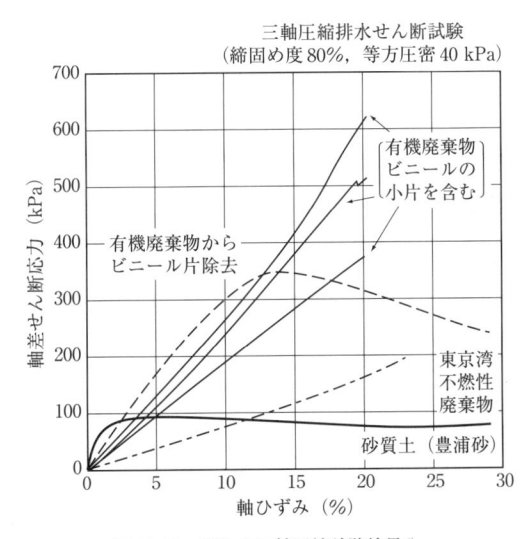

図 13.20 ごみの三軸圧縮試験結果[6]

かります．また，この図には，室内で腐らせた野菜くずなどの有機廃棄物で同様の試験を行った結果も示してあります．これに不燃ごみに含まれるビニール袋などの破片を混ぜたときと混ぜないときを比べると，破片の入っているほうが三つの実験結果ごとにばらつきがありますが，ずっと強度が高くなっています．ビニールの破片が，補強材のような働きをして，材料の強度を高めているのではないかと考えています．

このように，ごみ地盤はそれほど軟弱な地盤ではありません．柔らかくて変形が起こりやすいという問題はありますが，プレロードをかけたり，セメントなどの薬液で固めたり，図 13.17 に示したような杭などの基礎構造物を工夫したりして，変形を抑制し，いろいろな構造物をつくってごみ地盤を有効活用できるのではないかと考えています．

13.5　廃棄物の技術開発とエンジニアの役割

現在は，廃棄物を減らし，資源として有効活用することが強く求められています．しかし，ただ廃棄物の問題が解決できるから，というだけでは，新しいリサイクルの用途を開発し，普及させることは困難です．既存の資源との間で，品質や価格の面で競争し，優位に立たなければ，産業界に受け入れられないからです．逆に，廃棄物問題を抜きにしても既存の資源より優位に立てるのであれば，廃棄物は資源として自然な形で循環していきます．たとえばタイヤチップスは，重油や石炭などの従来の燃料と比べて遜色ない熱量が取り出せるうえに，価格がずっと安いことから，サーマルリサイクルで大量の廃タイヤが活用されるようになりました．

廃棄物を有効活用するためには，それぞれの廃棄物がもつ特性を活かして，既存の資源では実現できない効果が得られる技術を開発していかなければなりません．廃棄物は，天然資源に何らかの手を加えてつくられるものなので，材料の組成，化学・物理的性質，耐候性，堅さ，柔らかさなど，天然資源にはない特性をもっています．そのような特性を見出して，活用する方法を考えることが，エンジニアが廃棄物問題に貢献する一つの方法だと思います．

■文献

1) 国土交通省：国土交通省のリサイクルホームページ—建設副産物実態調査, http://www.mlit.go.jp/sogoseisaku/region/recycle/pdf/fukusanbutsu/jittaichousa/H17sensus_hinmoku02.pdf, 2007年3月10日
2) 国土交通省：国土交通省のリサイクルホームページ—建設副産物実態調査, http://www.mlit.go.jp/sogoseisaku/region/recycle/pdf/fukusanbutsu/jittaichousa/H17sensus_datail02.pdf, 2007年3月10日
3) 日本タイヤリサイクル協同組合：2001年-2005年の日本のタイヤリサイクルの推移 http://www.j-sra.jp/pdf/tire％20recycle％202001-2005.pdf, 2007年3月10日
4) 東京都廃棄物埋立管理事務所：公式ウェブサイト, http://www2.kankyo.metro.tokyo.jp/tyubou/, 2007年3月10日
5) 環境省平成18年度版循環白書
6) 東畑郁生・喜多祐介・伊藤竹史：大型三軸試験による一般廃棄物地盤の力学特性に関する研究, 第39回地盤工学研究発表会, 地盤工学会, pp.2351-2352, 2004-7

第14章 建築・都市構造ストックのリスクを評価する

新領域創成科学研究科社会文化環境学専攻 **神田 順**

14.1 構造物の安全性をどう捉えるか

14.2 自然外乱の評価

14.3 建築構造性能評価システムの紹介

14.4 社会制度の課題

建築物に作用する風力は，風洞実験によって評価することが基本である．作用する風は，市街地の中を吹き抜けるので周辺の状況を再現してやる必要がある．都心の超高層の風洞実験のひとこま．

第14章　建築・都市構造ストックのリスクを評価する

ここでとりあげる建築・都市，あるいはそれらストックのリスク評価は，単に工学という視点だけではない見方が非常に重要です．それは，私たちの都市にふさわしい構造安全性とは何かということです．ここでは内容を大きく四つに分けて話を進めます．初めに安全性をどう捉えるかという基本について．2番目にリスク評価の元になる自然の外乱に少し触れます．私は風の研究からスタートしたのですが，風を勉強するうちに地震のことにも興味をもつようになりました．地震と風を同じ目で見ると，テーマとして非常に新鮮な部分があります．3番目には建築構造性能評価システムと呼ばれるプログラムを紹介し，最後に社会的な面から保険制度と法制度にも言及してまとめたいと思います．

14.1　構造物の安全性をどう捉えるか

(1)　環境の安全

人間は，エジプトのピラミッドの時代から，また縄文・弥生の竪穴式住居の時代から，壊れない家，安全な家をつくろうと考えてきました．得意な人が引き受けてつくっていけば，だんだんプロになっていきます．「三匹の子豚」は，ワラでつくった家は風で飛ばされたけれど，レンガでつくった家は風でも壊れなかった，というお話ですが，私たちも，軽すぎて壊れたら重くし，壊れたらその理由を考えて壊れないようにしてきたわけです．

地震の場合，エンジニアリングはそのようにして発展してきました．日本でもアメリカでも，地震が起きて壊れたから，その原因を調査して次は壊れないようにする，ということを繰り返しながら地震工学は進歩してきました．コンクリートの中の鉄筋はばらばらにならないよう帯筋（柱の主筋を輪状に囲む補助鉄筋）やあばら筋（梁の主筋を輪状に囲む補助鉄筋）を設置しますが，それらの間隔についても同じことがいえます．昔は，建てるときばらばらにならなければ，30 cmぐらいの間隔で主筋をとめておけばよいとしていたのですが，それではすぐに潰れてしまう．やはりもう少し密に入れたほうがよいとなり 15 cmにする．15 cmでも壊れたから 10 cmにする．壊れたら，壊れない理由を考えてつくる．そのようにしてだんだん丈夫になってきました．もちろんそれだけではありませんが，このようにして職能の世界も展開してきたし，サイエンスをエンジニアリングに取り込んできたのです．技術や知識が蓄積されてくると，今度は工学的な技術でどのくらい安全にするか，かなりコントロールできるようになってきます．

この段階で，ではどのくらいにすればよいのか，という議論が必要になります．建築や都市は私たちの環境を形成しているわけですが，環境学としての安全論として述べたいと思ったのは，いわゆる環境リスク評価という考え方と構造物のリスク評価が非常に類似していると感じたからです．

たとえば水の安全の話．水の安全性というと，水俣病や神通川のイタイイタイ病などの公害被害が思い起こされます．工場から出る有害物質が海を汚染し魚を通して人間が病気になったのは極端な例ですが，作用するものとそれに耐えるものの関係で見るとき，構造物の安全性もそれと同質の問題と捉えることができるということです．水は元々の水質に地域差があるし，逆に人間の身体も安全でいられるかどうか個人差があるわけです．自然の中だけならあまり問題にならなかったのですが，生活用水として使う人間には安全であってほしいわけで，水道供給において有機物質が入っているなら殺菌してほしいのです．では，どのくらい安全にすればよいのでしょうか．これまでは経験的に行われてきたのですが，技術が集積してくると，人間の力で制御することができるようになり，そこに利害も生ずることになると，法的規制と経済性とのバランスが求められるようになってきます．

経済的にはバランスをどうとればよいのか，あるいは法律でどこまで規制したらよいのかは，社会の状況によりかなり流動的です．結局のところ，これは，環境の安全という問題に対して答えを出すだけの情報をもっているのに，ほとんど受け身でしか対応してこなかった，ということです．一般の人には情報さえ与えられていないので，水道の水はどのくらい安全なのかと尋ねてもまったくわかりません．東京と大阪の水道水はどちらが安全かと聞いても，情報は何も入っていないわけです．ですから，この講義を通して，「安全」をどう考えるか，主体的に判断できるような情報を集め，自分で考え，答えを出す道筋をつけられるようになってほしいのです．そのためには，リスクをどう評価するかが大切です．

(2) 建築構造物の安全性

水道水と建築構造物の安全性の話は，結局，地域差や個体差が関係してきます．安全というときには，外からくる影響と，そこにあるものがもっている抵抗力の両方を考えます．人間が汚染物質を飲んで病気になるかどうかは，人間の抵抗力と汚染物質の量によって決まるわけですし，風が吹いて建物が倒れるかどうかは風がどのくらい強く吹くか，その建物がどのくらいの風までなら倒れないかという抵抗力の関係で決まります．

使っている者としては心理的により高い安全性を望む．これがいわゆる安心といわれる問題です．法律でしっかりとカバーしているから安全だといわれると，それなら安心していいのだと思うくらいで，今の世の中，現実にそれがどのくらい安全であるかが評価されていないのです．都市の構造物もこれと同じであることを最初に指摘しておきます．もちろん，法的な規制は必要です．これも非常に問題のあるところですが，ここから経済性を考慮してどのくらい安全にできるかということが決まりますし，大体は経済的に豊かな社会のほうが安全性も高いという傾向があります．ただ，それも一概にいえるわけでなく，社会の安全について意識的に対応しているかどうかによっても差が出てくるのです．ですから，やはり構造物の安全も，より一般的に考えて，その環境の中の安全の問題として捉えたほうがいいわけです．

こうなると，安全性は，専門家に聞いて答えてもらうのではなく，確率的な評価を導入して定量的に考える必要があると思います．ほかに，何かとって代わる尺度があればいいのですが，たとえば，この水を飲んで病気になる人が何％います，この建物が風で倒れる確率が何％ですというように．確率という数字はある意味では非常にユニバーサルで，どんな問題に対しても同じように適応できるのが利点ですから，これを利用して定量的に評価することによって，どのくらい安全にするのか議論できるようになります．

特に，建築物，土木構造物の安全性を評価する場合，単に確率の数字を読み替えただけなのですが，下式のような信頼性指標 β が国際的にも使われています．

$$P_F = \Phi(-\beta)$$

ここで，Φ はいわゆる標準正規分布の累積分布関数で，平均値が 0 で標準偏差が 1 になっているような正規分布の関数を表します．$-\beta$ のときの値を P_F，すなわち P_F が破壊確率になるような形で β が定義されています．これは，ISO などでも

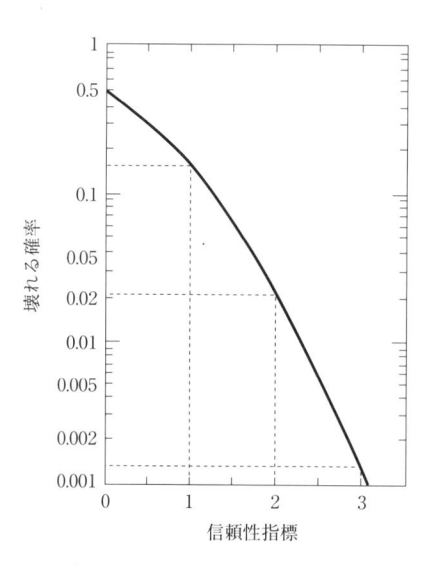

図 14.1 信頼性指標と壊れる確率

決められている信頼性指標です．式の関係を図にしたものが図 14.1 です．

Φ は平均値が 0 の累積分布関数ですから，β が 0 というのはちょうど平均のところにあるということです．つまり，壊れる確率も壊れない確率も五分五分という意味です．β が 1 というのは，平均からちょうど 1 標準偏差だけ安全側にあるということなので，壊れる確率は約 15％となります．β が 2 だと 2％，β が 3 だと 1/1 000 くらいです．ですから，β が 1 上がると，1 桁くらい壊れる確率が小さくなるというイメージになります．10^{-3} とか 10^{-4} というと大きさのイメージが全然つかめないので，それを β という尺度で 0, 1, 2, 3 という数字で表せるようにしたとみて下さい．あるいは，確率密度関数で表すと，図 14.2 のようになります．

これは，平均が 0 で標準偏差を 1 で書いた標準正規分布の確率密度関数ですが，仮に荷重の大きさを表していると思って下さい．たとえば，将来発生する地震がどのくらいの強さか．50 年後を考えると，震度 5 強が平均的には起きるかもしれません．しかし，場合によっては 6.5 が起きるかもしれないし，4.5 しか起きないかもしれないと，幅があるのです．

もう少し数学的な表現をすると，耐力あるいは抵抗値 (R) と，荷重あるいは作用する力 (Q) の差を新しい関数を用いて表します．これを限界状態関数と呼びます．

$$g = R - Q$$

この g が負になるということは，抵抗を荷重が上まわり壊れるということですから，その確率が破壊確率 P_f となるわけです．

$$P_f = P_r[g < 0] = P_r[R < Q]$$

これがもし，両方とも正規分布をしている単純な場合であれば，β は g の平均値を標準偏差で割る形で次のように求められます．

$$\beta = \frac{\mu_g}{\sigma_g} = \frac{\mu_R - \mu_Q}{\sqrt{\sigma_R^2 + \sigma_Q^2}}$$

図 14.2 は，建物の耐力は一つの決まった値だと考えた場合の図でしたが，次に示す図 14.3 の場合は両方とも変化します．独立の確率変数

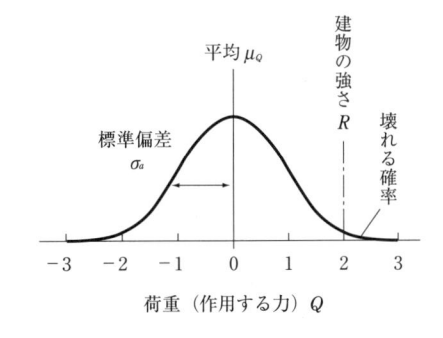

図 14.2 荷重と壊れる確率

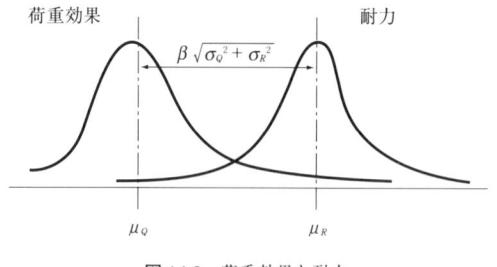

図14.3 荷重効果と耐力

であれば二つの確率変数の和をとった場合は，平均値は和になりますし，標準偏差は2乗和の平方根になります．すなわち，

$$\sqrt{\sigma_Q^2 + \sigma_R^2}$$

で表現されます．たとえば，平均値が等しいときは，β は0になって壊れる確率は50％になるわけです．両方がもっと離れていけば，β が3, 4, 5と大きくなり，壊れる確率は 10^{-4}，10^{-5}，10^{-6} となるのです．

どの程度の安全が適切かという場合，どのくらいのお金がかけられるか，どのくらい効率や機能を求めるかといったことにもよるのです．また，建物や道路などはみんなの目に触れ，町の景観を決めるわけですから，機能，造形性，経済，安全の問題のバランスをどのあたりでとれば適切なのか判断しなければなりません．これもわれわれが直面している問題です．

(3) 安全性の決め方

ウィトルヴィウスは，紀元前，ローマ時代に，建築は強・用・美，あるいは強さ，機能，造形のバランスで成り立つという建築の理念を書きました．私はそれに経済も加えたいと思います．しかも，これをセイフティー（Safety），エセティック（Aesthetics），ファンクショナリティー（Functionality），エコノミー（Economy）とすると，アルファベットの頭文字を合わせるとSAFEになるという，おまけもつきます．特に安全性と経済性の関係は，①初期建設費，②壊れる確率と壊れたときにかかるお金の関係性が重要視され，一般に，横軸に設計荷重や耐力，縦軸に対応するコストをとる形で，図14.4のように示すことができます．

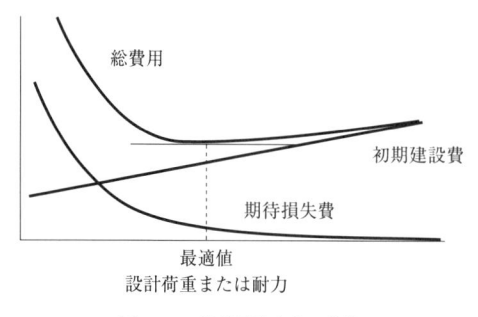

図14.4 総費用最小化の意義

ここで，総費用を見たとき，安全と経済のバランスをどのレベルにすれば最適かを見つけることが重要になってくるのですが，まず初期建設費の場合，一般に設計値が増加するのに従っ

てコストも緩やかに上がっていく傾向をもっています．つまり，横軸を設計荷重とすると，どのくらい大きな値を想定して設計するか．予測としては風速25 mくらいが最大であろうと思いますが，設計は40 mでしておこうとか，それでは不安なので50 mでしておこうとなります．強い風が吹くことを想定して設計すれば，やはり材料の断面も大きくなりますから，初期建設費が高くなり，縦軸の値が大きくなるわけです．逆に，どうせ長く住まないから安くつくってやろうとなれば，縦軸の値，つまり初期建設費は抑えられますが，壊れる確率は高くなります．

では，壊れた場合の損害予想額はどうなるでしょうか．確率論的には，壊れる確率に壊れたときの損害予想額を掛けた損害の期待値（期待損失費）という形でモデル化されます．宝くじの場合も同じで，当たる確率と賞金を掛け合わせれば期待値になるわけです．ただ，災害の場合は宝くじと違って実際にどのくらいの被害が生じるかは推定値ですし，どのくらいの確率で壊れるのかも推定値ですから，私たちの最善の知識をもって評価，推定せざるを得ないわけです．これが非常に小さければ壊れる期待値も小さいので安心でき，大きくなれば不安になるのでもう少しお金をかけて安全にしようという動機が生まれるわけです．

たとえば，1億円の建物がぐしゃと壊れれば被害損失額は1億円くらい，場合によっては2億円かもしれませんが，その壊れる確率は，横軸，つまり設計荷重や耐力の向上にともない下がり壊れにくくなっていくのです．設計値が小さいときは壊れる確率が急激に低下しますが，設計荷重や耐力が上昇しきってしまうと，ほとんどゼロになってしまうので，両者の積の形である期待損失値も，あるところからはほぼゼロになる傾向をもっています．

こうして，予想される総費用は，右側は非常に緩やかな上昇カーブで，左側はかなり急なカーブになります．この結果の精度はいつも議論されるもので，少し安全側にしておいたほうが安心ではあります．もちろん，これがすべてではありません．つまり，構造に対する安全性のレベルを考える場合の「考え方」の基本は，こういった枠組みが大事だといいたいのです．そして，実際にこれを式の上で展開していくと，わりとすっきり答えが出てきます．

14.2 自然外乱の評価

都市あるいは建築は自然に対して脆弱だといわれます．脆弱という表現も面白

いですが，英語では，バルネラビリティ（vulnerability）とかフラジリティ（fragility）といいます．このところ地震が多いし，台風による水害もずいぶん多く，災害の規模は大きくなっています．確率そのものはあまり変わらないかもしれませんが，被害規模は大きくなっている，つまり，われわれの住む社会が災害に対して今までより強くなっていないということなのです．あるいは，災害に対して脆弱な状況になっているともいえます．

　2004年の新潟県中越地震などを見てもそう思うのですが，そもそも不安定な地盤に道路がつくられていて，いざ地震が起きたらやはり壊れてしまう．山でも，岩盤のしっかりしたところなら道路は壊れないのに，盛土をしたり，斜面を切ったりしたために，潜在的に危険が増しているところがあるのです．しかし，地震そのものはそれほど頻繁に発生するわけではないので，普段は気づくことなく，一度起きて初めて脆弱であったことを知る，ということです．

　保険会社などが出す統計からも，災害の補償額が年々上昇しているのがわかります．アメリカでも被害が増えていると強い警鐘が鳴らされています．その一つとして，ミレッティが"Disasters by Design"という本の中で，あまり地震がこないところに家を建てようとか，洪水があまりこないところに町をつくろう，と書いています．初心に返って考える必要はあるでしょう．サステナブルな災害低減といわれるような提案がなされるべきなのではないでしょうか．

　これはつまり，何をする場合でも，もし壊れたら何が起きるかという評価もしなければいけないし，壊れるという事象が発生する確率がどうなのかもうまくモデル化して，評価しなければいけないということです．

　たとえば，過去100年分のデータがあれば，毎年同じ値で起きるわけではないのですから，1番強い値，2番目の値，などと整理してやると，先ほど述べたような確率のモデルがつくれます．日本建築学会の『建築物荷重指針・同解説』では，建物を設計するときの地震や風や雪を評価する基本になる値を1年間に超える確率が1/100，と考えようとしています．ここで，再現期間 R を超過する確率の逆数で定義します．

$$R = 1 / P$$

この R は，超過する事象が平均的に何年に1回起こるか，を示しています．

　超過確率を P としますが，P が1/100になるような地震の地表面の加速度を図14.5に示します．これは1993年につくったもので，過去の地震データをベースにしています．最近ではだいぶ新しい地震の情報が入ってきて，2005年3月に

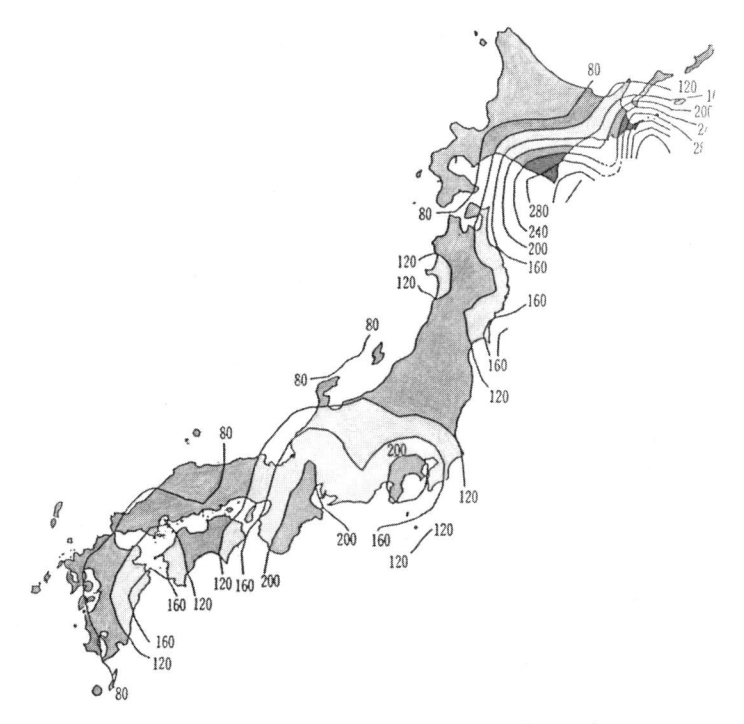

図 14.5 地表面加速度 100 年再現期待値（単位：ガル）

は文部科学省の地震調査推進本部が確率論的な地震予測地図を出しました．そこではかなり詳細な検討がされていて，図の地図よりは信頼性が高いと評価されていますが，傾向はそれほど違いません．

これを見ると，たとえば，東京や名古屋あたりで 200 ガル以上となっています．ガルは，cm/s^2，980 ガルが重力加速度 $1\,G$（ジー）に相当し，200 ガルは $0.2\,G$ となります．$0.2\,G$ の地表での揺れがあると，建物で 3 倍ぐらいに増幅され，$0.6\,G$ ぐらいの水平力がかかるわけです．$0.6\,G$ ほどの水平力がかかっても建物が壊れないような設計を今までもしてきたのですが，これは 1/100 の超過確率の値ですから，1/500 の超過確率にすれば，さらに 2 倍ぐらいの性能値が必要になりますし，1/1 000，1/1 万とやっていけば，値はもっと大きくなることをわれわれは知っています．もちろんこれだけで設計をするわけではありませんが，一つの目安にしているのです．小さな島国日本で，ずいぶん違いがあることがよくわかります．

第 14 章　建築・都市構造ストックのリスクを評価する

これをさらにモデル化した確率密度関数を図 14.6 で見てみましょう．横軸を最大加速度とした東京の例です．年最大加速度が起こりやすい値は 30 〜 40 ガルくらいです．しかし，ばらつきも結構あり，先のように 1/100 超過確率となると，200 ガルとか 180 ガルといった数字になります．これは確率密度関数ですので，たとえば 180 の値から上を無限大まで積分すると，全体の面積の 1/100 になります．もちろん，1 年間にもっと小さな確率で 400 ガルとか 600 ガルとかが起きる可能性もあるわけです．

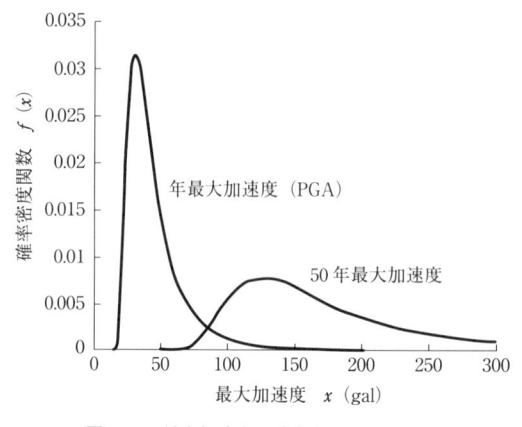

図 14.6　最大加速度と確率密度関数の関係

これに対して，50 年に一度の，50 年の最大値を考えるとどうなるでしょうか．図 14.6 の年最大加速度の確率密度関数を積分して累積分布関数を出し，ある値を超えない確率を 50 回掛けてやります．そうすると，50 年間，地震加速度がある値を超えない確率が出ますので，それをまた微分してやると，50 年間の確率密度関数が出ます．そうすると，50 年の平均値が大体 150 ガルとか，年最大値の超過確率 1/100 に近いような数字になるのです．50 年で考えれば，平均で 200 ガルに近い規模の地震が起きます．しかし，10％しか超えないなどというと，400 ガルとか 500 ガルとなるのです．このように確率的なばらつきの大きさと，1 年間でどのくらいの確率，50 年でどのくらいの地震が発生するのかという確率が，モデルを使って数式で説明できるのです．

もう少し計算してみましょう．1 年間で超える確率が 1/500 なら，超えない確率は（1 − 1/500）です．0.9998．それを 50 乗すると 50 年間超えない確率が出るので，それを 1 から引いてやると，50 年間に超える確率が出ます．このようにして 50 年間の超過確率が 10％になるように，1 年で超える確率を逆算すると，これは再現期間にして 475 年になります．ということは，約 500 年に 1 回発生する地震に相当しているということです．土木と建築では微妙な式の違いがあるのですが，約 500 年に 1 回発生する地震に対応することが，わが国の構造物が倒壊しないことを確認する設計のクライテリアになっていると考えてもらってよいで

14.2 自然外乱の評価

図 14.7 最大風速 100 年再現期待値（単位：m/s）

しょう．

　図 14.7 は風の例です．1993 年の荷重指針のデータで，今はもう少し新しい情報も入っていますが，それほど大きくは変わっていません．これは 100 年再現期待値，つまり 1/100 の年超過確率の値です．九州の南端や房総半島の九十九里浜のあたりはかなり風が強いことがわかります．これらの地域では，風速が 1 年に超える確率が 1/100 というところでは，風速 44 m とか 40 m という値になっています．内陸はやはり台風の影響も比較的少なくて，あまり強い風がなく，風速は 26 m くらいで，2/3 以下です．風速で 2/3 ということは，力に直すと 2 乗で効いてくるので半分以下ということです．同じ安全性を考えるのなら半分の力でいいことが明らかになっています．これらの事情は，ある程度設計規準にも反映されているのですが，われわれがそのリスク評価をするにあたっては，風や地震

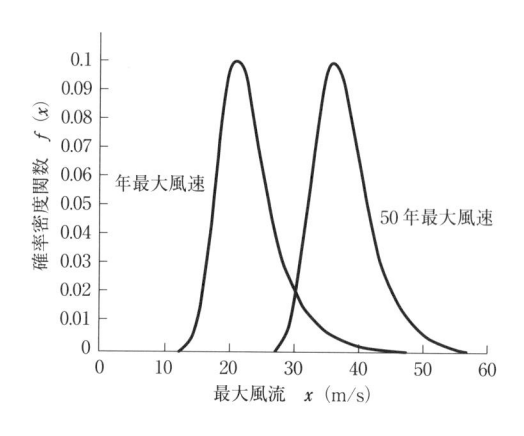

第14章 建築・都市構造ストックのリスクを評価する

図14.8 最大風速と確率密度関数の関係

がどのくらいの確率でどのくらい強いものがくるのかしっかりと評価しておかないと，どの程度強い建物を建てればよいか答えは出てきません．

また，図14.8の確率密度を見ると，風の場合は面白いことに，年最大のモデルと50年最大のモデルが平行移動するような感じになります．それはもちろん数学的なモデルが違うからですが，先の地震の場合だと，この平均値が大きくなると比例的に標準偏差も大きくなって非常にばらつきが大きくなっています．風の場合，平均値は大きくなっても，東京の場合だと，年最大風速の平均値は大体22～23 m で，1/100 の年超過確率，すなわち100年再現期待値は35～36 m です．それは，50年最大風速の平均値くらいに相当するのですが，平均値が増えてもそのばらつきの標準偏差に相当するものは増えないので，年数を長くとればとるほどばらつきは小さくなるということです．より精度の高い評価ができます．地震の場合はそうではなく，年数を長くとっても，大きなばらつきのままになっている，といった性格の違いがあるのです．

14.3　建築構造性能評価システムの紹介

では，壊れる確率を知るにはどうすればよいのでしょうか．ここでは構造性能の評価システムの紹介をします．一般の人にも，自分の家が地震で壊れる確率を知ってもらい，自分なりの判断に使ってもらおう，というのが狙いです．こういったシステムに興味を示してくれる人はあまりいないのですが，これから簡単に紹介します．＜ ssweb.k.u-tokyo.ac.jp ＞がこのシステムのアドレスです．

(1)　システムの概要

地震危険度評価と強風の危険度評価のシステム概要を図14.9に示します．ハザードとは，風とか地震とか，自然外乱の側の評価です．同じ危険という言葉でも，どの部分を指して危険というのか，言葉の定義がまちまちな部分があるので

14.3 建築構造性能評価システムの紹介

```
┌─────────────────────────────────────────────────────────┐
│ ユーザーからの   ●位置情報（住所，緯度，経度等）＋オプション選択 │
│ 入力情報           建物情報（構造種，規模，築年，用途等）●    │
└─────────────────────────────────────────────────────────┘
┌─────────────────────────────────────────────────────────┐
│ 地震危険度評価                                    ┌────────┐│
│      ハザード曲線  ×  フラジリティカーブ  =  │危険度の確率││
│                                                │  表示  ││
│                                                └────────┘│
└─────────────────────────────────────────────────────────┘
┌─────────────────────────────────────────────────────────┐
│ 強風危険度評価                                    ┌────────┐│
│      ハザード曲線  ×  フラジリティカーブ  =  │危険度の確率││
│                                                │  表示  ││
│                                                └────────┘│
└─────────────────────────────────────────────────────────┘
┌─────────────────────────────────────────────────────────┐
│ 環境危険度評価                                              │
│   新築・補修等による  ＋ 災害にともなう補修・修理  =  ライフサイクル│
│   CO₂発生量              による CO₂発生量           CO₂発生量│
└─────────────────────────────────────────────────────────┘
           ┌──────────┐      ┌──────────┐
           │ユーザー用の情報│      │評価システム│
           └──────────┘      └──────────┘
```

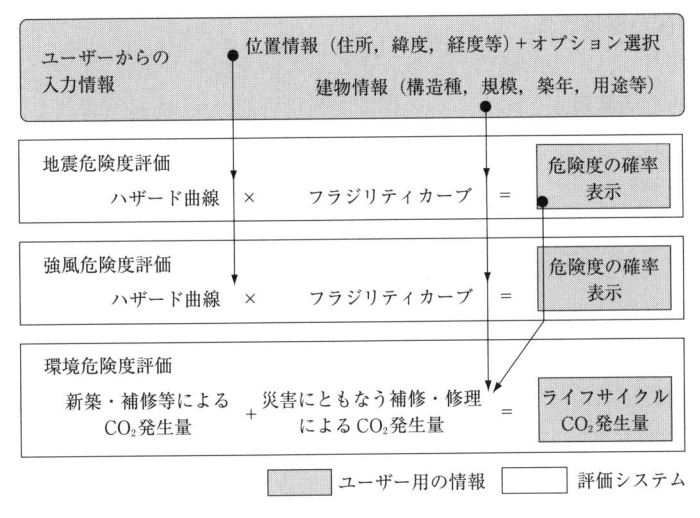

図 14.9 システム概要（評価システム関連）

すが，ハザードといったときにはそういう危険をもたらす可能性があるものの強さの評価を指します．これに対し，建物がどのくらいの強さと抵抗力をもっているかは，フラジリティという言葉で表しています．先に，リスクは確率的に抵抗と荷重の大小関係で決まると述べましたが，そういうモデルを計算機の中で何回も計算しながら評価しているわけです．ハザードについては確率的なモデルをつくり，建物の側もどのくらい壊れるかというモデルをつくって，地震の場合なら，入ってくる地震の強さ，どのくらいの速度の地震がどのくらいの確率で入ってくるのか，建物もどのくらいの速度ならどのくらい壊れるのかということを数値的に積分をして，破壊確率の計算をします．風の場合も同じように，風速に対してハザードの評価とフラジリティの評価を行って確率を出します．

次に，環境危険度といっていいかどうかはわからないのですが，環境負荷を求めます．建物をつくると CO_2 を排出するので，その CO_2 がどのくらい発生したのかを評価してやります．それから，地震で建物が壊れるとまたその壊れたものを運び出したり，また新しいものをつくったりしなければならないので，さらに CO_2 の発生があるわけです．ライフサイクルでどのくらいの CO_2 の発生量になっているのか評価することで，地球環境に対する構造工学的な側からの情報提供というような，啓発の意味も含めており，システム全体で地震危険度評価，強風危険度評価，環境危険度評価といった，三本立てで提案しています．

(2) 地震危険度評価

　地震に関しては，活断層の活動域，それから活断層のわかっているものについては具体的な活断層がどのくらいの確率で地震を起こす，地震を起こすとしたら，どのくらいのマグニチュードの地震を起こすかという評価を組み込みます．しかし，活断層がわかっていなくても地震の起きるところがありますので，そこは別の評価をして，ハザード評価をする．評価のフローを図14.10に示します．それから，地形・地質のデータはGISでデータベースになっているものがあるので，地中で揺れたものが地表面にどのくらいの揺れになって伝わるかというような評価データを使います．被害率曲線，フラジリティのほうは建物の構造形式と建築後の年数程度しか入っていないのですが，もし専門家が評価してさらに詳しくデータを入れれば，より詳しい評価ができるようになっています．

　活断層，プレート境界について，グーテンベルグ・リヒター式という式があり，マグニチュードの大きな地震は頻度が低い．マグニチュードの小さい5～6となると比較的頻度が高くなる．それこそマグニチュードが2とか1とかいうくらいになると，もうしょっちゅう起きているのです．われわれが感じないだけで，地震計では感じています．毎日，何百という地震を感じながら，地震計の記録はとられていますが，実際に生活に直接影響するような地震はマグニチュードが5とか6にならないと揺れとして感じません．そういう規模の大きなものは頻度が低

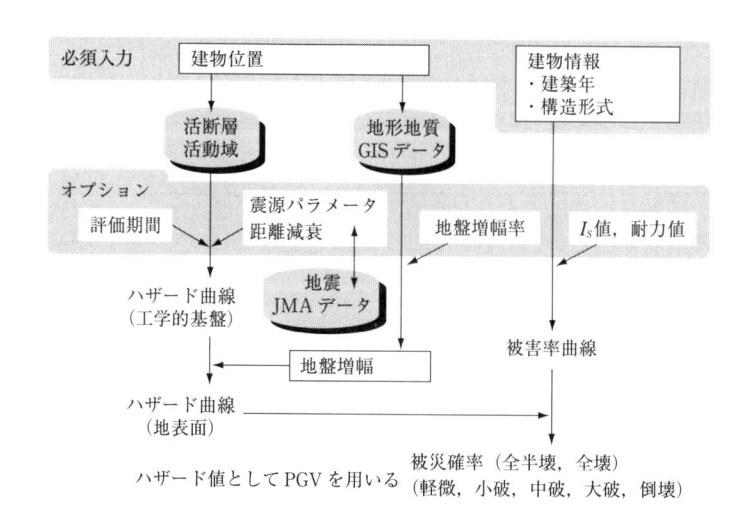

図14.10 地震危険度評価フロー

14.3 建築構造性能評価システムの紹介

い，規模の小さなものは頻度が高いといった関係式がグーテンベルグ・リヒター式で，地震のメカニズムを上手に説明しています．ただ，これは具体的な断層の位置がわかっているときには必要のない式ですから，断層がわかっているものとわかっていないものを組み合わせ，それから，地震が起きたときにはどのくらいの揺れになるかという関係式を使って評価しているわけです．

　図 14.11 は断層，活断層の位置を示しています．日本列島には満身創痍という感じで活断層があるのがわかるでしょう．われわれは地表の土の上に生活しているわけで，東京大学のある場所は関東ローム層で 1 万年ぐらい前に堆積した土ですが，地震が起きるのはもっと深いところの岩盤です．その深いところの岩盤にこれだけ古傷が入っているのです．しかも，古傷がアメリカのほうからまた押さ

松田らの陸域の起震断層（263 断層）[6], [7] をベースとし，地震調査研究推進本部地震調査委員会[8] と文部科学省（科学技術庁）[9] の活断層調査の結果によりデータを作成．

図 14.11　活断層とプレート境界地震

れているわけです．じわじわと押されて，押され続け，あるときどこかでガクッと地震が起きると，また傷が新しくなるわけです．傷が更新されるたびに地震の被害が出てくるということです．先にも述べたように，幸いなことにマグニチュードの小さな地震が多いですから，小さなマグニチュードでエネルギーが放出されている分には大した揺れにもならないので安心して生活できますが，マグニチュード8くらいまでずれないで待っていてくれて，いきなりずれたりすると大変な被害が起きるということです．図中の東海地震や東南海地震の断層の想定は，べらぼうにでかい断層です．糸魚川・静岡構造線があり，ここにも断層がいっぱいあります．活断層のわからないものについても地帯区分をし，過去の地震がどのくらい起きているかということからグーテンベルグ・リヒター式をあてはめ，拾いこぼしのないようにしています．

また，距離減衰式といわれるものですが，地震が起きるとマグニチュードと距離から揺れがどのくらいかという関係式を提案できてしまうので，すでに50〜60の提案式があります．同じ距離，たとえば100 km離れていても大きく揺れるところ，そうでないところがあるので，距離減衰のばらつきもすごく大きいというのが，ハザードを評価するときのばらつきの問題です．

表14.1は地盤の増幅係数を示したもので，地盤ごとにこういった評価をして計算します．関東ロームは火山灰台地の一つです．丘陵地は一般に増幅が少なく

表14.1 表層地盤大分類と増幅（大西ら）

	分類	地盤増幅度	
		最大加速度	最大速度
1	埋立土地	1.31	2.12
2	砂州・砂丘	1.40	2.12
3	三角州性低地（泥・粘土）	1.54	2.92
4	三角州性低地（砂混じり）	1.37	2.39
5	扇状地性低地	0.87	1.48
6	火山灰台地	2.05	2.50
7	砂礫台地	1.26	1.62
8	岩石台地	0.95	1.34
9	丘陵地	1.45	1.71
10	火山山麓地	1.80	1.91
11	山地	1.00	1.00

14.3 建築構造性能評価システムの紹介

なっています．

建物の被害率曲線もまた確率分布関数が出てきますが，速度値の対数をとって評価します．すなわち，建物の被害率が地震入力の速度の値の対数をとったものに対して正規分布に近くなることを表しています．

図 14.12 は，兵庫県南部地震のデータをもとにした，最大速度（PGV）と被害率との関係ですが，木造の全壊被害率 50 % のところは大体 80 cm/s のところで，50 % 壊れるようになっています．もう少し低い速度だと全半壊に対応しています．ただ，150 cm/s，たとえば，50 % の倍ぐらいの入力があっても全部壊れるわけではなく，20 % くらいは残るものがあるともいえるし，40 cm/s くらいでも数%は壊れるというように，建物の側でも個体差があるということです．こういうデータをもとに，どのくらいの揺れが起きるかが評価できますから，将来どのくらいの確率で壊れるかという評価ができるわけです．

ハザード評価とフラジリティ評価を合わせて計算してやると，地震危険度は表 14.2 のような数字が出ます．静岡は少し過大かもしれませんが，東海地震の発生

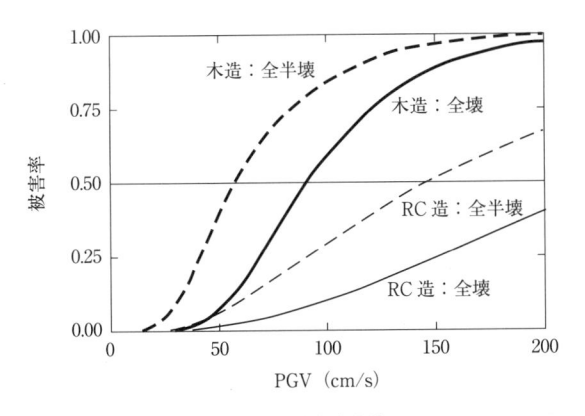

図 14.12 被害率曲線

表 14.2 地震危険度の試算結果

	地盤増幅率	木造		RC 造	
		全壊	全半壊	全壊	全半壊
仙 台	1.62	2.8 %	11.0 %	0.57 %	2.3 %
東 京	1.34	1.1 %	6.1 %	0.22 %	1.1 %
静 岡	1.48	44.0 %	67.0 %	10.0 %	25.0 %
鹿児島	2.39	1.8 %	6.7 %	0.35 %	1.4 %

確率が90％を超え，必ず大地震がくるという前提の評価であるために大きな数字になっています．

図14.13 (1) は，この構造性能評価プログラムを使った人に質問した結果です．3本の棒は，上から一般人，専門家，全体を表しています．「あなたは設計者から建物が安全か，あるいは安全性ということについて説明を聞きましたか」と質問をしたところ，「はい」と答えた人は，一般の人も専門家も十数％です．そういう安全に関する説明を一切受けずに，何千万円もするような家を購入，あるいは建てているのです．それはある意味では建築主の怠慢かもしれません．あるいは，説明する側の怠慢かもしれません．製造物責任というものもあり，小さな子どもの使うおもちゃでさえそれが安全かどうかはみんな気にしている．車を買うときには，お金がかかってもエアバッグをつけるわけですが，家に関しては聞きもせず買っているのが現状なのです．

それに対し，「あなたは安全に関する説明をして欲しいですか」という質問（図14.13 (2)）では，約8割の人が欲しいといっています．こういう構造安全性に関するプログラムを実際に使って初めて気づいたのかもしれませんが，やはり現実に都市の中に建つ建物がどのくらい安全か何も知らずにいてよいのか，それは問題だと思います．なぜなら実際に危険があるからです．さらに，「あなたは性能を要求したいと思いますか」という質問に対しては，90％を超える人が要求したいといっています（図14.13 (3)）が，逆にいうと，どう

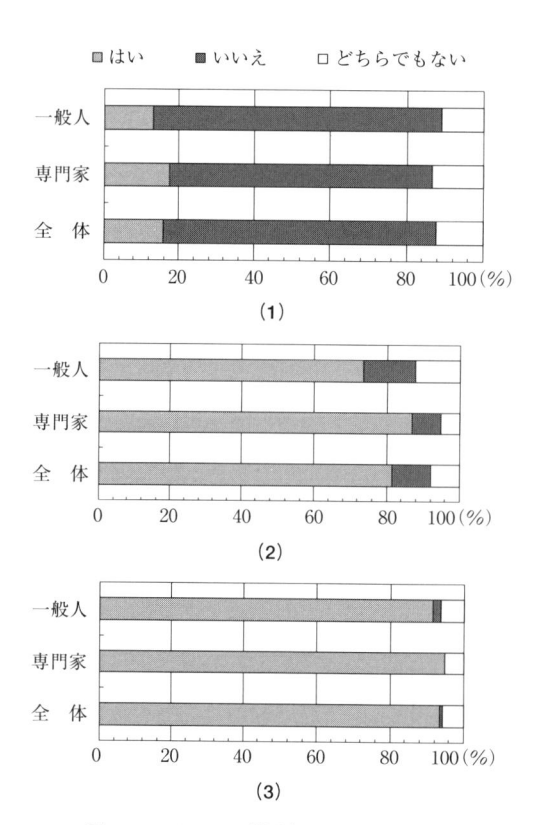

図14.13　システム利用者のアンケート結果

やって要求すればよいのかがわからないともいえます．だから，問題はこれからです．皆さんも今後具体的に関わることもあるでしょうから，大いに考えていただきたいと思います．

14.4 社会制度の課題

最後に，いろいろある社会制度上の問題のなかで，保険制度と法規制について考えてみます．

(1) 保険制度

保険制度とか災害者救済制度というものがありますが，地震保険そのものは大数の法則が成立しません．生命保険や自動車の保険は年間何万というクレームがあり，非常に安定しているわけです．ですから，どのくらいの確率で人が命を落とすとか，どのくらいの確率で交通事故を起こすかについては統計に載っていて，1万件のデータがあれば，そのうちの2～3件とか数十件というデータは毎年同じように起きているから，特定のこの人が事故を起こすということを知らなくても保険会社としては安心して契約できるわけです．

地震の場合はどうかというと，先に示したようにトータルの日本の歴史を考えれば，たとえば40年に1回くらいは大きな地震があるとか，100年とか1 000年というスケールで考えれば，ある程度安定したデータになっていますが，今年どうか，来年どうかを，しかも場所を指定してとなると，非常に大きな被害が出るときもあれば全然被害が出ないときもあるということで，なかなか安定した予測ができないといった問題があります．そういうことで，保険会社だけが自分の会社の中だけで全部を補償できないので，将来のリスクをともなうから再保険会社にまた保険をかけて被害が出たときにはそこからお金がもらえる仕組みができあがっているわけですが，再保険会社がなかなか引き受けないのです．そうすると，レートが高くなることがあります．

日本の地震保険の場合，住宅に関しては政府が再保険をサポートしていて，料率も決まっています．政府がサポートするのは，福祉政策的な意味ももっていて，地震で家が倒れたとき補助がないと大変困るからなのですが，ある建物がどのくらい丈夫なのかということと無関係に料率が決まってしまっているのです．だから，危険な家に住んでいる人も，保険金を払っておけばいざというときにお金がもらえると思えば自分の家を安全にしようとは思わない．それはモラルハザード

の助長にもつながります.

　もう一つ,モラルハザードの例を紹介します.建物は個人の財産なので政府は補償しないといっています.兵庫県南部地震のときに,家が壊れたら1軒当たり300万円の補償が欲しいという国民の声があったのですが,生活再建の補償はするけれど,個人の財産である家の建て替えに国はお金を出さなかったのです.鳥取県西部地震が起きたとき鳥取県知事は,いくら何でもひどい,県の力で何とかする,と国にかけ合って特別立法をつくり,300万円を出させました.これは県が出したのですが,問題は,地震が起きてからそういうことをすると,地震が起きる前に誰も努力をしない,ということです.地震が起きても何とかしてくれるだろう,となってしまう.ここがモラルハザードです.しかも悪いのは,鳥取県西部地震のように数十軒なら補償できても,兵庫県南部地震のように何十万という家が倒れると規模が大きすぎて補償できないということです.つまり,小さな地震であれば補償できるのに,巨大地震のときには補償ができない.そんなことでは困ります.安全にしようと誰も真剣に考えなくなります.地震保険は社会制度的にも問題があるのですが,なかでも特に問題なのは,建物がどのくらい安全かについて保険料率が十分にリンクしていないケースがあることです.

　保険加入者が少ないのも,そのあたりに理由があるでしょう.政府が今再保険でもっている支払い総額は16兆円といわれています.兵庫県南部地震のときは10兆円で,それを全部出してもよかったのでしょうが,全部出してまた地震が起きると大変なことになるとして,渋っている面もありました.

　表14.3は自然災害の保険金支払い額で,たとえば1991年の台風19号は約6000億円です.この6000億円に対し,保険金額で5000億円までカバーされて

表14.3 自然災害の保険金支払い額

(単位:100万ドル)

災害	年	地域	被害額	保険金額
アンドリュー	1992	アメリカ	30 000	20 000
ノースリッジ地震	1994	アメリカ	30 000	12 500
19号台風	1991	日本	6 000	5 200
冬嵐ダリア	1990	ヨーロッパ	6 800	5 100
ヒューゴ	1989	アメリカ	9 000	4 500
冬嵐	1987	ヨーロッパ	3 700	3 100
阪神・淡路大地震	1995	日本	100 000	3 000

います．実はこれは日本だけでなく，ヨーロッパやアメリカでも台風や強風に対しては，被害額に対して保険金額の比率が高いといわれています．これは住宅でも一般の火災保険に入っていると風に対する保険は自動的についてしまうからです．この

表 14.4 住宅用地震保険の基準料率
(保険金額 1 000 円，1 年につき)

等地別		非木造	木造
1等地	北海道，福岡など	0.50 円	1.20 円
2等地	秋田，宮崎など	0.70 円	1.65 円
3等地	大阪，千葉など	1.35 円	2.35 円
4等地	東京，神奈川，静岡	1.75 円	3.55 円

ように，風による被害は様々な形でカバーされるため，保険会社のほうは支払い額が大きくなり困っています．下手をすると破産するかもしれないので，料率を上げることや，生じる被害額の実態について，真剣に考えているのです．

　地震の場合はどうかというと，アメリカ・ノースリッジ地震で3兆円です．3兆円の1/3くらいしか保険でカバーされていません．日本の場合は3％です．阪神・淡路大震災のとき，保険ではほとんどカバーされなかったことがわかります．

　表14.4は住宅保険の基準料率です．先ほど文部科学省が確率論的な予測地図を出したと述べましたが，地震活動度が地域により大きく違うことも明らかになりました．それらを反映して，地域差のなかったものが，場所によって値段が変わっています．先の図14.5では，目安として年1/100の確率と50年10％の確率で3倍くらいレベルが違っていましたが，レベルが3倍違うと確率で1桁は違ってきますから，金額でも3倍以上もの差がつくようになりました．

　ただし，かなりおおざっぱな違いです．東京，神奈川，静岡あたりは最も条件が悪いとされていますが，確率的には東京と大阪を比べるとほとんど差はないし，静岡と東京を比べれば静岡のほうがはるかに危険度は高いと思うのですが，木造であると1年間で1 000円に対して3円です．1 000万円の建物であれば1年間に3万円掛けないといけないのです．これはかなりの額です．この額面だと，1年間で壊れる確率が0.3％ということです．50年間だと15％になります．保険料にして50年間で150万円です．確率でいうと，宝くじ的な確率で考えてもらっていいのですが，老朽化して柱がほとんどなくなったような木造建築物でも，この額を払えば保険に入れるのです．新しく建てた建物だと，表14.5にあるように少し割引きになり，たとえば建築基準法を満足しているものは新築だと10％割引きになりますが，それだけでしかありません．確率でいえば，恐らく1桁低いので90％割引きでもよいのです．

　また，耐震等級というものがあり，住宅に関しては建物の性能を品質として表

第14章　建築・都市構造ストックのリスクを評価する

表14.5　割引率

	説明	割引率
耐震等級3	建築基準法に定める地震力の1.5倍の力に対して倒壊・崩壊しない程度	30%
耐震等級2	建築基準法に定める地震力の1.25倍の力に対して倒壊・崩壊しない程度	20%
耐震等級1	建築基準法に定める地震力に対して倒壊・崩壊しない程度	10%

表14.6　耐震等級に基づく破壊確率

	耐震等級1	耐震等級2	耐震等級3
信頼性指標 β	2.78	3.10	3.35
50年間での破壊確率	0.0027	0.001	0.0004

示するやり方を法律で定めています．建築基準法の最低レベルの地震の力や風の力に対して，25％増しのものは耐震等級2，50％増しのものは耐震等級3，というものです．もちろんお金を出し，信頼できるところで評価してもらうことで証明がもらえるのですが，1.5倍の地震力でやっても，保険料は30％割引きにしかならない．確率からいえば，はるかに壊れにくくなる．50年間で支払う額が150万円から100万円になるだけですから，まだまだ高い．保険料率と建物評価のバランスがとれていないのです．

　兵庫県南部地震のデータをもとに，図14.1で紹介した信頼性指標 β を評価し，私なりの計算をすると，耐震等級1でも50年間で壊れる確率は0.3％くらいです（表14.6）．耐震等級2は，荷重を25％増しにしてやると，さらに確率は小さくなって0.1％のオーダーになります．0.1％ということは1000万円であれば保険料は50年間で1万円ということです．実際の料率だと1年間で3万円という例を出しましたが，あまりにも違います．柱がなくなっていたり，雨漏りがして腐ったのに知らないままでいた，となると，はるかに高い確率で壊れるため，これを見込んで料率が設定されているということなのです．もし，しっかりと設計してしっかりとつくられていれば，そうは壊れない．つまり，正確に品質を評価できないために料率を高めに設定することと，品質の評価をしたうえで料率を正確に決めることが，きちんと整理できていないのが，この保険制度の一番の問題だと思います．

（2） 法規制との関わり

　ここでは問題の指摘だけにとどめますが，法律では「安全」についておおむね決めてあります．しかしながら，その建築基準法は，そもそも戦後の1950年，建物もあまりないときに，建物のつくり方の最低基準としてつくったものです．それはつくるための法律であって，前述したように，老朽化した木造建築の維持・管理についてはほとんど書かれていません．また，法律を守らなくても罰則規定がないので，いざ地震がくると壊れてしまうこともありました．建築基準法の中の最低基準が非常にゆがんだ形になっているといった問題もあります．このようにいろいろな問題があるのに，安全のことをほとんど考えずに暮らしている人が多いのも事実です．考えている人もいますが，多くは安全のことを一切考えずに家を買えてしまうくらい，考えられる要素が少ない．そこで，「自己責任」に行き着くのだと思います．法律に頼っていれば安心して暮らせる時代はたぶん終わったと思うのです．もちろん，そうしていても本当に事故に遭う確率は小さいですから，そのまま平和に一生を終えられるかもしれないのですが，そういう人もだんだん少なくなってくるのではないでしょうか．

　たとえば，2003年に新潟の朱鷺メッセで橋が落ちました（図14.14）．幸い人身事故にはならなかったのですが，この構造物は，法律はクリアーしていたはずですし，県が建築主で検査もしていたはずです．工期を無理やり縮めたとか，設計で考えていたことが施工に伝わらなかったことが原因で事故になった，といわれています．

図 14.14 法律はクリアーしていた？（朱鷺メッセ）　　　**図 14.15** 基準がないとこうなる？（回転ドア）

それから，図 14.15 は人身事故のあった回転ドアです．これは，いわゆる構造問題ではないのですが，基準がないためにこうなったのでしょうか．「NHK スペシャル」で畑村洋太郎氏のグループが調べたところ，輸入した 1994 年にはほぼ同じ大きさの回転ドアは 800 kg くらいだったそうです．しかしアルミだと見てくれが悪いと，みんなステンレスにしたわけです．重いほうががっちりしてデザイン的にも見た目にも立派に見える．重くすると回転が遅くなるから，モーターをたくさんつける．それでますます重くなり，出来上がったものは 2.7 t だといっていました．重さは元の 3 倍から 4 倍になったが，安全や制御に関する部分は変えない．700 kg であれば，ブレーキをかけると 5 cm くらいで止まったものが，2.7 t にもなればブレーキをかけても 30 cm くらい進んでしまうわけです．美的部分や機能的部分について改造を繰り返してよい設計になったはずなのに，安全のことをまったく考えていなかった，というのは問題です．

朱鷺メッセや回転ドアのような事故は，法律があったとしても，安全に対する意識をもたなければ起きてしまうのです．今後都市や建築を考えていくうえで非常に大切な問題なので，皆さんも考えてみて下さい．

■文献

1) 神田　順：耐震建築の考え方，岩波科学ライブラリー 51，岩波書店，1997
2) 神田　順・佐藤宏之編著：東京の環境を考える，朝倉書店，2002
3) 日本建築学会：建築物の限界状態設計指針，丸善，2002
4) 神田　順監修：限界状態設計法の挑戦，建築技術，2004
5) 日本建築学会：建築物荷重指針・同解説，丸善，2004
6) 松田時彦・塚崎朋美・萩谷まり：日本陸域の主な起震断層と地震の表—断層と地震の地方別分布関係，活断層研究，第 19 号，pp.33-54，2000
7) 松田時彦，吉川真季：陸域の $M \geq 5$ 地震と活断層の分布関係—断層と地震の分布関係　その 2，活断層研究，第 20 号，pp.1-22，2001
8) 地震調査研究推進本部地震調査委員会：活断層の評価，2002 年 2 月まで
9) 文部科学省（科学技術庁）：活断層調査成果報告，1997-2001

第15章

都市基盤の事故災害リスクを低減する
モニタリングの活用

工学系研究科社会基盤学専攻 **藤野 陽三**

- 15.1 増え続けるストック
- 15.2 都市基盤の特性
- 15.3 災害大国日本の防災投資
- 15.4 アメリカの教訓
- 15.5 日本の現状
- 15.6 都市基盤ストックの保全
- 15.7 都市基盤センシング

御茶ノ水の聖橋．1929年の竣工から時を経て，まわりの町並みはすっかり変わったが，重要な都市基盤ストックの一つである橋はそのまま架かっている．町の中に何十年も変わらないものがあることに安らぎを感じないだろうか．

第15章　都市基盤の事故災害リスクを低減する

　鉄道，道路のような都市基盤がこの50年で大変増え，そのお陰で，われわれの活動や生活が便利に，そして快適になりました．一方，わが国は世界有数の災害国であり，厳しい自然環境のなかにおかれているこれらの都市基盤は頻繁に災害に見舞われ，次第に劣化する都市基盤では事故が生じます．それを防ぐにはしっかりした保全や補強が欠かせませんが，なかなか進んでいないのが実情です．本章では，このような都市基盤がおかれた状況を説明するとともに，事故や災害を未然に防ぎ，補修補強を効率的に行うにはモニタリングの役割が大きいことを説明します．

15.1　増え続けるストック

　われわれが生活するうえで欠かせない社会資本を，インフラストラクチャーとか社会基盤と呼びます．インフラストラクチャーには様々なものがありますが，鉄道，道路，電力，ガス，通信線などのライフライン（生命線）や，駅，地下街など公共的な空間を構成するものなどはその代表です．オフィスビル，住宅などはプライベートな空間ですが，社会全体から見れば，やはり資産であり，広義の意味でインフラストラクチャーということができると思います．

　今，日本では8割の人が都市に住んでいるといわれます．われわれの生活や経済活動を支えるために必要なインフラストラクチャーの多くは都会にあります．しかし，都市部以外にあるものも，都市に暮らすわれわれをサポートするものであることが多く，ここではそれらを総称して「都市基盤」と呼ぶことにします．

　明治以来，100年以上にわたってわが国ではこのような都市基盤の充実を図るべく多くの投資を行ってきました．図15.1に示すのは，この50年間における都市基盤をはじめとする社会資本の蓄積すなわちストックです．国や地方自治体などの公的機関が所有しているものだけですが，それでも現時点で1 000兆円を超えたといわれています．1960年，70年代の高度成長期に社会資本の急激な伸びが図15.1からわかりますが，その時代のものは短期間に大量に安くつくる必要があったため，上質でないものも多いのです．図にはGDP（Gross Domestic Product，国内総生産）も併せて示していますが，社会資本の増加とともにGDPが増加していることがわかります．

　私の専門は橋梁工学なので，橋の例でそれをもっと具体的に示しましょう．図15.2に示すのは東京都における橋の建設数の年変化です．二つのピークがありま

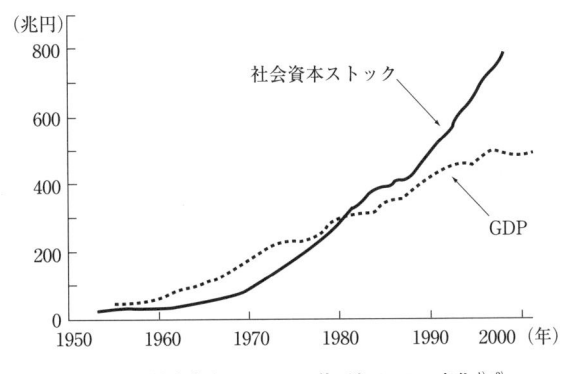

図15.1 社会資本ストックの伸びとGDPの変化 [1), 2)]

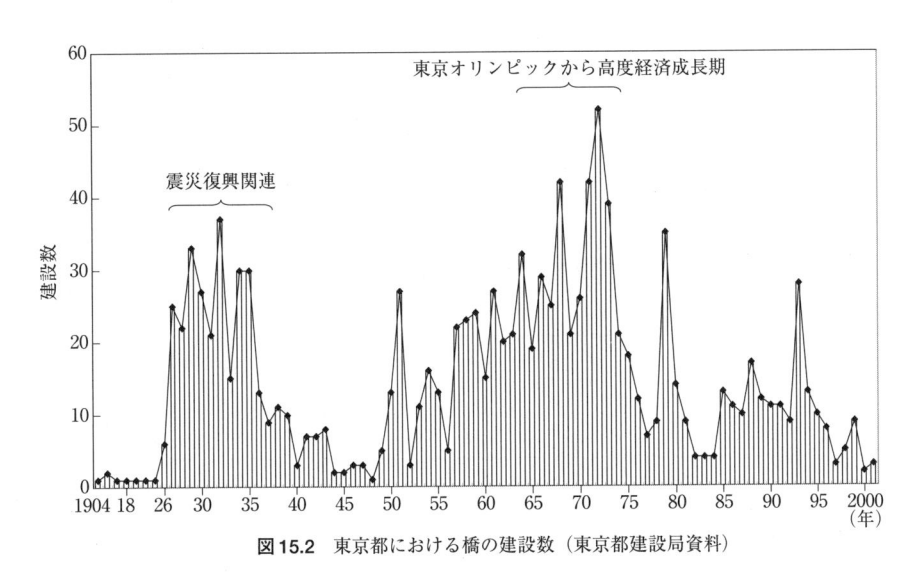

図15.2 東京都における橋の建設数（東京都建設局資料）

すが，一つは関東大震災の後の震災復興事業として建設されたものであり，もう一つは1964年の東京オリンピック前後につくられたときのピークです．この二つの最盛期につくられた橋の補修費を比較したのが図15.3です．驚くべきことに，70年前につくられた古い橋に比べ，40年ほど前につくられた橋の補修費のほうが大きいのです．震災復興の頃の橋はきわめて高価であり，それだけに丁寧につくられており，補修する必要があまりなかったのです．よいものをつくることがあとあといかに大事か，わかっていただけるかと思います．

わが国における橋の建設数の時代変化をアメリカと比較したのが図15.4です．

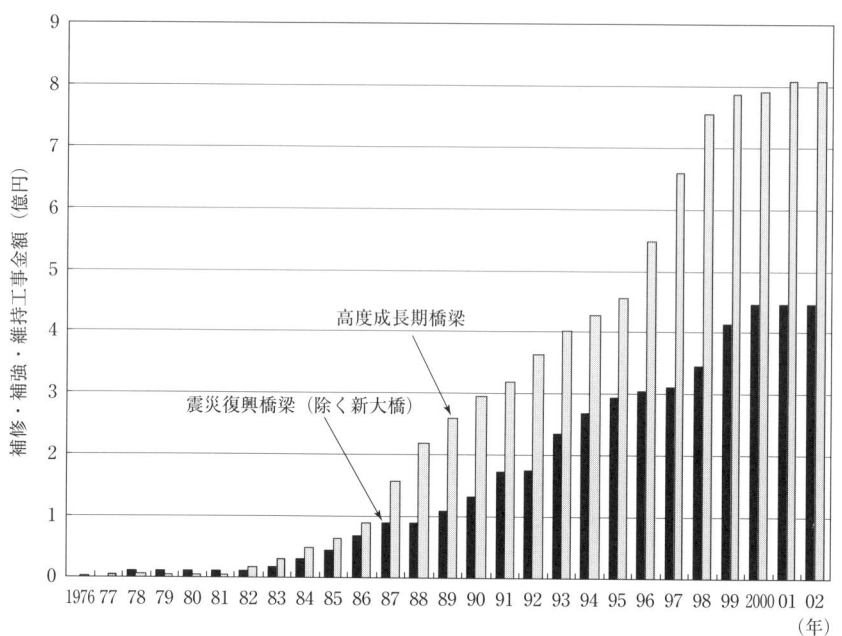

第15章 都市基盤の事故災害リスクを低減する

図15.3 震災復興期と高度経済成長期の橋梁補修費の比較
（修景除く1橋当たり）（東京都建設局資料）

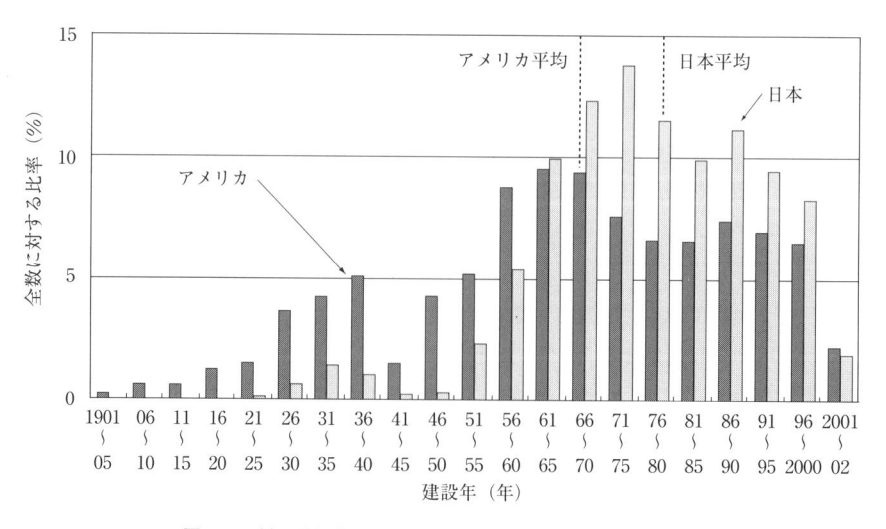

図15.4 橋の建設数の変化．アメリカと日本の比較（国土交通省資料）

アメリカでは1940年代から建設が活発で，比較的なだらかな傾向を示しています．一方日本では，高度成長期の1970年前後に集中しているのがおわかりいただけるでしょう．日米の橋の平均年齢には10年程度の差がありますが，今後，アメリカよりも急激な高齢化を迎えることになります．

現在，地球環境問題の重要性がいろいろなところで指摘されていますが，そのきっかけとなったのは1972年にローマ・クラブが発表した『成長の限界』[3]だと思われます．当時，地球の有限を訴えるものとして社会に大きな影響を与えました．この本は私が学生時代に出版されたのですが，読んで非常に感動したことを覚えています．システムダイナミックスという理論があって，それを用いると地球という大きな規模での社会経済活動を何十年先まで計算できてしまうということに驚きました．また，当時は高度成長期の真っ只中でしたが，地球の将来が底抜けに明るくはないと知ったことはショックでもありました．その本では，地球が数十年後にどのようになるかを，いろいろなシナリオのもとにシミュレーションした結果が示されています．その一つのシナリオは，工業資本なども含めた社会資本ストックが劣化することで，われわれの生活レベルが低下し，人類の破局につながるというものでした．幸い，現時点ではそのようなことは起きていませんが，社会資本ストックのような人工物を多く抱えたとき，その機能保全管理がきわめて重要なことを示しています．

ここでは，われわれの生活経済活動を下から支える都市基盤ストックを持続させ，安全安心な社会を築くために，どのようなことを行わなければならないのか，それについてお話ししたいと思います．

15.2 都市基盤の特性

都市基盤の多くは公共財と呼ばれるもので，その特徴は非競合性，非排除性にあります．わかりやすくいえば，誰もがそのストックを使う資格があり，ストック所有者からすると利用者を選択できないということです．もし，都市基盤に事故災害が発生すれば，不特定多数の人が巻き込まれることになりますし，また，普段多くの人が使うものであるがゆえに社会全体に大きな経済的心理的影響が出てきます．

また，都市基盤はその寿命が少なくとも50年，場合によっては100年を超えるというように，長いことも特徴です．われわれの生活に今や欠かせない自動車

の寿命は十数年でしょう．大抵の人は10年以内に新車に買い替えます．パソコンだともっと短く，数年を待たずして取り替えるでしょう．私はハードディスクが壊れるのが怖いので，2年以内に必ず新しいものに替えます．もちろん，パソコンの進歩のスピードが速いのも早く交換する理由の一つですが．

　都市基盤施設を長く使うというか，使わざるを得ないのは，多くのものが代替が容易でないためです．首都高速道路は古いところは建設して40年以上が経過し，ものすごい交通量の増加のなかで，かなり傷みが出ています．しかし，それらを新しくすることができるでしょうか？　今あるものを壊して新たに建設するとなると，一部閉鎖が数年にわたって生じます．都内の交通渋滞はさらに悪化し，経済活動にも影響が出てきます．要するに，代替がないと古いものは取り壊せないのです．傷んでも，直し直し使わざるを得ないのが都市基盤なのです．

　ここでは都市基盤といっていますが，都市だけに存在するわけではありません．都市と都市を結ぶためのものもありますし，山奥にもあります．水を確保し，電力を興すためのダムなどはその一例です．自然やわれわれの命を守るための防災施設も，国土に分散して配置されています．地方にある基盤建設費用や保全費用をその地方の人だけで負担するのか，都会の人も負担するのか，という空間スケールの問題もあります．都市基盤の恩恵を受けるのは今の時代の人だけでなく，後世の人でもあります．今の世代の人だけが建設費用を負担するのか，あるいは次の世代の人も負担するのか，すなわち時間的スケールにおいてもどのように分担するのかが大きな課題です．

　スケールという話が出ましたので，都市基盤のスケールを空間的な立場から考えてみます．都市基盤は地球から見れば非常に小さいスケールですが，電気製品や自動車などのヒューマンスケールのものに比べれば，圧倒的に大きく，また時間的にも長く使うものです．地球規模のマクロスケールとミクロスケールの中間に属するメソスケールということができます（図15.5）．ミクロスケールですと，相手はきわめて限られた範囲ですから，理論もつくりやすく，事実，整っています．地球のようなマクロスケールだと，その傾向をつかむことに主眼がおかれ，理想化された理論やリモートセンシングや航空写真から状態を把握することになります．橋などの都市基盤が地震や強風を受けた際の破壊などの挙動を予測するとなると，ミクロスケールの情報が必要になります．一つの橋にしても数千のオーダーの数の部材が複雑に組み合わさっており，設計で考えているモデルと実際の橋は，地盤なども含めるとかなり違います．したがって，ミクロスケールの問

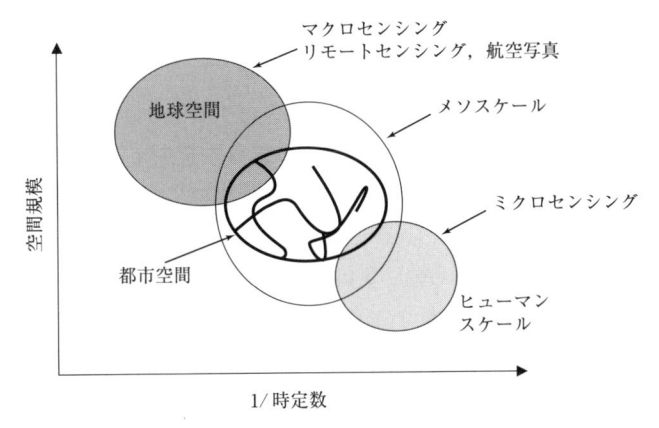

図15.5 メソスケールとしての都市空間

題に比べ不確定性が格段に大きいのです．都市基盤はその数が膨大であり，安全性レベルを上げることは経済的な負担に直接関係してきます．都市基盤にかかわる事故災害が減らないのも，このような理由からだと思っています．

15.3　災害大国日本の防災投資

　日本は地震や台風などに見舞われることが多く，災害がよく起こることは皆さんも実感しているでしょう．それを世界との比較において示したものが図15.6

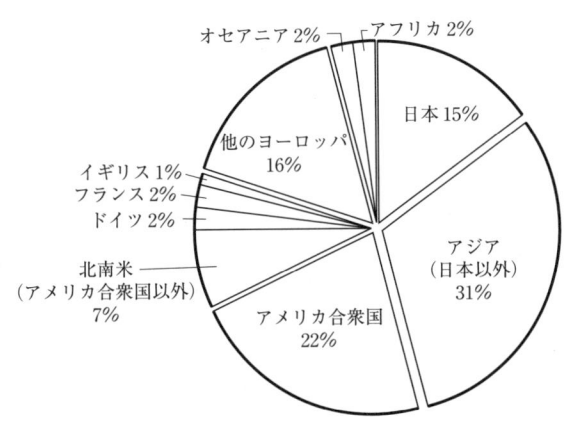

図15.6　日本は自然災害大国．1970年から2004年の自然災害被害額合計約1.1兆米ドルの地域別割合

第 15 章 都市基盤の事故災害リスクを低減する

で，自然災害による社会資本ストックの被害額を比較しています[4]．やはり第 1 位はアメリカですが，驚くべきことに，国土面積がアメリカの 5 ％にも満たない日本が第 2 位に入っています．実に世界の損害の 1/6 近くが日本で起きているのです．日本を除くアジアが 31 ％を占めており，日本を加えると 50 ％近くになります．アジアは災害に見舞われることが多く，世界の半分近い損害がアジアで生じていることにも注目すべきでしょう．

したがって，災害を防ぐための防災は，わが国においては非常に重要な課題なのです．災害復旧を含め，日本では図 15.7 に示すように，その投資額を年々増やしています[5]．この額には，地震などによって受けた被害を復旧させる費用も

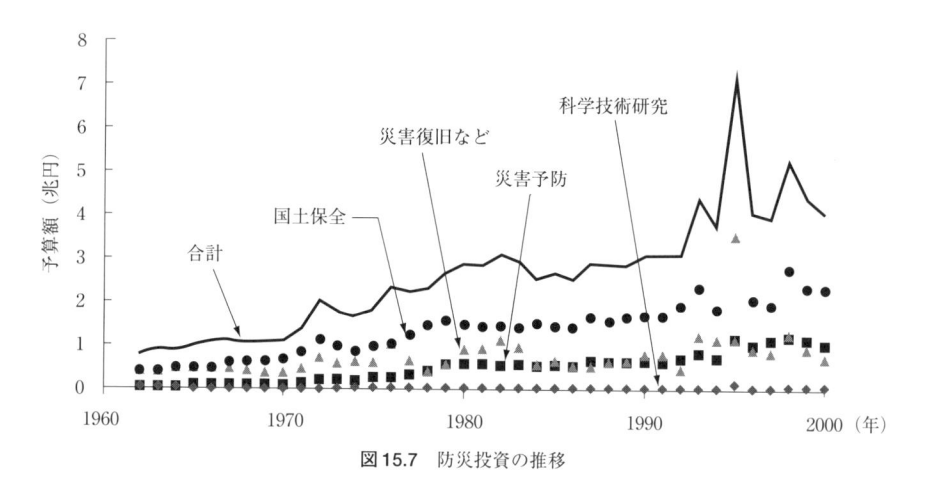

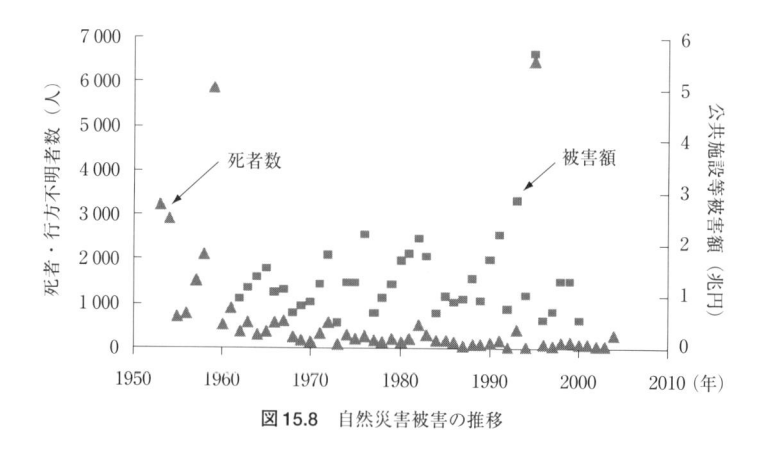

図 15.7 防災投資の推移

図 15.8 自然災害被害の推移

入っています．1995年が非常に大きな額になっていますが，それは1995年1月17日に起きた兵庫県南部地震の影響です．

図15.8は，この50年間で自然災害により亡くなった人と被害額を示しています[5]．見てわかるように，死者の数は1960年以降急激に減っています．なお，この図においても1995年の兵庫県南部地震では6 000人以上を失ったため，特異な値となっています．一方，損害額は次第に増えていることがわかります．損害額，防災保全の費用を合わせると，年間数兆円のお金が使われたり失われていることになります．図15.8からは，これまでの防災投資は人命を失わないことには効果があったといえますが，ものの損失をいかに減らすかが今後の課題の一つといえるかと思います．

防災投資は企業の設備投資などと違って，その効果を利益の形で見ることがなかなかできません．地味な投資なのです．図15.9に示すのは旧国鉄における災害件数と防災投資の数を示したものです[6]．防災投資の増加により災害件数が減っていることがよくわかると思います．このような統計を整えることは容易ではありません．旧国鉄の防災保全担当のエンジニアが何とかして事故災害を減らしたく，そのためには予算が必要ということで苦労して作成したものなのです．

図15.10に，全製造業における純設備投資[7]と，高圧ガス関連の事業所における事故[8]の推移を示します．高圧ガス事故は，製造業の全事故を表すものではありませんが，製造業事業所の安全度を表す相対的な指標であると考えることができると思います．産業プラントにおいても2者の間にある反比例の関係を読み取ることができます．

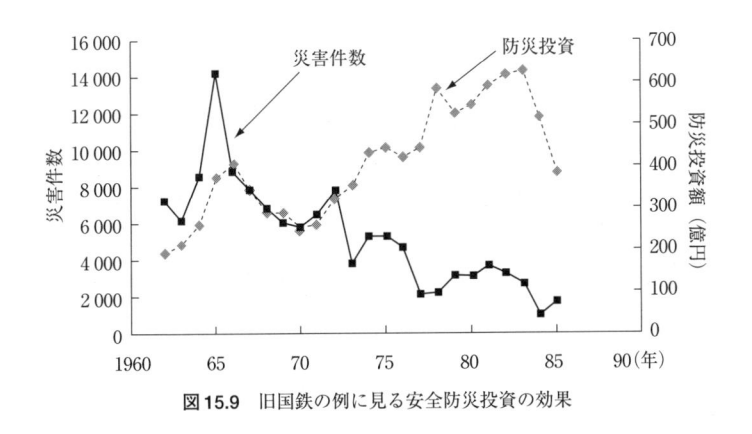

図15.9 旧国鉄の例に見る安全防災投資の効果

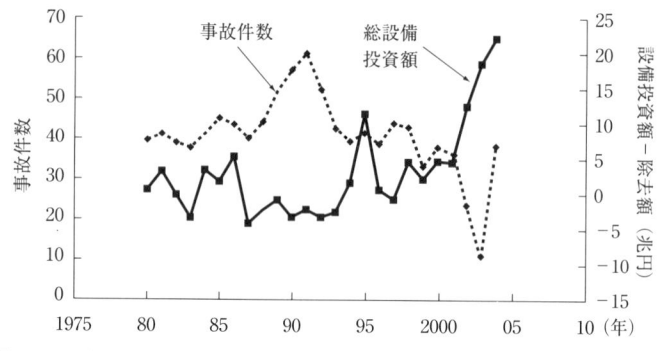

第 15 章　都市基盤の事故災害リスクを低減する

図 15.10　高圧ガス事故件数と純設備投資額（取付けベース 2000 年平均価格評価）

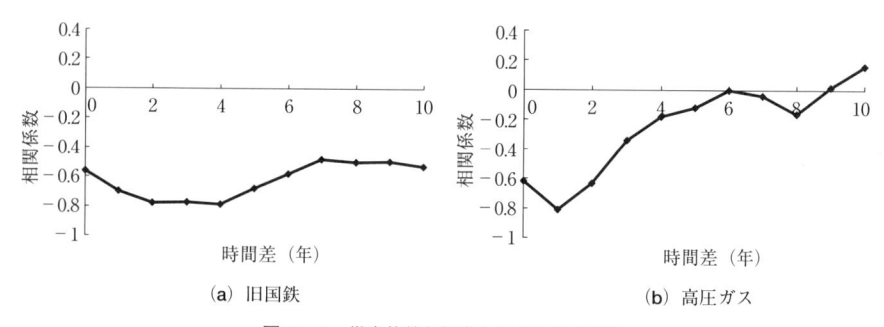

（a）旧国鉄　　　　　　　　　　　　（b）高圧ガス

図 15.11　災害件数と投資との相互相関係数

　投資と事故災害の関係をもう少し詳しく調べたのが，図 15.11 です．そこでは，投資と損害の間の相互相関係数を求めています．横軸は投資年と災害発生年との時間差であり，縦軸は相関係数です．ある年の投資額と数年後の事故災害件数の相関係数を示しています．非常に興味深いのは，産業プラントでは相関係数が時間差 1 年ぐらいでピークに達し，すなわち投資の効果がすぐに現れ，しかし数年後にはその効果は消滅してしまうということです．一方，旧国鉄では，おおよそフラットで，投資の効果がすぐには現れないものの，効果の継続性が高いことがわかります．このことは，鉄道のような都市基盤インフラの防災投資を減らしたからといって，すぐに負の影響は現れないが，あとからその影響がじわじわと現れることを意味しており，長期的視点に立った都市基盤の防災投資の大切さを統計のうえから示しています．

15.4 アメリカの教訓

また橋の例になってしまうのですが，高速道路建設など社会資本投資が日本より先に行われたアメリカでは，1960年代末から1980年代初頭にかけて橋梁の事故が相次ぎました．そのきっかけとなったのは，1968年のシルバー橋の落橋[9]です．この橋では，長年放置された橋の吊り材のつなぎ目が錆びて破断し，橋全体が川の中に落ち，50名もの人命が失われました．このほかにもコネチカット州で橋桁が突如落下[10]して（図15.12）死者が出たり，ニューヨークでは橋のケーブルが切れ，歩行者に直撃し死亡するなどの事故が相次ぎました．当時，落橋に至らないまでも，半数近くの橋が所要の強度を保持していないことも判明しました．このような経験に基づきアメリカでは，1970年代初めに，2年に一度の目視検査制度を導入し，橋の健全度が定期的にチェックされるマネジメントシステムが確立され現在に至っています．全米の橋一つ一つが，どのような状態であるかを示す点検結果が公開され，世の中の人に社会資本ストックの状況がわかる仕組みになっていることは，驚くべきことです．

図15.13はアメリカの道路投資額と欠陥橋の関係[10],[11]を示したものですが，1970年代から1980年代初頭は，道路投資が停滞した時期でもありました．この

図15.12 マイアナス橋（アメリカ・コネチカット州）の落橋事故（1983年）

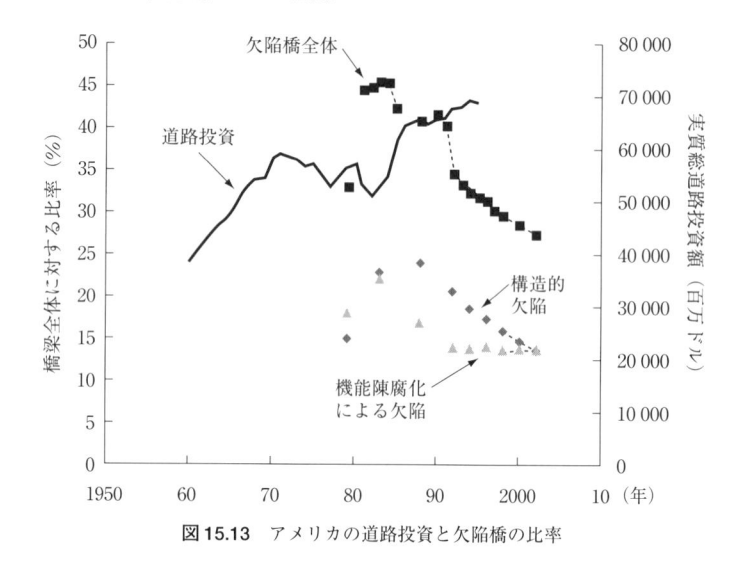

図 15.13 アメリカの道路投資と欠陥橋の比率

ことと橋の事故が増えたことへの影響が広く議論され，その後再び道路投資が増え，欠陥橋が減り，事故数も減少しました．

このように，点検を含め橋のマネジメントが進んでいるアメリカですが，目視点検によるばらつきは大きく，その限界も広く認識されてきたところです．最近，目視検査ではパスした橋が落橋する事例（図 15.14）がいくつか生じ，橋の高齢化の進行とともに，検査の信頼性向上が大きな課題になっています．

本書編集中の 2007 年 8 月には，ミネソタ州で，建設後 40 年を経過した 300 m もある大きなトラス橋全体が崩壊し（図 15.15），13 名の方が亡くなるという大惨事が発生しました[12]．日本においても，ほぼ同時期に，同じようなトラス橋の鉄骨が錆びて切れる事故が数件，報告されました．幸い，日本の場合は大事故には至りませんでしたが，いずれも古い橋を放っておくことの怖さを示す事故でした．

このようななかで，橋の状態をモニタリングにより，より正確につかもうとする，20 年計画の長期橋梁性能プログラムが連邦道路局によって始まりました[13]．日本では，国土政策にしても研究プロジェクトにしても，5 か年という期間が長いほうですが，社会資本ストックの代表格である橋梁の保全技術の抜本的改善には 20 年という長い歳月が必要であることを社会に公言するところがすごいと思うのです．

図 15.14　アメリカでの道路橋の最近の事故の一例（2005 年）

(a) 事故の前　　　　　　　　　　　　(b) 事故の後（2007 年 8 月 1 日）

図 15.15　I-35W ミシシッピー川橋梁の落橋

15.5　日本の現状

　私の専門である橋を例にとり，わが国でどのような保全が行われているかを調べてみました[14]．対象としたのは，予算制約が厳しい，県や市などの地方公共団体です．図 15.16 に示すのは，橋の資産額に対してどの程度の費用が毎年，保全や更新に使われているかを示したものです．多くの地方公共団体では資産額の 0.5 ％以下であることがわかりました．300 万円で購入した自動車でいえば，年間の補修費が 15 000 円以下であることといえます．橋と自動車は違いますが，いくらなんでも 15 000 円で 300 万円の価値のあるものを，常によい状態に保つ

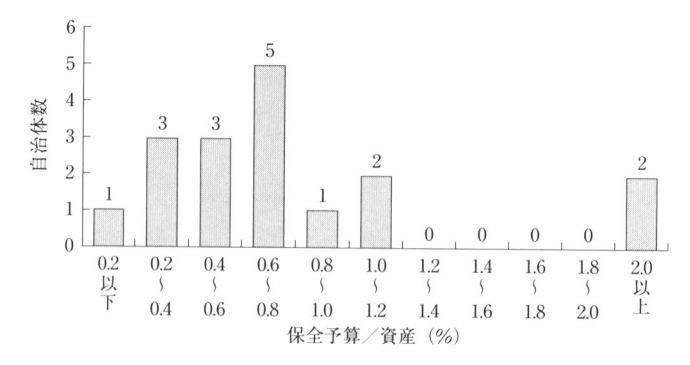

第 15 章 都市基盤の事故災害リスクを低減する

図 15.16 更新を含む橋梁の保全予算と資産の比

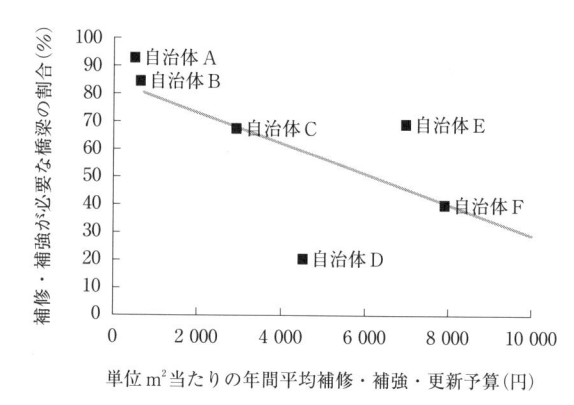

図 15.17 橋梁保全投資の効果（マクロ的アプローチ）

のは難しいことがおわかりいただけるでしょう．まして新しい橋につくり替える費用は，このなかからは到底賄いきれません．

図 15.17 は，いくつかの地方公共団体でのデータをもとに，不健全な橋の割合を縦軸に，横軸には 1 m² 当たりの年間の補修予算を示したものです．図からわかるように，右下がりのグラフとなっており，お金をかけない地方公共団体の橋には問題の多いものがあることがわかります．

社会資本ストックを保全し，持続性を高め事故災害が起きないようにするために，どの程度の費用がかかるかは，資本ストックの種類などにも大きく依存し，客観的な評価はきわめて難しい課題です．理論的にこの問題を解いた人はいません．それを議論するのに必要なデータもほとんどないのが現状ですが，旧国鉄の橋梁を対象にした分析では，年間の保全投資額が資産額の 1〜2％程度必要とい

う報告があります[15]．地方公共団体では保全や更新に対する支出が資産の0.5%以下であるものが大半であるということを前述しましたが，それでは現状さえ維持できないと思われます．

先に述べたように，地方公共団体の社会資本ストックは保全費用が少なく，このままにしておくと，10年後，20年後には多くの問題が顕在化することが心配されます．わが国は社会資本ストックの劣化だけではなく，地震や台風による自然災害の多い国であることは前に述べたとおりです．1995年の兵庫県南部地震では，木造家屋を中心に，倒壊し，その下敷きになって亡くなった方が，死者約6000名の8割に達するといわれています．わが国には兵庫県南部地震のときの揺れには耐えられないであろうといわれる建物が数多くあり，その補強はあまり進んでいません．学校，病院，橋，盛土などの公共構造物は特に高い耐震性が要求されますが，それにかかる費用は数兆円を軽く上まわるのです．政府も既存公共構造物の耐震補強にようやく力を注ぐようになりましたが，厳しい財政状況のなかでその進み方は遅々としています．

15.6 都市基盤ストックの保全

都市基盤ストックという資産が増え続けているなかで，われわれはある意味では資産家になってきています．当然，持ち物が増えれば，それを管理することが必要になります．古いものが多ければ，修理しなくてはなりません．電球ならば，切れれば交換すればすみます．しかし，水道管が切れれば直せばよい，橋が落ちれば架け替えればよい，ということですむでしょうか？　場合によっては，人命が失われる可能性があります．たとえ人命が失われなくとも，水がこなくなればたとえ数時間でも不便きわまりありません．橋が落ちるかもしれないと思って，橋を渡れるでしょうか？　仮に，首都高速道路が修理のために半年間閉鎖という事態になれば，利用者としての問題だけでなく，経済活動上の支障も出てきます．

このような事態を避けるには，大量の都市基盤ストックのマネジメントが必要なのです[16]．マネジメントの基本は所有物の諸元や図面を整え，適当な間隔で点検し，悪い箇所が見つかれば補修することです．事故や災害を防ぐには，悪くなる前に修理をする，予防保全も必要になります．ようやく，つくるのに忙しかった時代から使う時代へ関心が高まってきましたが，先ほど述べたように地方公共団体などのストックマネジメントは心寂しい限りです．資産の統計すら整ってお

らず，点検などは皆無というところも多いのです．橋は高価であり，まだ資産管理の情報が整っているほうかと思いますが，ほかは推して知るべしです．この方面への努力は決定的に欠けていました．

都市のインフラストラクチャーがこれだけ多くなると，事実，いろいろな不具合が起き，新聞紙上でも報道されています．2006年4月に，東京の臨海部を通る新交通システム「ゆりかもめ」で小さな事故がありました．原因は車両の車輪軸の疲労破壊でした．事故で列車が止まり，2日間にわたってゆりかもめが運行停止になりました．運行会社の発表によると，この車輪軸の疲労寿命はもっとずっと長いはずで，まだまだ使えると思っていたところに生じた事故であり，運行会社の社長さんは，これは検査では見抜けないことであり，「想定外」であったといっています．同じ4月に山手線で工事の影響で軌道が沈下し，列車がやはり数時間にわたってストップしました．幸い事故は起きませんでしたが，状況によっては大事故につながったかもしれません．これも，想定外であったといわれています．事故や災害のたびに「想定外」という言葉が使われ，時としてそれが弁明にも聞こえてきます．

事故には至りませんでしたが，人為的なものとして設計の偽装事件がありました．耐震設計での数値をごまかしていたもので，技術者の倫理からすれば起こるはずのないことです．想定外であることに間違いありません．

イギリスの首相であったサッチャー氏は，フォークランド紛争の経験を踏まえ，1982年に「予期せぬことは起こる．それに向けて準備せよ」(The unexpected happens, and you'd better prepare (be ready) for it.) といっています．これはサッチャーの法則 (Thatcher's Law) と呼ばれる有名な格言です．確かにいわれることはもっともですが，問題はどうやって想定外を防ぐかです．

いろいろな事故が科学的に予測困難という意味では「想定外」であることに間違いありません．しかし，「想定外」という言葉が一種の免罪符のように用いられることに，一科学者としてやるせない気持ちを禁じえません．サッチャー氏がいわれるように，「想定外を想定内にする」ことが真に安全と安心をもたらす，社会と調和した科学技術ではないかと思います．科学技術は一定の前提条件のもとで理論を展開し，実験で検証して進んできたわけです．「想定外」はその条件が崩れた場合に起こるのであり，条件をいかに設定するか，難しい問題です．そこに，「想定外」の入り込む隙が生まれるのです．

われわれの都市インフラは，前にも書きましたが，メソスケールといわれるも

のです．その意味するところは，地球空間のマクロスケールでもなく人間サイズのミクロスケールでもないということです．その中間に属するメソスケールに起こる災害事故の予測はなかなか難しいのです．

1995 年の兵庫県南部地震では，多くの都市基盤が甚大な被害を受けました．市内を通る高架橋は倒壊したものも多くありましたが，同じような強い地震を受けながら，ほとんど被害を受けなかったものも数多く存在しました．図 15.18 に示すのは高架橋の柱ですが，ほんの 35 m しか離れていないにもかかわらず，一つは倒壊寸前なのに対し，もう一方は無傷に近い状態です．外からは同じように見えるものでも，被害がこれだけ違うのです．残念ながら，今の理論や手元にある情報では，この違いを説明できません．でも，この差が起こる理由があったことは間違いありません．

一般に，都市基盤構造物は地盤条件が違うこともあり，一つ一つ設計が違い，つくられた条件も違う単品製品です．したがって，その振る舞いも微妙に違ってくるのは大いに考えられることです．このようなメソスケールである都市ストックの特有の問題を踏まえて，事故災害を減らすにはどのように対処したらよいのでしょうか？

都市基盤は，大きく分けると二つになります．一つは防御系基盤であり，もう一つは物質循環系基盤です．前者は，自然からわれわれを守り安全安心な空間を提供するためのものであり，建物や防波堤などのことです．後者は，人間やエネ

神戸の高架橋

倒壊寸前　　35 m　　無被害

図 15.18　阪神大震災での高架橋の被害の例

第 15 章　都市基盤の事故災害リスクを低減する

〈生物の進化〉　　　　　〈都市基盤の進化〉

防御系　｛皮膚／骨格｝　　防御系基盤　｛自然災害に対処／安全・丈夫な建物｝

物質循環系　｛血管／循環器｝　　物質循環系　｛ライフライン／交通・エネルギー｝

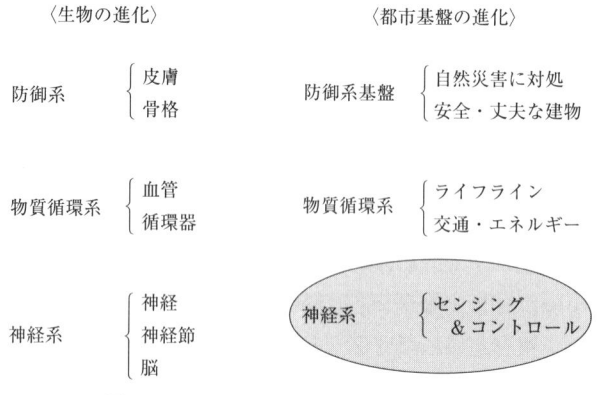

神経系　｛神経／神経節／脳｝　　神経系　｛センシング＆コントロール｝

図 15.19　都市基盤と生物とのアナロジー対比

ルギー情報などを移動するためのものです．具体的には，道路や鉄道，上下水道，通信線などライフラインと呼ばれています．図 15.19 に示しましたが，人間の体に対比して考えると，前者は骨格や皮膚に相当し，後者は血管や循環器に相当します．人間には，それに加えて神経系が存在します．痛みを感じたりする神経といろいろ命令を下す脳がこれに対応します．今のところ都市基盤ストックには，この神経系に相当する，すなわちストックをセンシングし，その結果に基づいて適切な対処を行う制御系がありません．都市資本ストックの災害事故を防ぐには，この神経系をいかに埋め込むかが大きな課題だと私は思っています．

15.7　都市基盤センシング

都市ストックは常に災害や事故などの発生によるリスクがあります．リスクは基本的にはリスクの要因となるハザードとストックそのものの脆弱性の積

$$\text{リスク} = \text{ハザード} \times \text{脆弱性}$$

として考えることができます．地震や強風などは典型的なハザードであり，都市ストックの劣化や初期欠陥などは，脆弱性にあたります．いくらハザードが大きくても，脆弱性が小さければリスクは生じません．耐震性の優れない構造物は弱い地震でも破壊します．

1995 年の兵庫県南部地震以来，わが国では，K-NET と呼ばれる高精度広帯域地震計が 1 000 台以上設置されました．これにより地震が起こると直ちに地震の揺れが計測され，それが実際の地振動がくる前に警報として知らされるシステム

が出来上がっています．気象関係ではアメダスと呼ばれるセンサーネットワークが有名です．全国1500か所地点において，温度，気圧，風，湿度などが計測されています．このようにセンサーはいろいろな形で国土に配置され，いずれもハザードのセンシングになっています．先ほど示したように，リスクはハザードと脆弱性の積で与えられるので，ハザードだけを計測してもリスクを捕まえたことにはなりません．すなわち，脆弱性のモニタリングが大事なのです．それがまだ行われていません．このあとに述べる新幹線の地震警報システムは，この典型なのです．都市ストック，建物，高架橋，プラント，橋など都市基盤そのものの脆弱性を計測する必要があります[17]．

2004年新潟県中越地震では走行中の新幹線が初めて脱線しましたが，幸い死者は出ませんでした．世界一の技術を誇るわが国の新幹線は死亡者ゼロの記録を更新してきています．東海道新幹線ではTERRAS-S（地震列車警報システム）というセンシングシステムが活躍しています．これは，地震のときに列車をいち早く減速，停止させるものです．地震の揺れを感知し，大きい揺れと判断されたときには，走行中の列車で地震の発生地域のものをすべて停止させます．問題は，列車を停止させた後です．地震による被害が高架橋やトンネルなどに出ていないことを確認しないと，運行再開は難しいわけですが，実はそのチェックは人間が行っているのです．そのための要員を常に確保しておく必要があり，人手もかかりますし，人間が歩いてチェックするので時間もかかります．人間の目視ですから，絶対ということもありません．地震により列車が止まった後，場合によっては，3～4時間も運行が再開されないのは，このような理由からなのです．今，センシングがいろいろな形で広まっていますが，いずれも災害などの要因にかかわるハザードに関するものです．

交通施設を例にとると，道路にしろ鉄道にしろ一般にきわめて距離が長く，その脆弱性をセンサーを配置して行おうとすると，膨大な数のセンサーが必要となります．いくらセンサーのコストが下がってきたとはいえ，現実的なモニタリングとはいえません．そこで，考えられるのは自動車や列車を使った移動体モニタリングなのです．営業列車にセンサーやGPS，コンピューターなどを搭載して列車の振動から軌道の状態を知り，軌道が変状したときに，それを知らせてくれるシステムなどが考えられます．自動車を使えば，高速道路の状態を走りながら把握することができます．この方法ですと，1台の車や列車により，交通施設の状態が把握できることになります．

第 15 章　都市基盤の事故災害リスクを低減する

　建物であれば，最上階に加速度計を設置し，あるいは，地下階にも加速度計を設置し，地震のときの揺れを計測しそれをインターネットで送れば直ちに建物が健全かどうか，被害が発生していないかを知ることができます．これらのセンサーネットワークは，都市基盤ストックの事故災害を防ぐための新しいインフラストラクチャーともいえるものです．

　図 15.18 に阪神大震災での高架橋の柱の被害を示しましたが，個々の橋脚の脆弱性を知るには，日頃の状態での振る舞いを含めて，センシングにより真の挙動を把握しておくことが究極的には必要なのです．

　図 15.14 や図 15.15 に示したように，橋のような構造物が突然壊れ人命を失うようなことがあってはならないのです．このようなタイプの橋はたくさんあり，どの橋が安全でどの橋が危険なのかはベテランの技術者をもってしても推定することはきわめて困難です．

　今から 100 年以上前になりますが，イギリスにテイ橋という橋（図 15.20）がありました．ある日，強風のなかで，橋桁が落下し渡っていた列車も海に落ち，100 名以上の方が亡くなりました．この橋は，風の恐ろしさを認識させた橋として有名です．この橋のことを調べてみると，落橋する前から列車が通るたびに顕著な横揺れが認められていたという報告があります．私の推測ですが，列車が通るたびに横揺れが生じ，橋が傷み，傷んでいたところに強風が吹いて，橋が壊れたのであって，単に風が強かったためだけではないと思っています．

　事故は防がなくてはなりません．しかし，前もってそれを予測することはきわめて困難です．私は突然起こるような事故も，何らかの前兆が直前にあり，それをセンサーによってモニタリングすれば，少なくとも死者を出すことは防げるの

図 15.20　イギリス・テイ橋の落橋事故（1879 年 12 月 28 日）

ではないかと思っています.

　都市基盤ストックがこれほど増え，次第に老朽化すると，いろいろなところで思わぬ事故災害が起こることが危惧されます．都市基盤はこれからもつくられていくわけですから，最も大事なことは良いものをつくることです．つくったものが良いものかどうかがわかる技術が今後大いに必要になるでしょう．今保有しているストックについては，検査をし，それがどのような状態にあるかを常に把握しておくことです．ただ，まず大事なことは，事故災害が起こる前に，いかにその前兆をキャッチし，想定外の事故や災害を防ぐかというのが，今後の都市基盤ストックの保全に関して重要な課題と考えます．電子・情報技術の進歩のなかで，センサーやコンピューターの高性能化，低価格化が急速に進んでいます．近い将来，都市基盤ストックにこれらが埋め込まれることになると思います．その実現のために，私は研究開発に取り組んでいるのです．

■文献

1) 内閣府政策統括官編：日本の社会資本，財務省印刷局，2002
2) 内閣府経済社会総合研究所：SNA（国民経済計算），http://www.esri.cao.go.jp/jp/sna/menu.html
3) ドネラ H. メドウズ他著，大来佐武郎監訳：成長の限界―ローマ・クラブ「人類の危機」レポート，ダイヤモンド社，1972
4) EM-DAT：The OFDA/CRED International Disaster Database - www.em-dat.net- Université Catholique de Louvain - Brussels? Belgium, http://www.em-dat.net/
5) 内閣府：平成17年度版防災白書，2006
6) 鉄道施設技術発達史編纂委員会：鉄道施設技術発達史，日本鉄道施設協会，1994
7) 内閣府経済社会総合研究所：国民経済計算・民間企業資本ストック年報，昭和55～平成16年度（平成12年基準：93SNA），http://www.esri.cao.go.jp/jp/sna/toukei.html, 2006
8) 高圧ガス保安協会：高圧ガス事故統計資料．http://www.khk.or.jp/activities/incident_investigation/hpg_incident/statistics_material.html
9) チョート，P.，ウォルター，S. 著，社会資本研究会訳：荒廃するアメリカ，開発問題研究所，1982
10) ダンカー，K. F.，ラバット，B. G.：米国の橋はなぜ落ちる，日経サイエンス，Vol.23, No.5, pp.78-86, 1993
11) 国土交通省：平成14年度国土交通白書，2002
12) 藤野陽三・阿部雅人：米国ミネソタ州での落橋事故，土木学会誌，2007-10
13) 藤野陽三・阿部雅人：橋梁マネジメントにおけるアメリカでの新たな挑戦，土木学会誌，pp.70-73, 2007-5

14) 稲垣博信・藤野陽三・水野裕介・河村　圭：地方自治体における橋梁の維持管理の状況と投資効果に関する調査検討，土木学会論文集（投稿中）
15) 牧添親男：防災投資の基本的な考え方，鉄道土木，Vol.15, No.6, pp.79-81, 1973
16) 阿部雅人・阿部　允・藤野陽三：我国の維持管理の展開とその特徴―橋梁を中心として，土木学会論文集，2007
17) 藤野陽三：センシングから見た都市空間における安全安心問題への取り組み，システム/制御/情報，50巻，10号，pp.371-375, 2006

アーバンストックの持続再生	
ー東京大学講義ノートー	定価はカバーに表示してあります

2007年11月15日　1版1刷発行　　ISBN978-4-7655-1726-3 C3051

編著者	藤野陽三・野口貴文
著　者	東京大学21世紀COEプログラム 「都市空間の持続再生学の創出」
発行者	長　　　滋　彦
発行所	技報堂出版株式会社

日本書籍出版協会会員
自然科学書協会会員
工学書協会会員
土木・建築書協会会員

〒101-0051　東京都千代田区神田神保町
　　　　　　　1-2-5（和栗ハトヤビル）
電話　営　業　（03）（5217）0885
　　　編　集　（03）（5217）0881
FAX　　　　　（03）（5217）0886
振替口座　00140-4-10
http://www.gihodoshuppan.co.jp/

Printed in Japan

ⓒYozo Fujino, Takafumi Noguchi, 2007　　装幀　冨澤 崇　　印刷・製本　三美印刷

落丁・乱丁はお取替えいたします．
本書の無断複写は、著作権法上での例外を除き、禁じられています。